山溪名前図鑑
野草の名前 春

写真・解説／高橋勝雄

山と溪谷社

はじめに

"野草の名前"を覚えるための手助けになることを願って本書を作った。

名前を覚えるに当たって、その名前の由来が分かると、その草に親しみが湧く。たとえば、ホウチャクソウという草がある。この花は、仏塔などの軒下に吊ってある宝鐸(ほうちゃく)に似ている。それで、この名前がついたとすると、記憶しやすい。

さて、本書で紹介した全種の和名の由来を調べてみた。すでに、由来が知られている植物も少なくないが、もう一度確かめてみた。その結果は次の通りである。A）諸先輩の述べた由来は、やはり正しかった。B）諸先輩の述べた由来に対して異論を述べることになった。C）今回の調査では由来を明らかにできなかった。

今回の調査では、限られた短い時間での結論であるため、未見の資料の出現に伴って、由来についての記述を改める必要が生じる場合もあると思う。

名前を覚えるに当たって、もう1つのことを本書で行なった。似た草姿、そっくりな花などを写真とイラストで、その差異を解説した。たとえば、アマドコロとナルコユリの2種。葉が丸いからアマドコロという覚え方もあるが、両者を比べないとはっきりと理解できない。しかし、ナルコユリには、花柄(かへい)と花との接点に緑色の突起があるが、アマドコロにはそれがない。これを知ることによって、1種だけを見てもアマドコロかナルコユリかが判別できる。

オキナグサと翁

＊本書で採用した植物のほとんどは、日本の野山に自生している種である。このほか、外国の野生種で栽培用に導入された草、野生種同士を交配した園芸種、樹木だが草の風情のある小低木なども加えてある。いずれも、関連の野生種の特徴などを明らかにするためである。

ギンリョウソウと竜

コマクサと馬面

■和名の由来を知る

　本書の項目に挙げた全種の和名の由来を検討していく過程で"由来のもと"がいくつかのパターンに分けられることに気付いた。それらを以下に述べる。

①歴史上の人物に関係ある和名

　平 敦盛(たいらのあつもり)は、流れ矢を防ぐため母衣(ほろ)という篭のようなものを背負っていた。花の唇弁(しんべん)が母衣に似るので、アツモリソウ。クマガイソウも熊谷直実(くまがいなおざね)の母衣にちなむ。

②武具のどこかが似る草

　兜(冑)(かぶと)の鍬形(くわがた)に、その実の形が似ているので、クワガタソウ。武将が軍の指揮をするために振る采配(さいはい)に花が似ているサイハイラン。火縄銃に、その草姿を見立てたスズメノテッポウ。

③仏閣・仏具に似る草

　仏塔の屋根の上にある九輪に似た花のつき方をしているので、クリンソウ。仏像が安置されている蓮華座(れんげざ)に似た草姿があるので、ホトケノザ。

④昔の生活用品に似る

　夜間の室内照明用の灯をつける燈台に葉姿が似るので、トウダイグサ。機織りの筬(おさ)に似た葉をつけているオサバグサ。

⑤宮中・公卿に係わる物品に似る

　宮中の行き来に使った牛車(ぎっしゃ)などの車輪に花が似るオカオグルマとサワオグルマ。

⑥物語、昔話、伝説などに登場する人物の名前がつく

平安時代、渡辺綱(わたなべのつな)という武士が京都の羅生門(らしょうもん)で、鬼の腕を切り落とした。その腕によく似た花を咲かせるのが、ラショウモンカズラ。花から伸びた紐を浦島太郎の釣糸に見立てたウラシマソウ。

⑦身近な動物の名前を使う

○草や花の大きさを表わす　ウシ(ウシハコベ)、カラス(カラスノエンドウ)、スズメ(スズメノエンドウ)、ノミ(ノミノフスマ)。

○動物の特徴・性質・生息地を表わす　キツネアザミ(だます)、ウマノアシガタ(馬沓)、ヘビイチゴ(藪)。

○否定の意・もどきの意　イヌガラシ(否ガラシ)、イヌナズナ(否ナズナ)。

⑧二段論法による命名

球根(鱗茎(りんけい))を食べると甘いので、アマナ。アマナに似て葉幅が広いので、ヒロハノアマナ。このような例は非常に多い。基本種の花につけるシロやオオバナなど、葉につけるヒロハやホソバなど。自生地を表わすイワ、ミヤマ、ヤマなどをつけた名前もある。

⑨三段論法による命名

華鬘(けまん)(仏具)に似ているので、ケマンソウ、ケマンソウの仲間なので、ムラサキケマン。ムラサキケマンは華鬘に似ていないのだが、命名されている。このケースも多い命名の仕方。

(高橋勝雄)

カザグルマと
江戸時代の風車

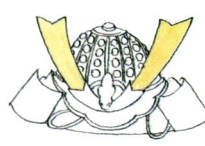

クワガタソウと
兜の鍬形飾り

(著者よりお願い)
本書の内容について、お気付きの事柄がございましたら、ご教示下さい。また、名前の由来などに関する文献や資料など、未見の物がございましたら、ご紹介下さい。

主な参考文献

阿部正敏著『葉による野生植物の検索図鑑』
阿部正敏著『葉によるシダの検索図鑑』
安藤宗良著『花の由来』
いがりまさし『日本のスミレ』
伊沢一男著『薬草カラー大事典』
石戸　忠著『目で見る植物用語集』
上田萬年ほか編『覆刻版・大辞典』上・下
奥山春季著『日本野外植物図譜』。Ⅰ～Ⅲ
片岡寧豊・中村明已著『やまと花萬葉』
北村四郎ほか著『原色日本植物図鑑』(草本)単子葉編
北村四郎ほか著『原色日本植物図鑑』合弁花編
北村四郎ほか著『原色日本植物図鑑』離弁花編
木村陽二郎監修『図説草木辞苑』
儀礼文化研究所編『日本歳事典』
権藤芳一著『能楽手帳』
佐竹義輔ほか編『日本の野生植物』草本Ⅰ～Ⅲ
高橋幹夫著『江戸萬物事典』
辻合喜代太郎著『日本の家紋』正・続
長田武正著『野草図鑑』全8巻
永田芳男・畔上能力著『山に咲く花』
中村　浩著『植物名の由来』
沼田　真ほか著『日本原色雑草図鑑』
林　弥栄・平野隆久監・著『野に咲く花』
深津　正著『植物和名の語源』
深津　正著『植物和名の語源探究』
細見末雄著『古典の植物を探る』
牧野富太郎著『原色牧野植物大図鑑』
森　和男著『洋種山草事典』

ラショウモンカズラと
渡辺綱が切った鬼の腕

セイヨウアブラナ

▲空き地や道端、川の土手などで見られるが、山地や高原にも群生している。高さは30〜60センチくらい

アカツメクサ
赤詰草

別名／ムラサキツメクサ（紫詰草）

Trifolium pratense
マメ科シャジクソウ属
多年草／花期5〜10月

欧州から日本に輸出された商品の破損を防ぐため、この草が詰められた。花が赤いのでアカツメクサ。

輸入品

▲このアカツメクサが、破損を防ぐ詰め物として使われていた

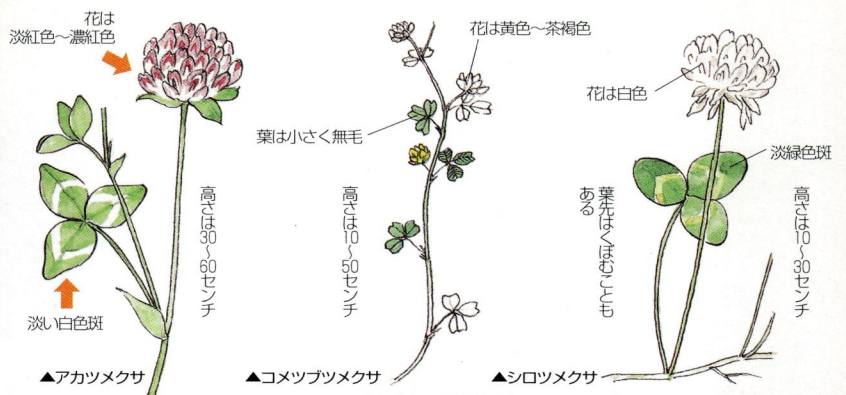

花は淡紅色〜濃紅色
葉は小さく無毛
花は黄色〜茶褐色
花は白色
淡緑色斑
葉先はくぼむこともある
淡い白色斑
高さは30〜60センチ
高さは10〜50センチ
高さは10〜30センチ
▲アカツメクサ　▲コメツブツメクサ　▲シロツメクサ

　アカツメクサは、明治の初めに欧州からの貨物の中で包装材として渡来した。乾燥していたが、タネが発芽して広まったと思われる。この仲間のシロツメクサも、ガラス製品や陶磁器など、壊れやすい商品を保護するために、木箱に詰められていた。アカツメクサの渡来より早く、江戸時代後期の弘化3年の頃だった。オランダ国王から徳川将軍家へ贈られたガラス器の周辺にシロツメクサが詰められていたと伝えられている。

　これらは、その後、牧草として輸入されて、各地に広く分布した。シロツメクサの方が繁殖力があり、日当たりのいい空き地があると群生することが多い。なお、シロツメクサはクローバーの名前で少女たちに愛された。首飾りや冠を作ったり、4つ葉[普通は小葉が3枚]のクローバーを探した人は多いと思う。

　アカツメクサの方は、シロツメクサに比べると、やや繁殖力が弱いせいか、少ない。しかも、山地や高原に行くと群生し、標高の高い場所では、花の赤色がさらに冴えて見え、とても牧草とか雑草とは思えないほど美しい。仲間のコメツブツメクサは、花が小さく米粒に似ているのでこの名前がついた。

▲アカツメクサの葉

▲コメツブツメクサ

▲シロツメクサ

[分布と自生地]　日本各地に野生化し、平地の空き地、道端、川の土手などで見かける。山地や草原、寒冷地の道路沿いにも自生する。

[特徴]　花は淡紅色から濃紅色までの変異がある。花形はエンドウマメのような豆形の花であるが、つぼんだ形なので花の特徴は分かりにくい。つぼんだ花は多数集まり、球状に見える。高さは30㌢から60㌢。
　葉は3枚の小葉で構成されている。長い楕円形の葉にV字形の淡い白色斑が入る。この仲間は花が終わった後も、咲き殻がくっついているのが特徴。

[仲間]　コメツブツメクサ、本書で紹介したクスダマツメクサ、シロツメクサなどがある。コメツブツメクサは、日本各地の日当たりのいい場所に広く自生していて、高さは10〜50㌢。花は黄色から茶褐色に変わり、葉の長さは2〜5㌢と小さく、ほとんど無毛といっていい。また、クスダマツメクサは、コメツブツメクサに似ている。シロツメクサは、アカツメクサより小さく、花は白色。

▲アケボノフウロの実

▲アメリカフウロ

▲庭や植物園で見かけるアケボノフウロ

アケボノフウロ
曙風露

Geranium sanguineum
フウロソウ科フウロソウ属
多年草／花期5〜6月

欧州原産のフウロソウである。花が美しく、丈夫なこの草をたくさん売ろうとした園芸家の思いついた名前であろう。

曙とは、夜がほのぼのと明けてくる時間帯を示し、曙色は黄色を帯びた淡紅色をいう。アケボノフウロの和名のうち、"アケボノ(曙)"と花・草姿との関係は見当たらない。リンドウ科のアケボノソウやミヤマアケボノソウには、それぞれの花に夜明けの星のような彩りがあるが、この花にはそのようなものもない。ただ、春に咲き、鮮やかな紅紫色の花が開くので、何となく思いついた言葉が"曙"だったと思う。

"風露"の由来については、花や葉の露が風にゆれて美しい草を表わす。

近年、市街地の道端や空き地で目立つアメリカフウロは、北米産なのでこの名前がついた。

分布と自生地 原産地は欧州と西アジアで、低地から標高2000㍍の高地にまで分布。山地や丘の明るい草むらなどに自生する。

特徴 高さは10〜30㌢と、大柄ではない。モミジ形の葉には細かな切れ込みがある。紅紫色の鮮やかな花は次々と咲き続ける。

仲間 アメリカフウロやゲンノショウコなど多くある。アメリカフウロは、アケボノフウロに似るが、より大柄で、高さは30〜80㌢。手のひら形の葉が深く切れ込み、細かい毛がたくさん生え、葉の大きさのわりには花が不釣り合いなほど小さい。白っぽい淡紅色の花は目立たないのが特徴。春ではなく、8〜10月頃見られる日本在来のゲンノショウコもこのフウロソウ属の仲間。

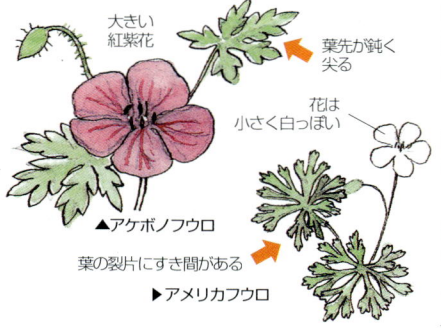

大きい紅紫花
葉先が鈍く尖る
花は小さく白っぽい
▲アケボノフウロ
葉の裂片にすき間がある
▶アメリカフウロ

▲アサツキのねぎぼうず

▲シロウマアサツキ

▲アサツキの蕾と花。自生するアサツキは少なくなった

アサツキ

浅葱

Allium schoenoprasum var. foliosum
ユリ科ネギ属
多年草／花期5〜7月

分布と自生地 北海道、本州、四国に分布し、山地や海岸の草むらに自生していたが、近年はあまり見かけなくなった。しかし、農村での栽培種は目にすることがある。

特徴 ネギに比べて草姿は小さく、高さは30〜40㌢。葉幅は3〜5㍉と細い。茎の頂部に小さな花が球状に集合する。1つの花には内側に3枚、外側に3枚の花びらがある。花の中央に6本の雄しべと1つの雌しべがある。根にネギにない球根[鱗茎(りんけい)]がある。このアサツキをはじめ、仲間には特有の臭いがある。

自生する姿を見かけなくなった日本在来種。葉が淡い緑色に見え、これを"あさぎ色"という。葱とはネギの古語のこと。ところで、ネギと比べると葉の色だけではなく、いくつかの部分で違いがあげられる。ネギの葉は太い円筒形で葉は数枚出るが、いずれも上向きに伸びる。一方、アサツキの方は、葉が1〜2枚で、細く円筒形の葉の先が下へ垂れる。また、両種とも花茎(かけい)の頂部に花が集まり、ネギの方は白緑色で、アサツキの方は淡紅色である。地下部分を見ると、アサツキの方が浅く、ネギの方は深く地下に入っていて、そのために、ネギに"根深(ねぶか)"の別名がある。茎の中途まで地下の"根"に見立てて、現在では葱の一語で"ネギ"と読むが、別名では"根葱(ねぎ)"の名前がついている。

アサツキの葉は、ネギの葉の緑色よりも淡い緑色なので"浅つ葱"の名前がある。

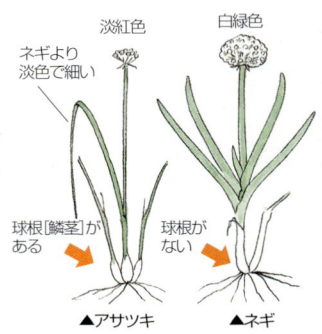

淡紅色　　白緑色
ネギより淡色で細い
球根[鱗茎]がある　　球根がない
▲アサツキ　▲ネギ

▲1本の茎に1輪の花を咲かす 　▶アズマイチゲの葉

アズマイチゲ
東一華

Anemone raddeana
キンポウゲ科アネモネ属
多年草／花期2〜4月

東日本で発見され、花は1つしかつけないので、アズマイチゲ。その後、西日本にも分布していることが判明。

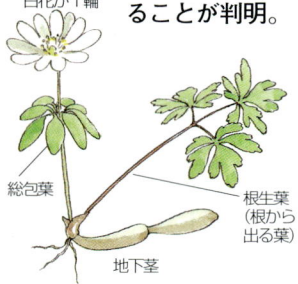

白花が1輪
総苞葉
根生葉（根から出る葉）
地下茎

"東"とは、奈良時代には信濃・遠江より東の諸国を指し、その後箱根より東、特に関東地方をいった。"一華"とは、1本の茎に1輪の花が咲いていることを指す。アズマイチゲは、これらの意味から"関東地方によく見られる花"となるが、実際には日本各地の山地で見られる。

なお、"華"と"花"の文字は、中国で、曼珠沙華のような花の形の象形文字として"華"ができ、その後、北魏の頃(425年頃)に新字の"花"ができたようだ。"花"は、"華"がもつ意味と音の二文字を結合して新文字にした形声字といえる。従って"一華"の方が"一花"よりも花の形を表わす。キクザキイチゲやユキワリイチゲとの見分け方は、P100参照。

分布と自生地　日本各地の山地に分布し、早春に日が当たり、初夏に日陰となる落葉樹林に自生する。

特徴　1本の茎の頂部に1輪だけ白花をつける。花弁はなく、花びらに見えるのは"がく"である。
花の下の3枚の小葉の総苞葉(そうほうよう)は、紫色を帯びることがある。
高さは10〜20㌢。晩春に休眠する。

仲間　キクザキイチゲは近畿から東の山地で見られる。ユキワリイチゲは近畿から西に自生する。花、葉、高さなどはアズマイチゲとほぼ同じで、ともに晩春から休眠する。

▲茎につく葉は細長い

▲山地の草原や海辺の斜面に群生する

分布と自生地 関東北部から東北の山地に分布し、ほかの草の少ない土手や日当たりのいい原野に群生することが多い。

特徴 茎の高さが20〜30㌢で、枝分かれせずに頂部に1つの頭花(とうか)をつけ、よく見ると草全体に軟毛がびっしりとついている。頭花の外側は線状の細長い花びらをつけた小花の舌状花(ぜつじょうか)が多数集まってできている。

仲間 ミヤマアズマギクが北海道と中部地方以北に分布している。アズマギクの高山型の変種で、アズマギクより高さは低く、花は濃い紅色で大きい。ジョウシュウアズマギクが群馬の限られた高山に、アポイアズマギクが北海道のアポイ岳にそれぞれ自生している。

"東"の由来はアズマイチゲの項で紹介した。"キク"については、キク科キク属の多年草または1〜2年草の総称で、キクの和名は漢名"菊"の音読み。本種は、属が違っても花の形が一見似ているので、この名前がある。キクの渡来は古く、奈良時代末期といわれている。

このアズマギクは、山地の草原とか海辺の斜面に群生することが多い。群生するのは、地下の茎が伸びて苗を作るためで、花は淡い紅紫色をしている。花弁のような花びら1枚[花びら1枚でも独立した花で、舌状花(ぜつじょうか)という]はとても細い。花の中心部の筒状花(とうじょうか)とこの舌状花が多数集まって、キクの花ができている。このように小さな花が集まって1つの花のように見えるものを頭花(とうか)という。なお、花を咲かせた株は枯れるが、脇に育った株が成長し、翌年に咲く。

アズマギク

東菊

Erigeron thunbergii
キク科ムカシヨモギ属
多年草／花期4〜6月

関東北部から東北に分布する"キク"だからアズマギクという。東日本のほかの植物が少ない草原に群生する。

頭花
草全体に軟毛がある
花を咲かせない株の葉はヘラ状

▲アズマシロカネソウの花をよく見ると、外側が部分的に紫色を帯びる

アズマシロカネソウ
東白銀草

Isopyrum nipponicum
キンポウゲ科シロカネソウ属
多年草／花期4〜6月

花が白っぽいので白銀と書いて"シロカネ"と読み、初めて東日本で見つかったので、"アズマ"とつけた。東の国の白い花という意味。

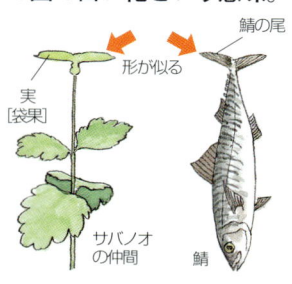

▲サバノオの仲間で、実が鯖の尾に似ている

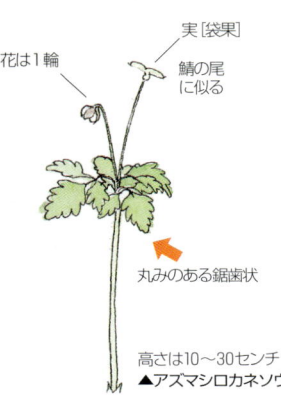
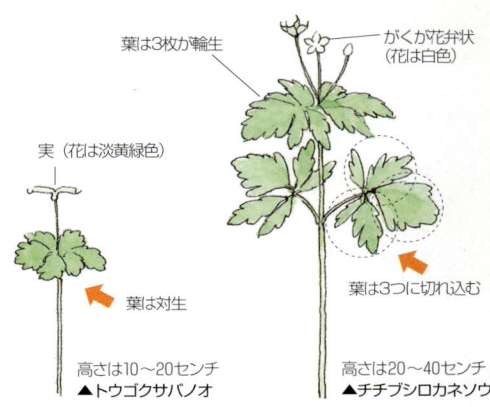

図説明：
- 花は1輪
- 実[袋果] 鯖の尾に似る
- 丸みのある鋸歯状
- 高さは10〜30センチ
- ▲アズマシロカネソウ

- 葉は3枚が輪生
- 実（花は淡黄緑色）
- 葉は対生
- 高さは10〜20センチ
- ▲トウゴクサバノオ

- がくが花弁状（花は白色）
- 葉は3つに切れ込む
- 高さは20〜40センチ
- ▲チチブシロカネソウ

　この草は秋田から福井までの日本海側に分布しているので、東日本分布型とはいえない。したがって、名前の"アズマ"は必ずしも正しくないと思われる。

　命名者は、ライバルに先を越されるのを恐れて、分布について十分な調査をしないまま、あわてて"アズマ"とつけてしまったのであろう。さらに、花色の"シロカネ"も無理があるように思える。花をよく見ると、白色の花ではなく、花弁に見える"がく"はクリーム色で、しかも外側は部分的に紫色を帯びていることが分かる。

　なお、この仲間の実[袋果]は、どれも面白い形になる。花が終わった後、実は竹トンボに似た形になる。ところで、命名者には「とんでもない」ものに見えたのであろう。なんと、竹トンボの部分が、"鯖の尾"に見えたのである。これも、やや無理筋のように思えるが、発想が意表をついて、とても面白い。近畿以西の西日本に分布している仲間にサイコクサバノオ（西国鯖の尾）の名前が与えられ、東北地方の宮城から九州まで分布している仲間にトウゴクサバノオ（東国鯖の尾）という名前がつけられた。

▲チチブシロカネソウ

▲トウゴクサバノオ

分布と自生地　東北から北陸の日本海側の林の中に自生する。

特徴　高さが10〜30㌢の小形の草。根から伸びた茎は、その途中に2枚の葉を向かい合わせにつける。葉は3枚の小葉から構成される。この小葉のふちは、丸みのある鋸歯が並び、葉の基部から、細長い柄(え)が伸びて先に花を1輪つける。花びらは、がくが花弁状に変化したもので、5枚ある。

仲間　数種類ある。花色をもとに名付けられた種類には、"シロカネ"がつく。ツルシロカネソウは、関東西部から近畿までの山地の林内に自生し、つる状の根茎で増える。ハコネシロカネソウは神奈川と静岡に分布する。一方、実の形から名付けられた種類には、"鯖の尾"の名前がつく。トウゴクサバノオとサイコクサバノオである。これらの仲間の本当の花弁は、いずれも黄色の小さな軍配状に変化し、蜜を出す。属が異なるけれども"シロカネ"と名前がつく種類には、長野県以東に分布するやや大形のチチブシロカネソウがある。

▲アツモリソウ

アツモリソウ
敦盛草

Cypripedium macranthum var. speciosum
ラン科アツモリソウ属
多年草／花期5〜6月

アツモリソウの唇弁(しんべん)を、平敦盛(たいらのあつもり)の背負った母衣(ほろ)に見立てて、"敦盛草"の名前がある。母衣は後方からの流れ矢を防ぐ武具。

▲下のふくらみは唇弁で、母衣(ほろ)に似ている

後方からの流れ矢を防ぐ武具の母衣

平敦盛は一の谷合戦で熊谷直実によって打ちとられた武将

人物の個性をいい当てた名前かと思ってしまうが、そうではなく、合戦する彼らの武具に見立てたもの。種名から歴史の世界にまで想像を広げさせてくれる素敵な名前

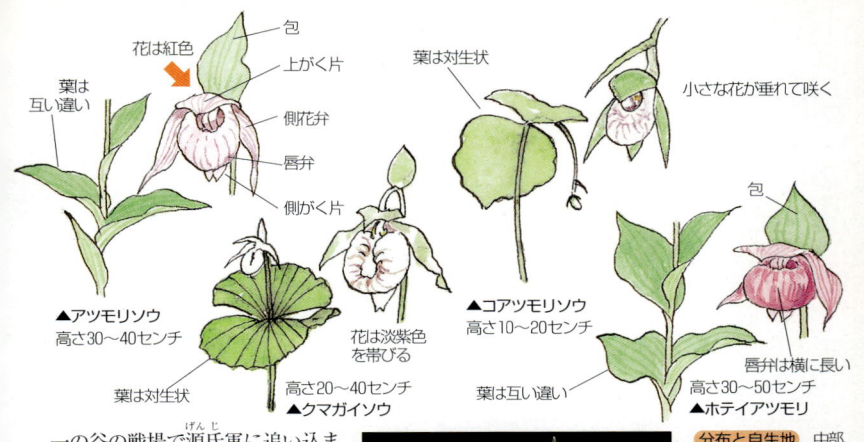

▲アツモリソウ
高さ30〜40センチ

▲クマガイソウ
花は淡紫色を帯びる
高さ20〜40センチ

▲コアツモリソウ
高さ10〜20センチ

▲ホテイアツモリ
唇弁は横に長い
高さ30〜50センチ

　一の谷の戦場で源氏軍に追い込まれた平家軍は船で敗走し始めた。その時、平家の陣から若武者らしき人物が馬にまたがって、自軍の船へと向かっていた。その武者こそ、清盛の次弟・経盛の子の敦盛だった。

　その背中には、大きな丸い袋をつけていた。これは母衣［保侶ともいう］といい、球形に編んだ竹篭を丈夫な布で覆い、腰と肩で縛りつけたもの。この母衣をつけると、後方からの矢が飛んできても、身体を守ることができた。ところで、イラストでは、アツモリソウの唇弁の色に合わせて、母衣を紅色にした。しかし、実際に戦場へ出る時は、真っ白の母衣だったのではないかと思う。

　源氏方の武将・熊谷直実の「返せ！戻せ！」と呼び戻す声に誘われ、敦盛は反転して源氏方に向かう。やがて、直実が進み出て、2人の一騎打ちが始まる。戦いはすぐに終わった。落馬した敦盛の首をとるため、直実は馬から降りて近づいた。敦盛の顔を見て驚く直実。自分の倅と同じくらいの幼さの残る顔であった。彼は刀を引き、見逃そうとするが、味方が許さない。仕方なく刀を振り降ろした。真っ白な母衣は、血で紅色に染まっていった。

▲クマガイソウ

▲コアツモリソウ

▲ホテイアツモリソウ

分布と自生地　中部、関東、北海道の限られた山地の草原に自生していたが、数が激減して姿を消した地域も少なくない。

特徴　ラン科の花なので、唇弁（しんべん）が目立つ。球形の唇弁の上部に穴があり、そこから昆虫たちが出入りする。
横から唇弁を抱くような形をしている2枚の花びらを側花弁（そくかべん）という。唇弁の穴を雨から守るような形の花びらを上がく片という。上がく片と反対側に下向きの花びらがあり、これを側がく片という。
側がく片は2枚あったが、合着して1枚になっている。その証拠に、側がく片の先は2つに分岐している。
草の高さは30〜40センチほど。葉は楕円形で先は尖っている。葉は互い違いにつく。

仲間　本書で紹介したクマガイソウ、コアツモリソウ、ホテイアツモリソウのほか、キバナアツモリソウ、レブンアツモリソウなどがある。各種の見分け方のポイントは、葉のつき方や唇弁の広がりなどを見る。

▲アマドコロはナルコユリによく似ている。写真は葉に斑の入った種　▲花と花柄の接点に緑の突起はない

アマドコロ
甘野老

Polygonatum odoratum var. pluriflorum
ユリ科アマドコロ属
多年草／花期4〜5月

根[地下茎]がヤマノイモ科のトコロ[オニドコロ]に似ていて、食べると甘みがあることから、アマドコロの名前がある。

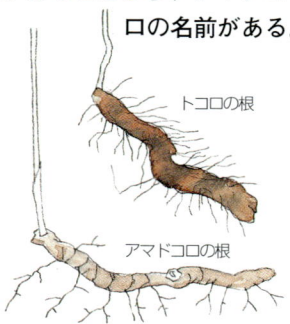

▲茎は斜めに伸びる

◀野老(ところ)は野の老人の意味だが、海老(えび)も海の老人をイメージして文字を当てたのだろう

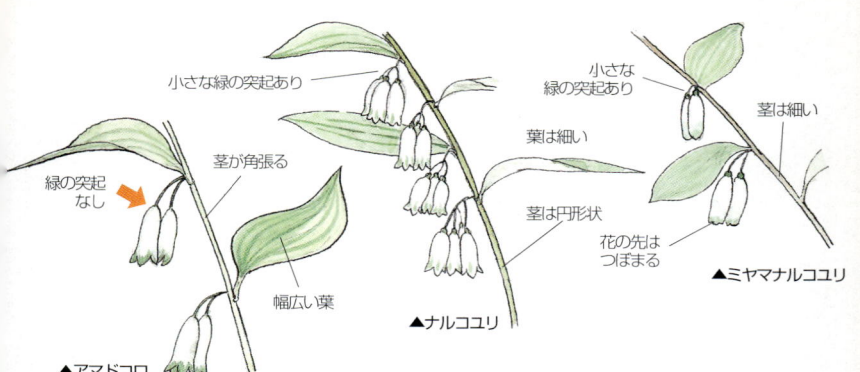

▲アマドコロ(緑の突起なし／幅広い葉／茎が角張る／小さな緑の突起あり)
▲ナルコユリ(葉は細い／茎は円形状／花の先はつぼまる)
▲ミヤマナルコユリ(小さな緑の突起あり／茎は細い)

　ヤマノイモ科のトコロの根は、太い地下茎にひげ根がつき、曲がっていることが多い。ひげ根と曲がった地下茎から、老人に見立てた。野原の老人であるので、野老といった。野老の地下茎は、正月飾りに長寿を願う縁起物として、長い間、使われてきた。

　トコロの名前は、『本草和名』(平安初期)をはじめ、『新撰字鏡』(平安中期)、『延喜式』(平安中期)、『倭名抄』(平安中期)などの多数の文献に登場していることから、古くから人との係わり合いの深い植物であったことが推定される。

　なお、アマドコロの地下茎と茎を見ると、L字形になっていて、茎は長く伸び、その上部に花と葉をつけている。花は長めの吊り鐘形である。この花に似ていて見間違えるのが、ナルコユリやミヤマナルコユリなどで、一見したところ、これらの花の違いが分からない。しかし、花と花柄の接点に緑色の小さな突起があるのがナルコユリとミヤマナルコユリで、このうちミヤマナルコユリの花は底部がつぼまる。一方、アマドコロの花には緑色の突起はなく、葉に丸みがある。これらが見分け方のポイントである。

▲ナルコユリ

▲ミヤマナルコユリ

▲オニドコロ　ヤマノイモ科の植物

分布と自生地　日本各地に広く分布し、明るい林の中とか、高地の草原などに自生する。

特徴　花は長い吊り鐘形で、花の中に6個の雄しべと1本の花柱(かちゅう)[雌しべの一部]がある。
葉は幅広い楕円形で、先は尖る。茎を触ると、角張っている。秋に暗紫色の丸い実がつき、草の高さは40〜80㌢ほどになる。
茎は斜めに伸び、花は下に垂れる。葉は茎から上に上がる傾向がある。

仲間　ナルコユリ、ミヤマナルコユリのほかに同属の仲間にはオオナルコユリ、夏に咲くヒメイズイ、春に咲くワニグチソウなどがある。
ナルコユリと名前がつく花は、いずれも花と花柄(かへい)との接点に緑色の小さな突起がある。しかも、茎はいずれも斜めに伸びる。
ヒメイズイは、花が含み咲き。花柄は短いので、花は茎から離れない。茎は短く、斜めにならない。ワニグチソウは、包(ほう)の2枚が大きく目立つという特徴があり、見分けがつく。

▲山村の土手やあぜ道で見かける

アマナ
甘菜

Amana edulis
ユリ科アマナ属
多年草／花期3〜4月

球根[鱗茎]を煮て食べると、甘みがあるとか。野山の草のうち、おいしく食べられるものには"菜"がつく。それで、甘菜という。

包
花びらは内側に3枚、外側に3枚
球根(鱗茎)

▲アマナは食用や薬用に使われていた。花茎の高さ20〜30センチ

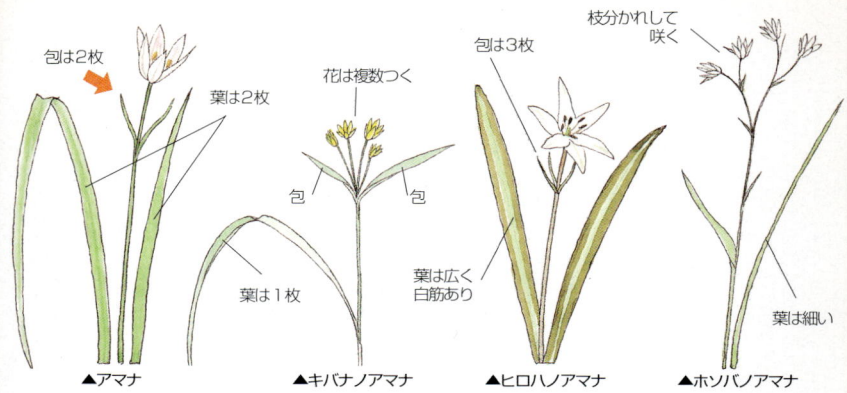

▲アマナ　　▲キバナノアマナ　　▲ヒロハノアマナ　　▲ホソバノアマナ

今日のように外国の野菜が登場していない時代である。野菜の一部は野山から採ることに依存していた。神社、寺、商家などでは、菜摘女(なつみおんな)を雇い、"山菜採り"を専門に行なわせていたところもあった。野山には、食べるとまずいものや、毒になるものも少なくなかった。そこで、おいしく食べられるものに、"菜"をつけて覚えやすくしたのである。アマナをはじめ、ナズナ、コウゾリナ、ヨメナ、ゴマナ、ツルナ、ハチジョウナなどが、その例である。

さて、アマナは、人里近くの草むらに多く見かける。昔から親しまれていて、『本草和名(ほんぞうわみょう)』(平安初期)、『新撰字鏡(しんせんじきょう)』(平安中期)、『倭名抄』(平安中期)など、いくつかの文献にも掲載されている。さらに、各地に別名が多数あることも、アマナは球根[鱗茎(りんけい)]を滋養強壮の薬用として利用し、ほのかな甘みの葉も食べられてきたことを語っている。

なお、絶滅しなかった理由の1つは、タネや球根による増殖力が強かったため。もう1つは、晩春から翌年の早春までは地上部が休眠し、地下の球根だけとなっていたからである。地上部がなければ所在が分からないので、採取からまぬがれた。

▲オオアマナ

▲キバナノアマナ

▲ホソバノアマナ

分布と自生地 東北南部から九州まで広く分布している。山村の土手とかあぜ道に群生していることが多い。高山や人里離れた山の中では、あまり見かけない。

特徴 草の高さ20㌢ほどの株に、1輪だけ花を咲かす。花びらは6枚ある。内側に3枚と外側に3枚ある。日が当たると、花は開く。それ以外は原則として花は閉じたままになっている。
花の近くの下にある、小さな葉の包(ほう)は2枚。細長い葉も2枚あり、茎のやや下側に向かい合ってつく。地下の球根[鱗茎(りんけい)]は、楕円球。

仲間 アマナとヒロハノアマナはアマナ属で、キバナノアマナはキバナノアマナ属。ホソバノアマナがチシマアマナ属、外国産のオオアマナはオオアマナ属で、グループとはいえない。
アマナとヒロハノアマナは同属なので似ている。違いは、葉と包(ほう)。ヒロハノアマナは葉幅が広く、葉の中央に白色の筋が入る。そして、包はアマナの2枚に対して3枚ある。

▲花弁の模様に独特な特徴がある

アヤメ
菖蒲、綾目、文目

Iris sanguinea
アヤメ科アヤメ属
多年草／花期5〜7月

外側の大きな花びら[外花被]の基部に「目もあやに」というほど美しい綾目[文目]模様がある。それでアヤメという説だが…。

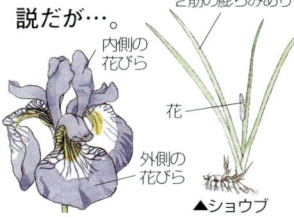

▲アヤメはショウブと間違えられるが、水辺に自生しないし、花も全く違う。

▲アヤメは水辺ではなく、山地の乾いた草原に咲く。高さ30〜60センチ

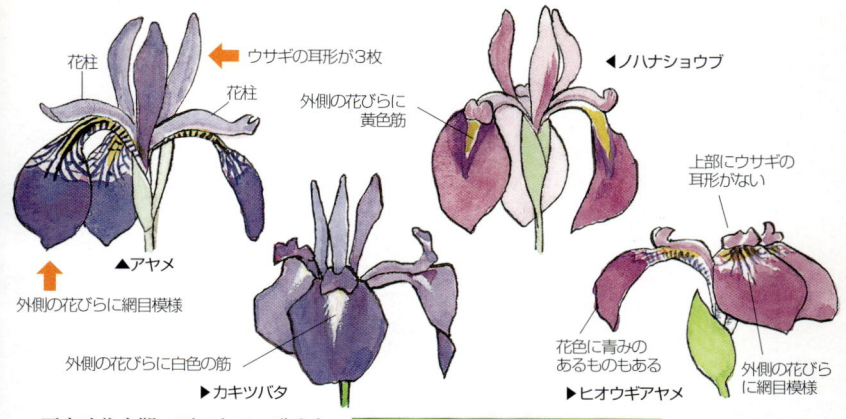

花柱
花柱
ウサギの耳形が3枚
外側の花びらに黄色筋
◀ノハナショウブ
上部にウサギの耳形がない
▲アヤメ
外側の花びらに網目模様
外側の花びらに白色の筋
▶カキツバタ
花色に青みのあるものもある
▶ヒオウギアヤメ
外側の花びらに網目模様

　平安時代末期の頃である。歌人としても秀れた武将がいた。その名を源頼政。保元・平治の乱に功を立てていて、ある時、帝から宮中の評判の美女"菖蒲前"を賜わることになった。帝は頼政の前に3人の美女を並べて、「そなたの妻となる菖蒲前を引き連れよ」と仰せになった。一度も会ったことのない頼政は、どの女性かと迷い、とっさに次の歌を読んだ。「五月雨に沢辺のまこも［真菰］水越えていずれ菖蒲と引きぞわずらう」《梅雨のため小川の水かさが増して、マコモ［イネ科の草］を越えるほどになってしまったので、どこに"あやめ"があるのか分からなく困っています》という意味の歌である。

　この歌を聞いた1人の女性が顔を赤らめたので、この人だと分かり、頼政は妻選びに成功した。ところで、この歌に出てくる菖蒲は、アヤメ科のアヤメではなくて、サトイモ科のショウブのこと。ショウブは、古代から江戸時代の途中までは、菖蒲として人々に親しまれてきた。端午の節句には、宮中では菖蒲と称するショウブを儀式に使い、庶民ではこれを軒にさして邪気［悪神のたたり］払いとした。菖蒲をひたした酒を飲み、病気払いも行なった。

▲カキツバタ

▲ノハナショウブ

▲ヒオウギアヤメ

分布と自生地　アヤメ科のアヤメは日本各地の山地の乾いた草原に自生する。水辺でアヤメに似た花が自生しているのを見た人が多いので、水辺に生えると思っているが、多湿な場所が嫌いである。

特徴　外側に3枚の大きな花びらの外花被（がいかひ）が下へ垂れる。この花びらの基部には、網目模様と黄色斑が入る。この部分が「目もあやに」と思える部分。
　花の中央には、ウサギの耳形をした花びらの内花被（ないかひ）が3枚立っている。そして、外側の大きな花びらに上から重なるようについている小さな花びらがある。これは3つに分かれた花柱（かちゅう）で、雌しべの一部。雌しべの柱頭［花粉を受ける器官］は、花柱の先が上下に分かれている部分をいい、雄しべは花柱の下に、小判鮫のような形でついている。葉は細長く、幅は1ｾﾝﾁほど。
　高さは、30〜50ｾﾝﾁ。

仲間　夏に見かけるヒオウギアヤメ、カキツバタやノハナショウブの高さは、アヤメと同じくらい。

▲左上：羽衣、左下：夕映え、右上：源平（すべてイカリソウ）　右下：イカリソウの葉

イカリソウ
碇草、錨草
別名／サンシクヨウソウ（三枝九葉草）

Epimedium grandiflorum var. thunbergianum
メギ科イカリソウ属
多年草／花期3〜4月

花弁は4つあり、いずれも細長い筒状で先が尖る。この花の形が船の碇[錨]に似ているので碇草という。

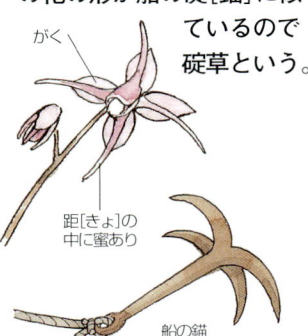

▲花の姿を見ているとなるほど錨によく似ている。高さ30〜40センチ

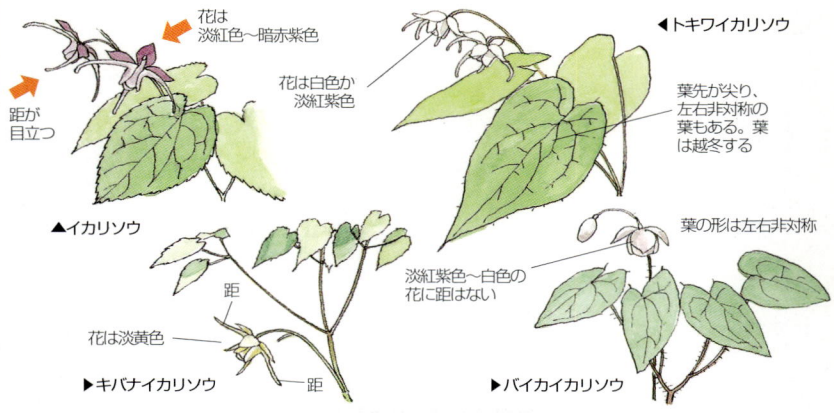

▲イカリソウ / ▶キバナイカリソウ / ◀トキワイカリソウ / ▶バイカイカリソウ

　イカリソウの名前は、平安初期から江戸末期までの数種以上の文献に登場している。花の形が独特で、美しかったので観賞用として栽培されていた。

　また、葉、茎、根などを薬草として利用していた可能性も大である。古名に"淫羊藿（いんようかく）"がある。中国産の強壮・強精剤"淫洋藿"とつながる名前で、淫洋藿が入手できるまでは、イカリソウがその代理薬草だったのではないかと思う。淫洋藿が流通すると、薬草とする人が少なくなり、やがてイカリソウを観賞用として利用することが多くなったのであろう。

　イカリソウの名前は、船の碇［錨］（いかり）に基づくことは間違いないと思うが、家紋の錨からということも考えられる。錨紋はいつ頃から使われ始めたのであろうか。平安時代に公家の車に文様をつけて飾ったことが、家紋の始めといわれている。次に、公家が服へ自家独自の文様をつけることが広まる。錨の家紋を用いた家は、源　頼光［平安中期の武将］（みなもとよりみつ）の子孫の伊丹氏が採用しているとか。錨の家紋が採用されるのは、早くても平安末期なので、平安初期の文献に登場するイカリソウの名前は、錨紋からということにはならない。

▲キバナイリカイソウ

▲トキワイカリソウ

▲バイカイカリソウ

分布と自生地　北海道と本州に分布。本州では太平洋側に自生する。山地や丘の林の中や森のへりで見かける。

特徴　大きな塊の根から伸びた茎の上部に、花が数個から10個咲く。よく見ると、花柄（かへい）は茎に互い違いについている。
花は紅紫色が普通種。花弁は4つで、牛の角（つの）形。中は空洞で、先端側に蜜が入っている。花弁の背後には、花弁と同色のがくがあり、楕円形で4枚。
葉は小さな葉が9枚セット。3つに枝分かれした後、もう1回3つに分かれる。3つの枝に9枚のハート形の葉がつくことから、イカリソウの別名を"三枝九葉草（さんしくようそう）"ともいう。
草の高さは、20〜40㌢ほど、小葉の長さは数㌢前後。

仲間　やや大形で花色が淡黄色のキバナイカリソウ［日本海側］、葉が常緑で白花か淡紅紫色花のトキワイカリソウ［日本海側］、花に距（きょ）がなく、淡紅紫花や白花が咲くバイカイカリソウ［中国、四国、九州］などの仲間がある。

イチゲの名前がつく植物

1つの茎に1輪しか咲かないのが"イチゲ"。どれも、キンポウゲ科の春咲きの仲間。

　里山の林の中で見られるのが、**アズマイチゲ**、**キクザキイチゲ**、**ユキワリイチゲ**。いずれも花弁状のがくが10枚前後つく。日が当たると開き、日が陰ると閉じる。晩春になると地上部は枯れて、地下部だけで越夏する。北海道や本州の深山に自生する**ヒメイチゲ**は、前記3種類に比べてずっと小形である。これらの草は、1つの茎に花が1輪しかつかず、"一華"である。いずれも、花の下に茎から出る葉がある。これを総包葉（そうほうよう）という。なお、高山の草原に自生する**ハクサンイチゲ**は、茎の先から花柄（かへい）を何本も出すので、本当の一華ではない。

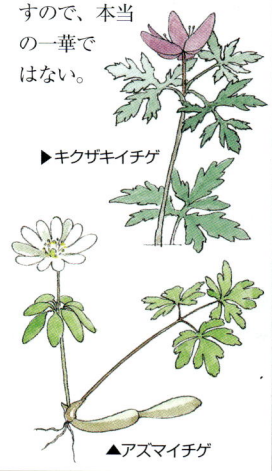

▶キクザキイチゲ

▲アズマイチゲ

▲キクザキイチゲ p100

▲アズマイチゲ p10

▲ヒメイチゲ

▲ユキワリイチゲ p342

▲ヤブヘビイチゴ p328
▲ヘビイチゴ p297
▲シロバナノヘビイチゴ p171
▲クサイチゴ p114
▲フユイチゴ p275［秋・冬編］
▲ナワシロイチゴ
▲ヒメヘビイチゴ p274［夏編］
▲オヘビイチゴ p74

イチゴの名前がつく植物

ヘビイチゴもフユイチゴも、イチゴの名前がつくが、イチゴの中身に大きな差異がある。

身近に自生するヘビイチゴ、ヤブヘビイチゴ、深山に自生するシロバナノヘビイチゴなどに赤いイチゴがなる。このイチゴは、花の下にある花托（か たく）［がくの上にある］が大きくふくらんだもの。花托が水分を含み、甘みや酸味を出している。イチゴの表面にゴマ粒のようなものがつくが、これは実である。この中にタネが入っている。

クサイチゴ、フユイチゴ、ナワシロイチゴは、キイチゴの仲間。花托ではなく、実の1つ1つが甘い液を含んだ小さな袋が集まってイチゴ状になる。なお、オヘビイチゴとヒメヘビイチゴには、実の集合はできるが赤いイチゴにはならない。

▲ヘビイチゴ
◀オヘビイチゴ

▲アヤメの花にも似ているが、外側の花びらに鶏のとさかに似たひだがある

イチハツ
一初

別名／鳶尾草

Iris tectorum
アヤメ科アヤメ属
多年草／花期4〜5月

アヤメやカキツバタを含み、この仲間の中では一番早く咲き、初花となる。それでイチハツ(一初)とか。

火災を防ぎ、雷よけに昔の茅葺き屋根の上に植えられていた

▶イチハツの別名は鳶尾草

かつて、古めいた茅葺き屋根の一番高いところにアヤメらしき草が植えられているのを見たことがある。その植物はイチハツで、ほかにもイワヒバ、ユリ類、アヤメ、キキョウなどが植えられてもいた。茅葺き屋根の上に土を載せて植物を植えるのを芝棟という。芝棟にすると、茅葺き屋根が丈夫になり、雨漏りも防げるといい、イチハツを植えるのは、火災を防ぐとか、雷よけの効果があると信じられていたためである。

イチハツの別名は"鳶尾草"。花の中央に、先が2つに分岐した小さめの花びら[花柱＝雌しべの一部]が3枚ある。この部分が"トビ"が木にとまっている時に見られる尾羽の凹みに似ているので、この別名がついた。

分布と自生地 中国原産で、観賞用として古い時代に渡来した。

特徴 外側の大きい花びら[外花被(がいかひ)]を見ると、基部側から中央へ白花の細い房状のひだがある。この鶏のとさか状のひだが、仲間と区別するポイント。花の中央に、丸い花びらが3枚ある。これが内花被(ないかひ)という花弁。外花被の上の残りの小さな花びらが雌しべの一部の花柱(かちゅう)。高さは30〜50㌢。

仲間 本書で紹介のアヤメやシャガ、夏によく見かけるノハナショウブなど。

▲晩春は地上部が枯れて休眠する

▲花弁がなく、がく片が花弁状になっている

▲1本の茎に1輪の花を咲かせる

イチリンソウ
一輪草

Anemone nikoensis
キンポウゲ科アネモネ属
多年草／花期3～4月

1つの茎に3つの葉がつき、その上に咲く花は、常に1輪だけなので一輪草という。

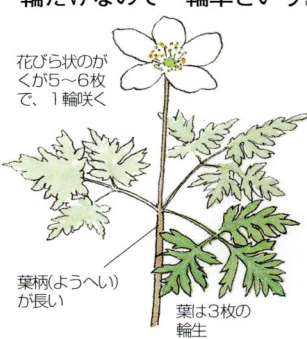

花びら状のがくが5～6枚で、1輪咲く

葉柄(ようへい)が長い

葉は3枚の輪生

分布と自生地 本州北部から九州、四国までの、雑木林の中や森のへりなどに群生する。

特徴 3枚の葉[総包葉(そうほうよう)]が、茎の同じところにつく。1枚の葉は、さらに3枚の小葉に分かれ、その小葉の形がヨモギの葉に似る。葉には長い柄[葉柄(ようへい)]があり、ニリンソウ[柄なし]やサンリンソウ[短い柄あり]と区別するポイント。高さは20～30㌢。晩春に地上部は枯れて休眠。

仲間 本書で紹介のニリンソウやサンリンソウなど。

名前は、『大和本草(やまとほんぞう)』(江戸中期)などに掲載されている。当初は夏の前に枯れるためか、"一夏草(いちげそう)"とか"一夏草(いっかそう)"とか呼ばれていた。また、花がいつも1輪しか咲かないことで"一花草(いちげそう)"とか"一華草(いちげそう)"ともいわれるようになった。

その後、ニリンソウが知られるようになった[必ずしも2輪ずつ咲くとは限らない]。この名前を"二花草(にげそう)"とか"二華草(にげそう)"にすると、"逃げ"に通じ、語呂が悪いので避けたのかもしれないが、この名前に影響されて、イチゲソウからイチリンソウに改名されたのではないかと思う。

▲道端や荒れ地で見かける。高さ30～50センチ

▲中央右寄りに緑色の長い実

▲葉にギザギザがある

▲根生葉が放射状になっている

イヌガラシ
犬芥子

Rorippa indica
アブラナ科イヌガラシ属
多年草／花期4～9月

古い時代に中国から渡来したカラシナに似ているが、カラシナとは異なる草だ。"否(いな)カラシナ"がなまって、イヌガラシと思う。

▲イヌガラシ　▲セイヨウカラシナ

"イヌ"という言葉は植物の名前によく使われている。イヌヨモギ、イヌタデ、イヌナズナ、イヌヤマハッカなどと少なくない。これら"イヌ"のつく植物について、図鑑によっては、犬のように役立たない植物だからという説明がある。しかし、昔から番犬や猟犬として役立っていたし、現在でも盲導犬や麻薬犬として活躍している。犬に役立たないといっては、失礼である。イヌガラシの"イヌ"は、犬ではなく、"否"とした方が妥当と考える。"否"とは、似ているが本物とは異なるという意味で、"もどき"に相当する言葉といっていいだろう。

なお、イヌノフグリ、オオイヌノフグリの"イヌ"は、本物の犬のこと。

"ガラシ"という言葉がつくのは、食べると辛いためであろう。

分布と自生地 日本各地に広く分布し、道端や荒地に自生する。

特徴 花は黄色で、花弁は4枚ある。茎には互い違いに葉がつく。葉のおよその形は楕円形で、不ぞろいな切れ込みが入っている。花後には実がなる。実は細い棒のようで、茎から上へ立ち上がっている。似た仲間のスカシタゴボウと見分けるには、実の形を見るといい。スカシタゴボウの実は1㌢足らずだが、イヌガラシの実は2㌢ほどと大きいので見分けられる。

仲間 イヌナズナ、スカシタゴボウなどがある。

▲左：葉に毛が密生する　右：花は黄色　高さ10〜20センチ

イヌナズナ

犬薺

Draba nemorosa
アブラナ科イヌナズナ属
越年草／花期3〜6月

ナズナ[別名ペンペングサ]に似ているが、異なっているという意味の"否(いな)ナズナ"がなまって、イヌナズナとなった。

分布と自生地　日本各地に広く分布。あぜ道や道路沿いの草むらに自生している。

特徴　花は黄色の4弁花。茎の上部には柄(え)のついた花が多数咲く。花後にできる実は、楕円球形。この楕円球形の実が、よく似たナズナと見分けるポイントになる。ナズナの実は、三味線の撥(ばち)形である。

ナズナは春の七草。1月7日には七草がゆとして食べられてきた。一方、イヌナズナは食べられない。そこで、ナズナに似るが、異なっている雑草という意味を含んで、イヌナズナと名付けられたと思う。"イヌ"は犬の意味ではない。なお、茎の下側に切れ込みがない楕円形の葉が互い違いにあり、最下段の葉が寝そべっているように見えるのも特徴。

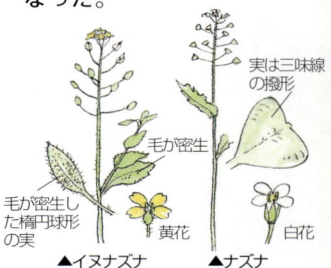

▲イヌナズナ　　▲ナズナ

分布と自生地　北海道、青森から近畿まで分布。深山や浅い山の林の中に自生し、岩混じりの斜面や草むらに群生する。

特徴　花はラッパの先のような"ろうと"形。花は1輪しかつけず、横向き。花びらの先は房状に切れ込んでいる。花には長い柄(え)がついている。
葉は根元から伸び、形は円形状で、表面は光っている。
高さは5〜10デ。

仲間　ごく近縁種に北陸に分布するトクワカソウがある。イワチワの葉の基部はハート形なのに対して、トクワカソウの葉の基部はクサビ形になっているのが見分け方のポイント。ほかには、別属のオオイワカガミやオオイワカガミ、コイワカガミなどもよく似る。

▲葉が団扇に似る。高さ5〜10センチ

深山の岩峰に自生することもあるが、たいていは低山の林の中の斜面に群生する。イワウチワの名前をつけた時は、たまたま岩場に自生していたからと思う。イワウチワに似た葉をつけるイワカガミに団扇(うちわ)の名前がつかないのは、"岩鏡(いわかがみ)"という名前の方がピッタリだから。

イワウチワ

岩団扇

Shortia uniflora
イワウメ科イワウチワ属
多年草／花期4〜5月

岩の溝などで見かけるこの草の葉を団扇(うちわ)に見立てて、イワウチワ。葉は常緑で、光沢があり、柄(え)がついた形が団扇に似る。　団扇(うちわ)

葉の基部はハート形

29　イヌ

▲1本の花茎に花は複数つく

▲花弁のふちは細かく切れ込む

▲葉の先は尖らない

イワカガミ
岩鏡

Schizocodon soldanelloides
イワウメ科イワカガミ属
多年草／花期4〜7月

岩場に自生するので、"イワ"がつき、葉が厚く、光沢があるので、"鏡(かがみ)"に見立てた。

葉は円形に近く、鋸歯[へりの尖り]は目立たない　古葉になると

植物の名前は、その植物が自生する環境と植物の形状と似たものを組み合わせたものが少なくない。イワカガミのうち"イワ"は岩峯の草つきとか、岩混じりの斜面、岩壁などの溝や棚など、自生している環境の一部を表示している。

ここで、イワカガミ以外、岩場がある環境に主として自生している植物を挙げてみよう。すると、イワナンテン、イワウチワ、イワウメ、イワタバコ、イワキンバイなど数が多い。

次に、植物の中の一部の形状を何か別の似たものに見立てた例を挙げてみると、イワナンテン[葉が南天の葉に似る]、イワウチワ[葉が団扇(うちわ)に似る]がある。

再び、イワカガミに戻ってみると、"イワ"は自生環境を示し、"カガミ"は葉の形状や質感を鏡に見立てたことを表わしている。

分布と自生地 日本各地の山地から高山に広く分布している。主に自生する場所は、岩場であるが、草原や湿地にも自生する。

特徴 花は春から初夏にかけて、根元から10〜15㌢くらいの花茎を伸ばし、2〜数輪の花をつける。花の基部は筒状だが、先は房状に裂けている。葉は卵形で、5〜15㌢の葉柄につく。若葉のふちは鋸歯が目立つ。

仲間 葉の幅が数㌢以上のオオイワカガミと幅が2〜3㌢のコイワカガミなど、いずれも葉のへりに鋸歯がある。鋸歯が鋭くて葉裏が白いヤマイワカガミと鋭い鋸歯が数個以内で幅が1〜2㌢のヒメイワカガミがある。なお、別種のイワウメは、1つの花茎に1輪しか花を咲かせない。

▲花色はこのように紅紫がかる

◀花はラッパのような形で、長さ2センチほど。珍しい淡ピンク種

イワギリソウ

岩桐草

Opithandra primuloides
イワタバコ科イワギリソウ属
多年草／花期5〜6月

主に岩場に自生するので、"イワ"がつき、花は桐(きり)の花に似るので、"キリ"。

桐の花に似る
▲桐の花

葉や茎は全体に柔らかく、こまかく毛が生える

▲イワギリソウ

イワギリソウの名は、"イワ"という自生環境を表わす言葉と、この花がキリの花に似るので"キリ"の名前とが組み合わさってできている。このように自生している環境をいい現わす用語と樹木名とが組み合わさった例が、ほかにもある。これらを列挙すると、イワザクラ[岩＋桜]、イソマツ[磯＋松]、イワイチョウ[岩＋銀杏、ただし、自生地は岩場でないことが多い]、イワボタン[岩＋牡丹]などがある。

ところで、桐であるが、下駄、琴の材料になるほか、和箪笥(わたんす)の材として特に知られている。

このように身近な桐のためか、ほかにも桐の花に見立てた草がある。アキギリとキバナアキギリである。

分布と自生地 近畿から西の本州と四国、九州に分布している。山地の湿った岩場に自生している。

特徴 花は5〜6月頃に咲く。花はろうと形で、先は5つに裂けている。花色が紅紫色の花を10輪ほど、下向きにつける。葉には軟毛が生えている。葉幅は数㌢以内で、柄(え)を含めた葉の長さ10㌢余り。葉は、セントポーリアに似る。

仲間 仲間のイワタバコとは、葉[軟毛なし]で見分けられる。

▲沢沿いの岩の割れ目などで見かける。高さは15センチくらい

▶サクラの花に似る。中心部は黄色〜黄白色

イワザクラ
岩桜

Primula tosaensis
サクラソウ科サクラソウ属
多年草／花期4〜6月

主に岩場に自生し、花が桜の花に似ているので、岩桜という、単純な名前がついた植物。

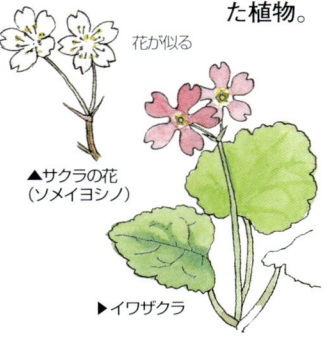

花が似る

▲サクラの花（ソメイヨシノ）

▶イワザクラ

イワザクラの"イワ（岩）"は自生環境を表わす言葉である。その後に続く"サクラ（桜）"は、この花が身近で誰もが知っている桜に似ていることを表わしている。このような命名の仕方はp31のイワギリソウと全く同じである。植物の命名法としては、無難なやり方と思える。

このイワザクラの名前は、箱根周辺の岩場に自生する仲間の名前にも応用され、イワザクラより小さめの草姿であることから、コイワザクラという名の植物もある。ほかにヒメ、ユキワリ、ヒナのつくサクラがあり、そのほかでは、ミチノクコザクラ、レブンコザクラなど、地名との組み合わせによる名前が多い。

分布と自生地 岐阜と紀伊半島、四国、九州の限られた地域に分布。岩混じりの斜面とか岩壁の棚とか溝に自生している。

特徴 春に根元から花茎を伸ばし、その先に数個以下の花をつける。花茎の高さは10〜15㌢、葉の長さは数㌢である。葉はやや縦長気味で、卵形。花は紅紫色、花の基部側はつながった合弁花で、花びら状に5つに分かれている。

仲間 サクラソウの仲間はp150参照。

イワ 32

▲花柄は細くて10〜20本。放射状に花がつく

分布と自生地 東北から四国、九州までの深山や亜高山に分布する。森や林の中のしっとりとした苔の中に自生している。

特徴 高さが10〜20㌢の小さな草で、茎の頂部に打上げ花火のごとく花を多数咲かせる。1つの花は白っぽく小さい。茎の途中には、下部の根生葉と全く異なる羽状葉がつくことがイワセントウソウの特徴。

▲深山の湿った苔上で見かける

名の由来が定まっていない植物である。しかし、岩仙洞草と書かれることが多い。それは、先頭や尖頭よりも、"仙洞"の方が格調が高く感じられるためであろうか。なお、この草は森の中の湿り気味の腐葉土に自生するが、苔むした岩上にあるのが一番目立つ。"仙洞"の由来はp196参照。

イワセントウソウ
岩仙洞草、岩先頭草、岩尖頭草

Pternopetalum tanakae
セリ科イワセントウソウ属
多年草／花期5〜6月

上皇の住居の仙洞御所で発見とか、春の先頭に咲くからとか、葉の先が尖頭だから、と諸説あり。

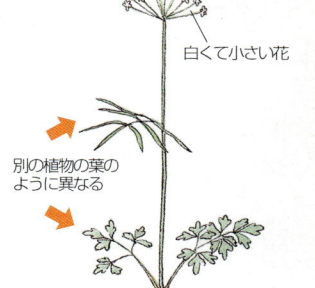

白くて小さい花

別の植物の葉のように異なる

分布と自生地 伊豆半島から沖縄までの各地に分布している。自生地は、海辺の岩場で見られる。

特徴 茎は太く、赤紫色を帯びていることが多い。この茎に円頭形の長楕円の葉がこみ合ってつく。上部の葉のうち、黄色に変化するのが包葉(ほうよう)。花を側面から見ると、下側(基部側)がつぼまった壺形で、その中から棒のような柄(え)が伸びて、先に球をつけている。この球は子房といってタネの入った実になる器官で、子房には小さな突起が多数ある。

仲間 草姿が似る種があるが、自生地で判別できる。平地の湿った場所に自生するのが、ノウルシ。標高の高い地の草原に自生するのが、ハクサンタイゲキ。

▲海岸の岩場で見かける

日本各地の山地に広く分布しているタカトウダイという草がある。この草の根はゴボウ状で、この根を乾燥させたものを、中国では"大戟"と称し、腎臓病の治療に用いてきた。岩場に自生する同属のイワタイゲキに、この生薬名をつけた。ほかに、ハクサンタイゲキなどがある。

イワタイゲキ
岩大戟

Euphorbia jolkinii
トウダイグサ科トウダイグサ属
多年草／花期4〜6月

タカトウダイの根を乾燥させた漢方名は"大戟"。この名と自生地を組み合わせた。

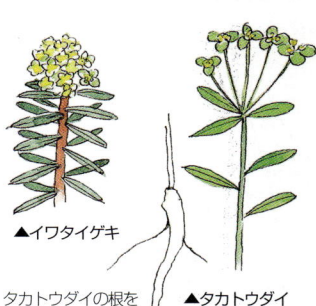

▲イワタイゲキ

タカトウダイの根を"大戟"という

▲タカトウダイ

▲谷間の岩上に生える。高さ5〜15センチくらい

▲千鳥に似た花で、これが由来

イワチドリ
岩千鳥

Amitostigma keiskei
ラン科ヒナラン属
多年草／花期4〜5月

自生地と、花の唇弁が家紋の千鳥に似るので"チドリ"が加えられた。

◀イワチドリ
イワチドリの花
千鳥紋の一部

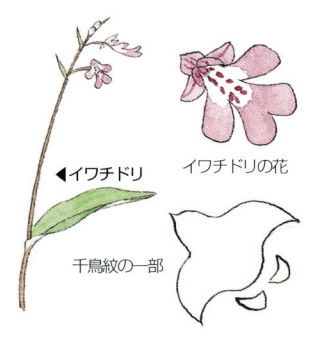

自生環境を表わす"イワ(岩)"については、イワカガミの項で述べたので、ここでは省略する。

"チドリ"という言葉は、鳥の千鳥のことと思って、図鑑でチドリ科の鳥を見てみたけれど、イワチドリの唇弁(しんべん)やそのほかに似た部分は見つからなかった。そこで思いついたのは、家紋のうちの"千鳥紋"である。家紋の波と千鳥、千鳥文様などは平安時代から家紋として用いられてきた。このうち、千鳥文様のなかの飛んでいる千鳥の姿はイワチドリの唇弁のイメージによく似ている。これが名前の由来ではないかと思う。

なお、"チドリ"の名前は、ラン科の草たちに数多く与えられている。たとえば、ヒナチドリ、テガタチドリ、アワチドリ、オキナワチドリ、サツマチドリ、ニョホウチドリ、ハクサンチドリなど少なくない。

分布と自生地 岐阜、紀伊半島、四国などが主な分布地である。渓谷の湿った岩場などに群生する。

特徴 春に芽を出し茎を伸ばす。そして、長さ数デほどの長楕円形の葉を展開する。さらに、茎は伸びて淡紅紫色の可愛い花を咲かす。花は2〜3個から数個程度つける。花を正面から見ると、広そでの綿入りの着物の縕袍(どてら)を着た人が両手を広げているように見える。
下側の足に見える部分が唇弁(しんべん)の中裂片である。手に見える両側の部分が唇弁の側裂片(そくれつへん)。唇弁の上には、帽子状の小さな器官がある。一番上と両側の2つの花びら状に見えるのが、がく片である。次に横向きの花を見ると、背後に小さな尻尾が見える。これを距(きょ)という。距は唇弁中央の穴から筒状に伸び、中で蜜を分泌している。

▲上は熟した雌花、下は雄花。それぞれの株から花を咲かせる

▲湿った岩壁で見かける常緑の多年草。若い雌花
◀ユキノシタ 

イワユキノシタ
岩雪の下

Tanakaea radicans
ユキノシタ科イワユキノシタ属
多年草／花期5～6月

"イワ"は"岩"の意で、この草の自生する環境を表わしている。"ユキノシタ"は、横走りする"つる"の先に子株を増やしていく性質が、ユキノシタと同じだから、本種に"ユキノシタ"の名前がある。

しかし、草姿は似ていない。ユキノシタの葉は円形で、葉脈に沿って白色の筋が見える。さらに、葉の両面に粗い毛がある。また、ユキノシタの花は白色の5弁花で、よく見ると美しく整っている。一方、イワユキノシタは、葉も花もユキノシタとかなり異なっていることが分かる。葉も花も似ていなくても、"つる"で子株を増やすという点だけが似ていることで、"ユキノシタ"の名前を借用した。同様の例に、ハルユキノシタ、ムカゴユキノシタなどがある。

分布と自生地 分布が限られた草である。神奈川、山梨、静岡、高知に自生地があることが知られている。沢沿いの岩肌とか渓谷の岩壁に着生するかのように、広がっているのが見られる。

特徴 葉は根から生えている。葉の長さは5～10㌢で、葉柄（ようへい）は5～10㌢ある。初夏の頃、10～20㌢の花茎を伸ばし、雄株ならば雄花を、雌株ならば雌花を咲かす。

仲間 1属1種で仲間はいない。

ユキノシタのように横走りする"つる"の途中や先端に子株を作るので、イワユキノシタ。

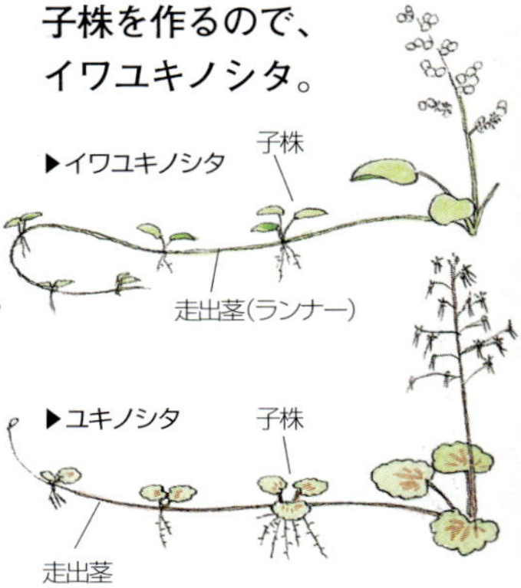

▶イワユキノシタ 子株
走出茎（ランナー）

▶ユキノシタ 子株
走出茎

ウグイスカグラ
鶯神楽、鶯狩座

Lonicera gracilipes var. glabra
スイカズラ科スイカズラ属
落葉低木／花期4〜5月

鶯が飛び跳ねながら、この花や実をついばむ姿を見て、神楽を踊っているように見えたので、"鶯神楽"。

▲果実は直径1センチほどの楕円形で、6月には真っ赤に熟す。甘みがある

▲山野に生える落葉低木

名の由来に定説はない。鶯神楽も一説に過ぎない。鶯狩座という説もある。ウグイスが花や実をついばみにやってくるので、これを射ったり、捕まえる際に便利な狩座となる説である。このほか、鶯がこの木の繁みに隠れる"鶯カクレ"が"鶯カグラ"に変化したという説もある。

▲花はろうと形で、5つに切れ込んでいる

分布と自生地 北海道、本州、四国と広く分布している。丘や低山の雑木林の中や、森のへりなどに多く自生している。

特徴 早春に葉を展開し、淡紅色の細長いろうと形の花を下向きに咲かせ、初夏になると、楕円球形の赤い実を成らす。実はグミによく似る。

ウシハコベ
牛蘩蔞、牛蘩縷

Stellaria aquatica
ナデシコ科ウシハコベ属
越年草(ときに多年草)／花期4〜10月

ハコベに似るが、葉、花、草姿が一回り大きいので、"牛"の名前を借用した。

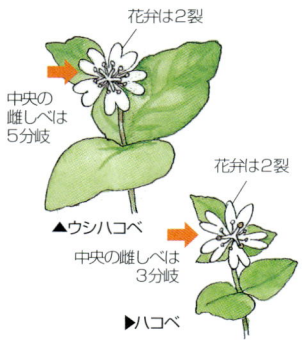

花弁は2裂
中央の雌しべは5分岐
▲ウシハコベ

花弁は2裂
中央の雌しべは3分岐
▶ハコベ

▲葉は大きめでしわが目立つ

ハコベの古語"波古戸部"とか"波久倍良"が、ハコベラになり、ハコベと変化したことは想像がつく。しかし、ハクベラの意が不明である。ある書では、"ハク"はハコベの茎を折ると出る白い糸を帛[美しい綿布]に見立て、"ベラ"とは群がる意だという。だが、この説に反対する意見があり、ハクベラに定説は得られない。

▲雌しべの先が5つに分かれるのが特徴

分布と自生地 日本各地の庭隅や道端など。

特徴 茎は赤紫色である。花弁は5枚あるが、1つ1つの花弁はウサギの耳形に深く分岐し、中心の雌しべの先の柱頭(ちゅうとう)は5つに分かれている。

仲間 ハコベとコハコベなどがある。

▲山地の湿った渓流沿いで見かける

▲左：2葉を出し、下に花を咲かす　右：葉先は尖り、質は薄い

ウスバサイシン

薄葉細辛

別名／サイシン

Asiasarum sieboldii
ウマノスズクサ科ウスバサイシン属
多年草／花期3～4月

細くて辛い根を乾燥させたものを**細辛**[生薬名]といい、葉が薄いので、ウスバサイシンと名付けられた。

分布と自生地 本州各地、四国、九州に分布し、山地の林の中などに自生している。

特徴 根元から5～10㌢の長い柄（え）を伸ばし、その先に長さ5～8㌢のハート形の薄い葉をつける。3枚の花びらに見えるのは、がくの一部で、基部側をがく筒という。

仲間 属は違うが、よく似たフタバアオイは葉のへりに毛がある。

"細辛"という言葉は、現在では、生薬名として使われている方が多い。しかし、江戸時代では、生薬としてばかりでなく、園芸分野でもよく使われていた。元禄の頃から、カンアオイの仲間のうち、葉柄（ようへい）の色が紫色でなく緑色のものを主に"細辛"と呼んで好まれ、葉の斑模様のバリエーションや葉柄の緑色の変異種を収集することが行なわれていた。本種は葉が薄いので"ウスバ"がつく。

▲花は3枚のがく片の先がつまんだようにもち上がる

▲花に光沢があり、目に映える　　▲山野で見られる

ウマノアシガタ
馬足形・馬脚形
別名／キンポウゲ

Ranunculus japonicus
キンポウゲ科キンポウゲ属
多年草／花期4～5月

黄色の光った花びらを上から見ると、花の輪郭が"馬わらじ"に似ていたので、その名前がつけられた。

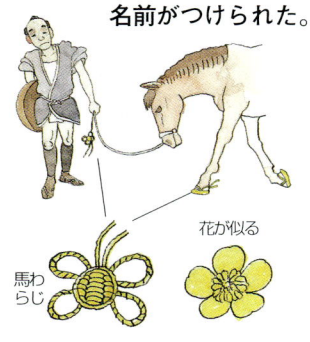

馬わらじ　花が似る

　この草は、『本草和名』（平安初期）、『薬品手引草』（江戸中期）、『綱目啓蒙』（江戸末期）に登場している。遅くとも江戸時代にウマノアシガタの名前で知られた草であったと思う。当時の馬は蹄鉄を打たないので、長距離は走れなかった。現代の馬よりも頑強だったと思われるが、蹄が擦り減り、傷んでしまうことが多かったと考えられる。

　馬の蹄がなんとか傷まない方策はないものかと思いめぐらしたようで、その時に、いいヒントとなったのが、人間のはく草鞋であった。馬に草鞋をはかせれば、蹄をある程度保護できる。そして、作られたのが"馬わらじ"で、これを"馬沓"と呼んだ。街道筋の荷馬は、馬沓をはくのが普通になったが、藁製の馬沓はすぐに傷んだ。そこで、馬子は必ず予備の馬沓を持ち歩いていた。

分布と自生地　日本各地に広く分布している。日当たりのいい草むらや田のあぜ道に群生している。

特徴　高さは数十ミリから80ミリくらいの大形。葉の形は楓の葉形で、切れ込みが浅いタイプと深いタイプがある。花は黄色の5弁花で、花びらには光沢がある。花の中央の雄しべと雌しべ［雌しべより中心にあり］の数は、それぞれ多数ある。時には花が八重咲きになるのが見つかる。これは雄しべや雌しべが花弁に変化したタイプである。この八重咲きタイプを金鳳華［キンポウゲ］といい、一重咲きと区別する。

仲間　高山性のタカネキンポウゲは、ウマノアシガタより低くて花数は少ないが、花は同じくらいの大きさ。

ウマ　38

▲木陰に固まって咲いていることが多い
◀上：花から伸びた紐のようなものが浦島太郎の釣糸　下：実

ウラシマソウ
浦島草

Arisaema urashima
サトイモ科テンナンショウ属
多年草／花期4〜5月

仏炎包（ぶつえんほう）という頭巾のような花から長く伸びた細い紐のようなものを、浦島太郎の釣竿の糸に見立ててつけた名前。

釣糸に見立てた
浦島太郎

分布と自生地　本州と四国、そして北海道の一部と九州の一部に分布する。野山の林や森のへりに自生する。

特徴　春に地下の芋[球茎]から、長さ数十㌢ほどの葉を展開する。葉は鳥足状に分かれて、葉柄（ようへい）の隣からは花茎を伸ばし、仏炎包（ぶつえんほう）という頭巾形の花を咲かせる。花は暗紫色。中からは細長い紐[付属体]のようなものを伸ばす。この種は、昆虫による交配が必要で、交配の仲立ちをするのは、キノコバエと思われる。キノコバエが飛んできて、花の中へ入るための着地場が、この紐である。

　この植物は、平安時代以降、古名の"於保保曽美（おほほそみ）"か"浦島草"のいずれかで知られていた草である。

　一方、浦島太郎伝説の方は、いつ頃できたのであろうか。浦島太郎のことは、『丹後風土記』『万葉集』のほかの文献に見られ、奈良時代には広く知られていた説話である。

　いつ、浦島太郎伝説とウラシマソウとが結びついたか分からないが、江戸時代よりずっと前にこの名前が成立したものと想像できる。

　なお、呼び方に"蛇草（へびくさ）"とか"蛇腰掛（へびのこしかけ）"がある。花のイメージを蛇が鎌首をもたげて、長い舌を出していると見たためであろう。漢名にも、"蛇頭草根"とあるが、中国の人も、蛇の頭に見立てたものと分かる。

▲左：高さは10〜30センチくらい　右：頭花は穂状 　　▲葉裏は毛が生え白い

ウラジロチチコグサ
裏白父子草

Gnaphalium spicatum
キク科/ハハコグサ属
1年草／花期4〜5月

チチコグサに似て、葉裏には白い綿毛が密生しているので、ウラジロチチコグサ。

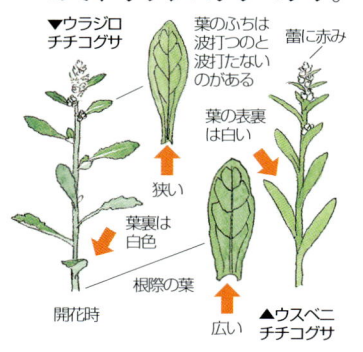

▼ウラジロチチコグサ
葉のふちは波打つのと波打たないのがある
蕾に赤み
狭い
葉の表裏は白い
葉裏は白色
根際の葉
開花時
広い
▲ウスベニチチコグサ

　1970年代に熱帯アメリカ産のこの草が野生化していることが分かった。名前は、日本在来種のチチコグサに似ていることから、"チチコグサ"の名前を借用し、日本在来種と区別するため、この草の特徴を表わす"ウラジロ"を頭につけた。

　葉表面は濃い緑色で光沢があるが、裏側は、名前についたように、白い綿毛が密生し、真っ白に見える。

　命名の仕方としては、ロマンや面白さに欠けるが、特徴が明確で、覚えやすい名前である。

　なお、似た種類に外国原産のタチチチコグサがある。大形になることと、葉の表裏が白っぽく、花の基部に綿毛が密生する特徴がある。このほかにも外国産で、似た種類にチチコグサモドキ［葉先が丸いのが特徴］とウスベニチチコグサ［蕾に赤みがあるのが特徴］がある。

▲ウスベニチチコグサ
葉に白色の綿毛

分布と自生地　日本各地へ広がりつつあるが、この草は都会の道端や荒れ地に多い。

特徴　春の間は、地面に張りつくように葉が伏せている。葉はへら形で、先は円頭である。葉はタンポポのように円形に広がっている。このような葉姿をロゼットという。初夏の頃になると、ロゼットの中心から茎を伸ばして紫褐色の小さな花を穂状につける。1つの花は、よく見ると小さな徳利(とっくり)形である。

仲間　チチコグサ、タチチチコグサ、チチコグサモドキなど。

▲山地の木陰、特に沢のふちで見かける。花は雄花

◀上:雄花 下:葉はゆがんだ長楕円形

ウワバミソウ
蟒蛇草

別名/ミズ(水)、ミズナ(水菜)

Elatostema umbellatum var. majus
イラクサ科ウワバミソウ属
多年草/花期4〜9月

"大蛇"が出そうな沢沿いの湿ったところに自生するので、ウワバミソウという。

雄花は花柄が長い
雌株は花柄がない
花柄
大蛇のことをウワバミという

分布と自生地 日本各地に広く分布している。山地の湿った斜面などに群生する。

特徴 茎は斜めに立ち上がる。長さは20〜数十㌢。長い楕円形の葉を互い違い[互生(ごせい)]につける。葉の先は著しく尖っているのが特徴である。
この草は雌雄異株である。雄株には、長い柄(え)の先に白い雄花が固まってつく。雌株の方では、葉柄(ようへい)の基部のところに淡緑色の雌花が固まってつく。

仲間 ヒメウワバミソウがある。山地の湿った日陰に自生し、葉の片側のヘリの鋸歯が5つ以内が特徴。

別名の"ミズ"で知られた山菜である。ミズのほかに、"ミズナ""ミンズ"などとも呼ばれている。昔からくせのない山菜として親しまれてきた。

この草の生えている場所には、蛙(かえる)がいる。蛙を狙って蛇が出没することがあると思うが、ミズの自生地で蛇に出合ったことはない。蛇は下草の少ない、からっとした場所の方が好きである。人間が腰を下ろして休みたくなるような場所にいることの方が多い。さて、ウワバミソウ(1ランク上の蛇の意)は、『物品識名(ぶっぴんしきめい)』(江戸中期)と『網目啓蒙(こうもくけいもう)』(江戸末期)に掲載されている。江戸時代には、ウワバミソウ(うわばみさう)の名が知られていたと思える。

▲花は直径2センチくらいで、淡紅紫色、紅色、白色などがある

エイザンスミレ
叡山菫、蝦夷菫

Viola eizanensis
スミレ科スミレ属
多年草／花期3〜4月

滋賀県西部の比叡山(ひえいざん)で初めて発見されたか、たくさん自生していたため、叡山菫(えいざんすみれ)の名前がある。

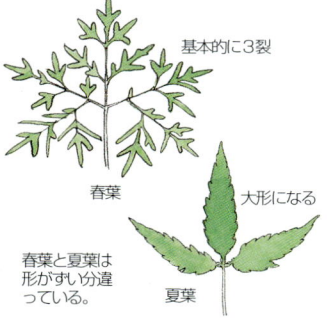

春葉 — 基本的に3裂
夏葉 — 大形になる
春葉と夏葉は形がずい分違っている。

▶葉は3つに切れ込み、葉はさらに切れ込む。手前は夏葉

　京都府に近い比叡山(ひえいざん)は、単に叡山(えいざん)と呼ばれていた。叡山の延暦寺は天台宗の総本山である。多くの高僧、名僧がこの寺で修行したことで知られている。"叡山の荒法師(あらほうし)"とは、延暦寺で養った僧兵のことである。

　さて、エイザンスミレであるが、江戸時代末期の『綱目啓蒙(こうもくけいもう)』に掲載されている。この時代に名前がついていたといえる。その頃であろうか、本草学者が比叡山に登山した際に見つけたか、または比叡山に登山した人がこのスミレを採集し、知り合いの本草学者に見せて、エイザンスミレの名前が誕生したと考えられる。このスミレは葉の切れ込みが多く、ほかのスミレとは葉が異なっている。

分布と自生地 本州、四国、九州と広く分布。林の中とか森陰に自生している。

特徴 葉はまず3つに分かれ、そのうちの両側はさらに2つに分かれ、さらに2〜3に分かれる。残りの中央部分はさらに3つに分かれる。葉の長さは10㌢ほど。淡紅色の長さ2㌢くらいの花が咲く。花の背後には、筒形の尻尾がある。これを距(きょ)という。

仲間 ヒゴスミレとは、花と葉で区別できる。p273参照。

▲エゾエンゴサク

▲花色は鮮やかな青紫色。北海道では工事で削られた土地にすぐ生える草

◀上：ジロボウエンゴサク　下：ヤマエンゴサク

エゾエンゴサク
蝦夷延胡索

Corydalis ambigua
ケシ科キケマン属
多年草／花期3～5月

"延胡索"という言葉は、漢方薬[生薬]の名前で、中国や朝鮮半島産のこの仲間の球根[塊茎]を、蒸してから日光に当てて乾燥させたものを"延胡索"といった。延胡索は、生理痛、浄血・鎮痛などに薬効があると伝えられている。江戸時代中期に小石川御薬園で、朝鮮半島産の延胡索を栽培したとの記録がある。

薬用植物として重要だったようで、『多識編』(江戸時代前期)、『三才図会』(江戸中期)などにも掲載されている。一方、方言を含む別名が残っていないことから、一般には知られていない草だったと思う。

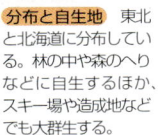

分布と自生地　東北と北海道に分布している。林の中や森のへりなどに自生するほか、スキー場や造成地などでも大群生する。

特徴　春に葉を展開し、花を咲かせる。花は青紫色で美しい。花は唇形で、後部は筒形である。この筒形の器官を距(きょ)という。距は花の中央の穴から続いていて、中は蜜を分泌する。

仲間　ヤマエンゴサク、ジロボウエンゴサクがあり、見分け方はp173参照。

球根を加工したものを延胡索という。東北以北の自生だから"エゾ"をつけた。

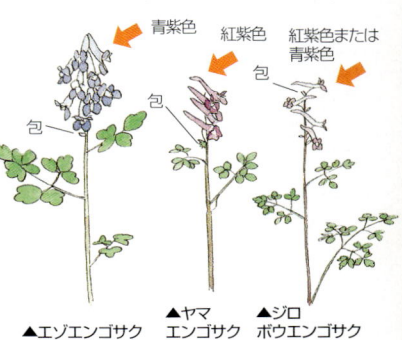

青紫色　　紅紫色　　紅紫色または青紫色
包　　　　包　　　　包

▲エゾエンゴサク　▲ヤマエンゴサク　▲ジロボウエンゴサク

▲黒っぽいが暗紫褐色である　右：高さは50センチほど

▲くさい臭いに誘われてとまるハエ

エゾクロユリ
蝦夷黒百合

Fritillaria camtschatcensis
ユリ科バイモ属
多年草／花期6〜9月

北海道の平地に自生しているので、"エゾ"、花は暗紫褐色なので、"クロユリ"とついた。

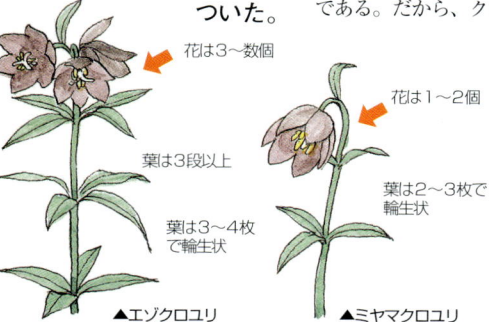

中部地方の高山に自生しているミヤマクロユリに似ているが、草姿が大きく、花つきが多く葉数が多いのが、エゾクロユリである。これは北海道の牧場の片隅や野原の土手などに自生している。それで、"エゾ"の名前がある。

昔、流行歌の一節に、「クロユリは恋の花」という歌詞があった。クロユリの花言葉に"恨み"とか"呪い"があるのは知っていたが、"恋"らしきものは聞いたことがなかった。なぜ、恋が出てきたのか調べているうちに、アイヌに次のようないい伝えがあることを知った。

好きな人へクロユリを贈り、受け取ってもらえなかったら、その思いは通じない。しかし、クロユリをもらってくれたら、恋は成就するそうである。だから、クロユリは恋の花であった。

花の臭いは、決していいとはいえないが、ロマンの花といえる。なお、この草は臭いで虫を呼ぶ虫媒花。

花は3〜数個
葉は3段以上
葉は3〜4枚で輪生状
▲エゾクロユリ

花は1〜2個
葉は2〜3枚で輪生状
▲ミヤマクロユリ

分布と自生地　北海道のやや湿った草原、土手、あぜ道などに自生する。

特徴　ミヤマクロユリは主に花が1個しかつかないがエゾクロユリは3〜数個つく。葉は前者が3枚輪生〔茎の同一場所に放射状に葉がつく〕で、後者は3〜4枚輪生である。葉の段数も、前者はせいぜい2段どまりだが、後者の葉は5段や6段もある。

次に、花を観察してみよう。ユリ形につく花びらは6枚ある。内側に3枚と外側に3枚の花びらが重なってある。花の中には、6本の雄しべと、1本の花柱〔雌しべ〕がある。

この花にはイメージと違って悪臭がある。ハエがとまっていることが多い。

この草は、自分が色黒（？）のために、交配の仲立ちをしてくれる昆虫を蜂でなく、1ランク落としてハエにしたのではあるまいか。

仲間　中部地方から北海道までの高山の草原に自生するミヤマクロユリ。中部地方から四国、九州の限られた地域の林の中に自生するコバイモの仲間。中国から渡来のバイモ。

▲左上：花は1つに思えるが、花びらそれぞれが花　左下：がくのように見えるのが総包片　右：高さ20〜30センチになる

エゾタンポポ
蝦夷蒲公英

Taraxacum hondoense
キク科タンポポ属
多年草／花期3〜5月

北海道や東北が主な自生地なので、名前に"エゾ"。タンポポは、鼓草という古名に由来する説がある。

分布と自生地　北海道、東北地方、北関東に分布し、農村のあぜ道、川の土手、自然の残っている草原などに自生している。

特徴　ほかのタンポポと同様、花は小さな舌状花(ぜつじょうか)が集まってできている。このことは、花をバラバラにしてみると、花びら1つごとに、雌しべがあることで分かる。エゾタンポポをほかのタンポポと見分けるポイントは、花の下の総包[がくに相当]にある。総包のどれもが反転していなく、三角状の突起がないことが、エゾタンポポの特徴である。高さは20〜30㌢。

仲間　関東が主分布域のカントウタンポポ、静岡や愛知が主産地のトウカイタンポポ。近畿地方とそれ以西のカンサイタンポポなど。

北海道、東北、関東北部などに分布している。昔のエゾ地に自生するので、"エゾ"の名前がついた。タンポポの名前は、古名の"鼓草(つづみくさ)"によると考えられる。蕾は、鼓に似ている。また、こじつけのようだが、短く切った花茎の両端4〜5カ所に浅くハサミを入れて水につけると、その部分が反転し、鼓のようになる。鼓はタンポン、タンポンと音をたてるが、この音が縮まって、"タンポポ"になった、という説。

ほかにも、捨て切れない説がある。タンポポの花後に綿帽子ができる。この綿帽子が風で吹き飛ばされた後に、綿帽子をのせていた"台[花托(かたく)]"が残る。この下に反転した総包[がくに相当]があり、この状態が稽古用のたんぽ槍に似る。また、綿帽子が残っていると、たんぽ穂！　たんぽ穂から"タンポポ"になったとか。

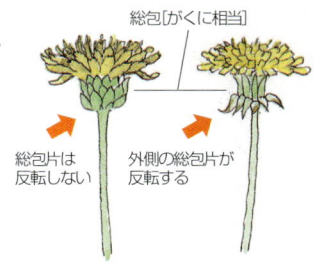

総包[がくに相当]

総包片は反転しない　外側の総包片が反転する

▲エゾタンポポ　▲セイヨウタンポポ

エゾノチチコグサ
蝦夷の父子草

Antennaria dioica
キク科エゾノチチコグサ属
多年草／花期3～4月

北海道に花色が淡い同名種が自生。どちらも、花や草姿がチチコグサに似る。

▲地下茎が這って、その先にロゼットができて増える

▲欧州産の蕾が濃色のタイプ。このタイプが栽培用として普及している

北海道の乾いた草原に生える草なので、"エゾ"の名前がある。しかし、北海道産のエゾノチチコグサは、殆ど知られていない。この名前の草は、蕾が紅色の欧州産のタイプが普及していて、"エゾ出身でないエゾノチチコグサ"として知られている。"チチコグサ"がつくのは、花と草姿が多少似ていて、ほかに似た草が思い浮かばなかったからであろう。

分布と自生地 北海道などに分布しているが、欧州からロシア東部などにも分布。

特徴 北海道産の花は咲いても綿毛を束ねたようで、冴えない。10～20㌢ほどの茎から伸びる細長い葉は互い違いにつく。地際には、へら形の葉が放射状に伸びている。葉には綿毛があり白っぽい。

エゾノハナシノブ
蝦夷の花忍

別名／ミヤマハナシノブ、ヒダカハナシノブ

Polemonium yezoense
ハナシノブ科ハナシノブ属
多年草／花期5～8月

シダのシノブに似ないが、シダの葉のイメージがある。可憐な花を咲かすので、ハナシノブ。

花は大きくまばら
花は小さく密につく
茎は長く伸びる

▲エゾノハナシノブ　▲ハナシノブ

▲左：高さは30～80センチ　右：葉は羽状。茎の下の葉には柄がある

北海道に自生し、"エゾ"がつく。ハナシノブの仲間なので、"ハナシノブ"の名前がついた。ハナとシノブに分けてみると、シノブとはシダのシノブのこと。葉の切れ込みが細かいのが特徴。ハナシノブの葉も同様で、シノブの名前を借用し、花の咲かないシノブと区別するためハナをつけた。

分布と自生地 北海道の高山や山地の草原に自生する。

特徴 花は青紫色で、美しい。花の先は5つに切れ込んでいるが、基部はくっついている。合弁花。花の長さ2～2.5㌢。葉はシダ状。

仲間 九州産のハナシノブなど。

エチゴキジムシロ

越後筵

Potentilla togasii
バラ科キジムシロ属
多年草／花期4～6月

主に新潟から青森までの日本海側に自生しているので、"エチゴ"の名前がある。

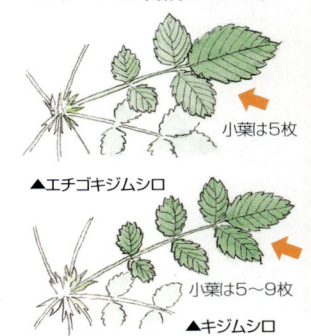

▲本州の日本海側の山地に生える

▲小葉は5枚

分布と自生地 新潟から青森までの日本海側山地の道端などに。
特徴 花は黄色い5弁花。開花中の高さは10㌢だが、花後30㌢。
仲間 キジムシロ、ツチグリ。

キジムシロは、花後に大きな葉を何枚も展開させて、大きく葉を広げる。ごく近い仲間のエチゴキジムシロも同様に、花後には大きな葉を広げる。そこへ、雉がきて寝そべることもできそうなので、"ムシロ"の名前がついた。エチゴキジムシロの小葉は5枚が1セットだが、キジムシロの小葉は5～9枚が1セット。

小葉は5枚
▲エチゴキジムシロ
小葉は5～9枚
▲キジムシロ

エチゼンダイモンジソウ

越前大文字草

Saxifraga acerifolia
ユキノシタ科ユキノシタ属
多年草／花期5～6月

福井の周辺に自生するので、"エチゼン"の名前が。花弁の形は、秋咲きのダイモンジソウと同じく、"大の字"。

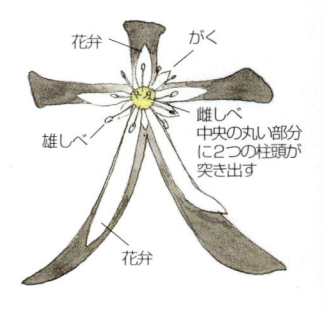

▲左：上の花びら3枚は短い　右：葉は根元にある

分布と自生地 福井の沢沿いに自生。
特徴 根元から伸びた花茎の頂部に枝分かれしていくつかの花を咲かせる。花弁は5枚で、上部3枚は短く、下側の2枚は長い。カエデのように細かく切れ込んだ葉は、根元から伸びている。

花が"大の字"のダイモンジソウは秋咲き、ミヤマダイモンジソウは夏咲き。やはり、花が大の字形のエチゼンダイモンジソウは春咲き。ダイモンジソウとは、横に伸びる根茎があることと、葉がカエデのように深く切れ込むことで区別。福井県特産種で、"エチゼン"の名前がある。

花弁／がく／雄しべ／雌しべ 中央の丸い部分に2つの柱頭が突き出す／花弁

▲常緑樹林の中や、雑木林の中で見られる。高さは30〜40センチ 　　　　　　　　　　　　　　　　　　　▲花弁は普通紫褐色だが、変化が多い

エビネ

蝦根、海老根

Calanthe discolor
ラン科エビネ属
多年草／花期4〜5月エビネ

地下の球根が連なっている形が、海老の背中に見えるので、"エビネ"。通称は、ジエビネともいう。

球根[偽球茎]が海老の背中のように見える

海老

昭和40年代の頃、春に郊外の雑木林へ入ると、スズランのような花を咲かせている草があった。これがエビネである。エビネには地際にサトイモ形の球根[偽球茎]が連なっている。苗の段階では小さな球根であるが、株が育つにつれて球根が大きくなってくる。小さな球根から大きな球根へと並んでいる姿が、"海老"の背中に似ている。それで、この草を"エビネ(海老根)"といった。

『草本図説』『大和本草』『物品識名』の3書は江戸時代後期に発刊されているが、いずれもエビネ(海老根、蝦根)の名前を掲載している。室町時代以前の書には見当たらないことから、エビネの名前は江戸時代に定まったと思う。身近に見られた草なのに書物への登場が遅れたのは、薬効とか食用とかに利用できなかったためであろう。

分布と自生地　北海道南部、本州、四国、九州と広く分布して、雑木林の中や常緑樹林の中に群生している。

特徴　根から伸びた花茎の上部にたくさんの花をつける。花は5枚の花びらと1枚の唇弁(しんべん)[唇状の目立つ花びら]とでできている。

5枚の花びらは主に紫褐色や緑褐色を帯びる。5枚のうち、頂部と斜め下の3枚の花びらは、がく片で、がく片とがく片に挟まれた"やや細め"の花びらが側花弁という。花びら5枚の下側に目立つ部分が唇弁である。

唇弁は左右の側裂片と中裂片とに分かれる。中裂片の先がハート形に分岐しているのが、エビネの特徴である。花茎は30〜60㌢。

仲間　多い。

▶一見地味に思えるが、よく見ると美しい花

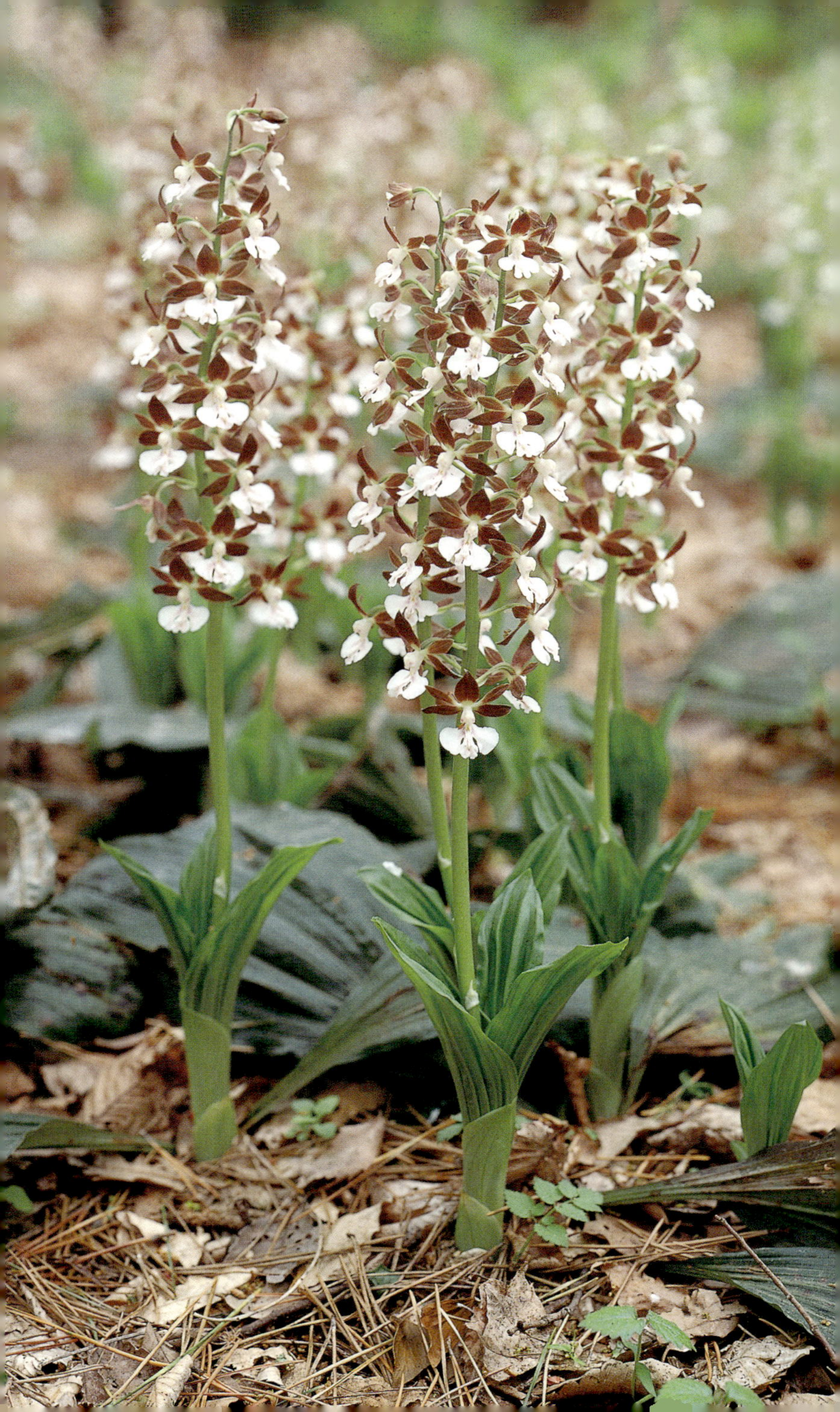

エビネの名前がつく植物

球根[偽球茎]の並び方が海老の背のような地生ラン。花の変異はさまざまだ。

春咲き種と夏咲き種がある。春咲き種のうち、基本種は次の5種類。花色が紫褐色や緑褐色の地味な**エビネ**（ジエビネ）、花が黄色で大柄な**キエビネ**、花びらに丸みがあり、尻尾[距]が上に長い**キリシマエビネ**、花が淡い藤色で甘い香りのする**ニオイエビネ**、唇弁が猿面のような**サルメンエビネ**。

これらのほか、自然交雑種がある。たとえば、**タカネ**（ジエビネ×キエビネ。交雑種には"エビネ"の名前を削除する）、**ヒゼン**（ジエビネ×キリシマエビネ）、**ヒゴ**（キエビネ×キリシマエビネ）など。夏咲きは、北海道から九州までの山地に自生する**ナツエビネ**。南西諸島に分布する**ツルラン**、**オナガエビネ**、**リュウキュウ**などがある。

基本種

▲エビネ（ジエビネ）p48

▲キエビネ p97

▲キリシマエビネ p112

▲ニオイエビネ p238

▲サルメンエビネ p153

交　雑　種	南西諸島のエビネ

▲ヒゼン

▲タカネ

▲ヒゴ p273

夏咲き／本州・四国・九州

▲ナツエビネ p228 [夏編]

▲オナガエビネ p76 [夏編]

▲リュウキュウ p350 [夏編]　交雑種

▲ツルラン p212 [夏編]

▲ヒロハノカラン p280 [夏編]

側花弁／がく片／唇弁
中裂片（ハート形）
前年の葉（比較的薄手の葉）
新葉
▲エビネ

側花弁／がく片／がく片
唇弁
中裂片が尖る
前年の葉（幅広く大形）
新葉
▲キエビネ

距が上に立つ
側花弁／がく片
唇弁の切れ込みが浅い
前年の葉（光沢あり、細め）
新葉
▲キリシマエビネ

51 エビ

▲観賞用として池などで見られる。高さは50センチくらい

エンコウソウ
猿猴草

Caltha palustris var.enkoso
キンポウゲ科
多年草／花期4～6月

エンコウとは、サルの総称。茎を伸ばして花を咲かす形を手の長い猿に見立てた。

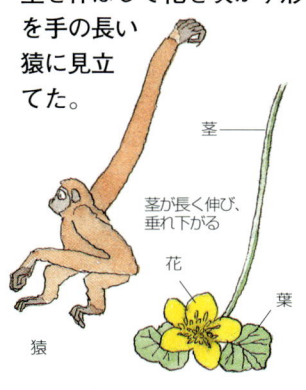

茎が長く伸び、垂れ下がる

茎
花
葉
猿

▶ 花柄が伸びた先にリュウキンカに似た黄色花

　エンコウソウの"エンコウ"は"猿猴(えんこう)"のことで、猿の総称。古い言葉でテナガザルのことを指すという説がある。テナガザルの仲間は、中国南部や東南アジアに棲息する、手の長い、木の上に住む猿。エンコウソウは、このテナガザルか普通の猿に似たところがある。花が咲いた後、茎が横にずーっと伸びてきて、その先に葉を展開し、また根を伸ばしてくる。根が生え秋になると、途中の茎が枯れて、1つの独立した植物になる。特に雪の多い地方では、縦よりも横に伸びた方が安全である。エンコウソウという植物は、リュウキンカの変種。リュウキンカは、湿地に自生するキンポウゲ科の草で、金色の花が立ち上がるようにして咲く。

分布と自生地 北海道、本州に分布。寒い北の方の明るい沢沿い。日の当たる草原の湿地に自生する。

特徴 花は5枚の花びら。これは花弁ではなく、がくが変化したもの。真ん中にたくさんの雄しべがあり、またその雄しべに隠れた中に雌しべがある。茎は、たいていは紫色。長い茎の先にハート形の葉が何枚かつく。葉のところから枝分かれした花柄の先に1輪ずつ花が咲く。

仲間 リュウキンカは、立性種。また、エゾノリュウキンカは、北海道と本州の北部に自生している、リュウキンカよりも大形。

▲山地のやや湿ったところで見かける。高さは20〜40センチ

◀上：葉3枚、花弁状のがく3枚
下：花弁に見えるのはがく

エンレイソウ

延齢草

Trillium smallii
エンレイソウ属
多年草／花期3〜4月

アイヌ語のエマウリが変化してエンレイとなったという説のほか、薬草の効があったので延齢という説もある。

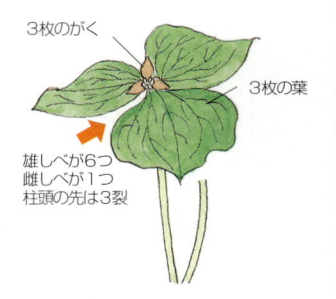

3枚のがく
3枚の葉
雄しべが6つ
雌しべが1つ
柱頭の先は3裂

分布と自生地 北海道から九州までの広い地域に分布する。山地や深山の森のへりや林の中に自生する。

特徴 菱形に近い葉が3枚輪生し、長さは6〜17㌢。暗紫褐色の花びらのように見える、がくが3枚ある。そして雄しべが3つの2倍ある。さらに、雌しべの先は3つに分かれている。一般的には、花弁はなくなっているが、暗紫褐色の3枚のがくの上に花弁ができることもある。エンレイソウは3の数字で覚える。

仲間 オオバナノエンレイソウは、花びらが白くて大きい。シロバナエンレイソウの大きさは中間で、白花。

エンレイソウの名前の由来には、2説がある。1つ目は、アイヌ語からきたという説。アイヌ語には、エンレイソウのことを"エマウリ"というふうに呼んで、それが、エムリ、エムレ、エンレイと変化したのではないかと。もう1つは、この植物は、薬になり、漢名で"延齢草根"という胃腸薬であったからという説。中国では民間薬として知られ、高血圧、神経衰弱、胃腸薬に使われていたようだ。そのことから、名前がエンレイソウといわれるようになった。この草は、いくつかの古文書にも登場するが、たいていは、延齢草、延命草、養老草、三葉人参などと、薬効を示している。薬の用途が多いので、アイヌ語説はないのではないかと思われる。

オウレンの名前がつく植物

根が黄色いことから"黄蓮"といわれる。早春に林の中や森陰で白い花を咲かせる。

里山の林の中で、白色の花を咲かせている草が、キクバオウレン、セリバオウレン、コセリバオウレン、バイカオウレンたち。深山の中で白花を咲かせるのが、ミツバオウレン。オオゴカヨウオウレンは屋久島の森の中で白花を咲かす。

この仲間は花に特徴がある。5枚の花弁に見えるのはがく。がくの内側にあって、黄色いスプーン形または白色の小さな花びらに見えるのが、本当の花弁である。花には花粉だけの雄花があったり、花粉と先の曲がった小さな棒（雌しべの柱頭）とがある両性花がある。花後に実がつく。実は遊園地の回転カップのようである。カヌー形の実の端に穴があいていて、風で揺れるたびに中のタネが飛ぶ。

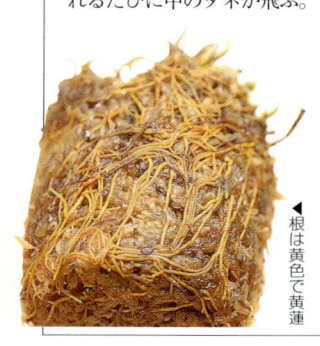

◀根は黄色で黄蓮

▲キクバオウレン p102
▲コセリバオウレン p137
▲バイカオウレン p252
▲ミツバオウレン p306［夏編］

実

▲オオゴカヨウオウレン
▲キクバオウレン p102
▲コセリバオウレン p137
▲セリバオウレン p137

▲公園や空き地で見かける。アマナとは属が違う。花茎は30センチ、葉の長さ60センチ

◀アマナ よく似るが小形。日の当たる時に花は開く

オオアマナ

大甘菜

別名／ベツレヘムの星

Ornithogalum umbellatum
ユリ科アマナ属
多年草／花期2〜5月

この植物は、明治の末に日本に渡来した。そして、いまやあちこちで野生化している。野生化している場所は、人家の近く。名前の由来の元は、日本産のアマナ。しかしそれよりも大形で、大株になる。そんなことで、オオアマナという名前がつけられた。

また、英名としては、スター・オブ・ベツレヘム。"ベツレヘムの星"という素晴らしい名前がつけられている。このベツレヘムというのは、イエス・キリスト生誕の地として知られている場所で、エルサレムの南にある町。なお、キリスト教の墓地などにはこの草が植えられていることがある。

分布と自生地 ヨーロッパ、西アジア、地中海沿岸に広く分布している。自生地は、日当たりのいい草原。

特徴 花は白い花。6枚の花びらが見える。実際は、内側に3枚、外側に3枚という形。外側の3枚は、がくが花弁状に変化したもの。葉は細長く、葉の表は溝のようにくぼみ、そこへ白い筋が入る。葉先は反転して土につく。

仲間 日本産はない。

アマナに比べて大形な草なので、オオアマナ。地中海の沿岸に自生し、"ベツレヘムの星"という名もある。

お墓

別名ベツレヘムの星

オオ

▲田んぼのあぜ道などでよく見かける。花後の実をよく観察してみると、名前の由来が分かる。茎の長さ10〜30センチ

オオイヌノフグリ
大犬の陰嚢

Veronica persica
ゴマノハグサ科クワガタソウ属
越年草／3〜5月

タチイヌノフグリに比べて、花や草姿が大きいので、"オオ"とついた。花後の実の形が雄犬の陰嚢(いんのう)に似ている。

ふぐり(陰嚢)

実の形が似る

▲左：実　右：下側の葉は対生し、上側は互い違いになっている

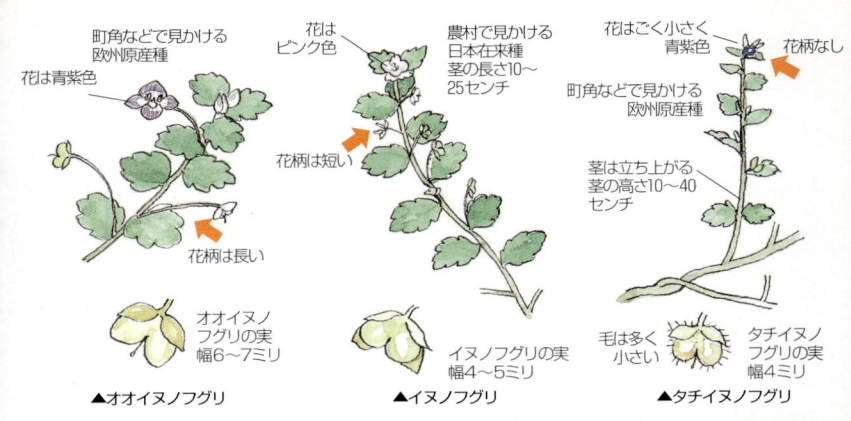

オオイヌノフグリ（図左）
- 町角などで見かける欧州原産種
- 花は青紫色
- 花柄は長い
- オオイヌノフグリの実 幅6〜7ミリ

イヌノフグリ（図中）
- 花はピンク色
- 農村で見かける日本在来種 茎の長さ10〜25センチ
- 花柄は短い
- イヌノフグリの実 幅4〜5ミリ

タチイヌノフグリ（図右）
- 花はごく小さく青紫色
- 花柄なし
- 町角などで見かける欧州原産種
- 茎は立ち上がる 茎の高さ10〜40センチ
- 毛は多く小さい
- タチイヌノフグリの実 幅4ミリ

　オオイヌノフグリというのは、イヌノフグリという名前に基づいている。イヌノフグリという名前は、『物品識名』や『草木図説』という、江戸時代中期の本に登場する。花の後にできる実の形をよく見ると、雄犬の陰嚢に似ている。陰嚢を"ふぐり"といっていたので、そのような変な言葉がついている。

　明治の中頃になると、ヨーロッパ原産のタチイヌノフグリが登場する。これは、イヌノフグリとよく似ているが、花が青紫色で小さく、茎が立ち上がる。それでタチイヌノフグリという。数年後、ヨーロッパ原産のオオイヌノフグリが登場した。

　これはコバルトブルーの花で、やはり、イヌノフグリやタチイヌノフグリによく似ている。タチイヌノフグリに比べて花が大きいということで、オオイヌノフグリという名前がついたという。

　いずれも似ているが、花の大きさ、色、立ち上がっているかで見分ける。

　昔、人事院総裁で、植物に造詣の深かった、佐藤達夫さんが、「サファイヤの宝石箱をひっくり返したようだ」と、オオイヌノフグリを見ていったとか。サファイヤソウという名前がついたらいいなと思う。

▲タチイヌノフグリ

▲タチイヌノフグリの実

分布と自生地　欧州原産。明治中頃に渡来して、日本各地に広く分布。日当たりのいい田のあぜ道だとか、道端の空き地、あるいは川沿いの土手など、人が住むような近辺でよく見かける。

特徴　花を正面から見ると、コバルトブルーの花びらが4弁に分かれているように見えるが、背後は1つにつながっている。
　花の後方に緑色のがくがあり、4つに切れていて、がくの中央に長い柄（え）がついている。花の真ん中には、雌しべが1つ、雄しべが2つある。
　花後になる実は中央が凹み、雄犬の陰嚢（いんのう）に似る。大きさは幅が6〜7ミリ。葉は円形で、へりに浅く丸みのある鋸歯がある。短いながら葉柄（ようへい）がある。根元近くで枝分かれした茎は、それ以上には分岐しないで茎を伸ばして広がっていく。茎の長さ10〜40センチ。

仲間　イヌノフグリは在来種で、花の色はピンク色。タチイヌノフグリの花も同じ形だが、非常に小さくて青紫色。茎が立ち上がる。

▲サクラソウより草姿が大きく、高さ30センチくらいになる

オオサクラソウ
大桜草

Primula jesoana
サクラソウ科サクラソウ属
多年草／花期5〜8月

▶亜高山のわりあい湿ったところで見かける

サクラソウに比べ、草姿が大形なのでオオサクラソウ。花は似ているが、葉の形は似ていない。

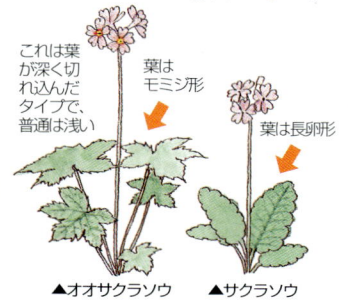

これは葉が深く切れ込んだタイプで、普通は浅い
葉はモミジ形
▲オオサクラソウ

葉は長卵形
▲サクラソウ

　サクラソウという植物があるが、サクラソウより草姿が大きいということからきている。サクラソウという言葉は、『大和本草』、『三才図会』、『物品識名』など、江戸時代の本に登場して一般によく知られていた植物。サクラソウは、この花が桜の花に似ている、そして草であることからサクラソウの名前がある。サクラソウよりも、オオサクラソウの方が、どちらかというと標高の高い亜高山帯のわりあい湿った場所に自生する。サクラソウより草姿が大きいというだけで、"オオ"をつけるのは、あまり夢とかロマンがない名付け方だと思う。

分布と自生地　中部以北、北海道に分布。林の中や森のふち、あるいは谷沿いの湿った場所に自生する。

特徴　紅紫色の花が花茎の先にいくつか咲く。よく見ると、ハート形の花びらが5つあって、基部の方は、筒形につながっている。真ん中の穴の周辺に輪がある。輪は黄色で、中に雄しべと雌しべが入っている。

仲間　サクラソウ、イワザクラ、コイワザクラ、クリンソウ、カッコソウなど多数。

▲花は2〜3個つける

▲ジシバリ 葉が丸い

小形　葉は三角状円形
▲ジシバリ

大形
葉はヘラ形
（切れ込み葉もある）
▶オオジシバリ

▲花は頭花を2〜3個つけ、葉はヘラ形で立った感じ。花茎の高さ10〜20センチ

オオジシバリ
大地縛り
別名／ツルニガナ

Ixeris debilis
キク科ニガナ属
多年草／花期4〜5月

分布と自生地 日本各地に広く分布しており、田んぼや畑のあぜ道、あるいは山道沿いなどでよく見かける。

特徴 花は黄色い舌状花（ぜつじょうか）だけで構成され、タンポポなどによく似ている。タンポポは枝分かれすることはないが、このオオジシバリは枝分かれする。楕円形の葉にちょっと切れ込みが入るものもある。

仲間 ジシバリ、ニガナ、ハマニガナ、カワラニガナ、ヤナギニガナなどがある。

　このオオジシバリは、ジシバリよりも大きい。そこで"オオ"という言葉が頭についている。
　ジシバリの名前だが、これは江戸時代の書物、『三才図会（さんさいずえ）』、『薬品手引草（やくひんてびきそう）』、『物品識名（ぶっぴんしきめい）』等に掲載されている。すでに江戸時代には、ジシバリという言葉が知られていたという。このジシバリというのは、この植物が地面に広がって、地面を縛（しば）るという意味からこの名前がついている。別名に"イワニガナ"という名前もある。
　ところで、オオジシバリの方だが、ジシバリによく花が似ており、葉が違うだけ。葉は、ジシバリが丸形の葉に対して、オオジシバリの方はヘラ形である。

横走りする茎（ランナー）が広がって、地面を縛（しば）るように見えるので、ジ（地）シバリ。

▲田んぼのあぜ道などで見かけるが、やや湿ったところにも多い

▲つる性の低木で、葉の形は色々。葉の長さ5〜15センチ

▲花びらに見えるのは、がく片。花弁はない。

オオバウマノスズクサ
大葉馬の鈴草
別名／大葉馬兜鈴

Aristolochia kaempferi
ウマノスズクサ科ウマノスズクサ属
つる状の木／花期5月

ウマノスズクサより葉が大きく、実が米俵を奉納する時につける鈴に見立てた。

花
奉納品
花後の姿が鈴に見える
鈴

ウマノスズクサよりも葉が大きいから"オオバ"がついた。ウマノスズクサの名前の由来について考えると、草の実が思い浮かぶ。鈴のような丸い実で、それが、2つか3つぶら下がっている。

かつて、神社へお米などを奉納する時に、ほかの人たちへ「俺は奉納するんだ」ということを宣伝するために鈴をつけた。鈴は、馬の尻側に寄った方へつける。首につけると、馬は興奮してしまい、駆け出すのでそうはしない。その、馬の鈴の状態が、ウマノスズクサの実のついた状態に似ているところから、ウマノスズクサという名前がついている。

ウマノスズクサの葉や実は、漢方薬になる。中国名は、馬兜鈴（ばとうれい）という。馬兜とは、戦場などに行く時に馬にかぶせる兜（かぶと）のことで、この馬兜をつけた馬面が、葉の形に似る。

分布と自生地 関東以西に分布。林の中あるいは森のふち、そういったところに多い。また、内陸の山地だけではなく、海岸に近いところでも自生する。

特徴 花は茶色に黒を混ぜた暗い茶色。花の形は、楽器のチューバ、あるいはサキソフォンに似る。そのような形の花。
太いつるが伸び、三角状の葉をつける。これが、互い違いに1枚ずつついている。葉の長さは8〜15㌢。花の後は、鈴のような形の丸い球になる。
なお、オオバウマノスズクサの根は土青木香（どせいもっこう）という名前で、疼痛薬として利用されている。また、ウマノスズクサは、葉が馬面についていることから、中国名を馬兜鈴（ばとうれい）という。同名で、実を去痰の生薬として利用している。

仲間 ウマノスズクサは、同じような花を咲かせる。葉は長イモや山イモの葉に近く、先端が丸みを帯びている。葉の長さは4〜7㌢。やはりつるが伸びる。実は、球形になるという共通点がある。花期は6〜8月。

▲日本海側の山地の林や草原などで群生。高さは5～20センチ

分布と自生地 北海道と、本州の日本海側の雪の多い地域の山地、林の中とか、あるいは森のふち、湿った草原で見かける。

特徴 黄色い花弁が5枚ある。上側に2枚、横左右に2枚、それから下側の花びらを唇弁(しんべん)という。花の後ろには、筒形の尻尾が出ている。これを距(きょ)という。この距は、花の正面の中央の穴とつながっている。花にやってきた昆虫は、距の中にくちばしを伸ばし、蜜を吸う。葉は、いずれも、卵形で、先端は尖って、基の方はハート形に引っ込んでいる。

仲間 たくさんある。黄色い花を咲かせるものだけを選んでみると、キスミレ、キバナノコマノツメ、タカネスミレなどがある。

普通のスミレに比べると、葉が大きい。しかし、オオバキスミレのなかにもわりあい葉が小さいのがある。たまたま名前をつけた人が、大きい葉を見て、"オオバ"とつけたと思われる。次に、キスミレの"キ"だが、これは、花が黄色であるということ。"スミレ"の名前の由来だが、これが大変やっかい。大工さんが材木に線を入れる時に、墨壺(あるいは墨入れ壺)を使うが、その一部分がスミレの花の後にある距という、尻尾のような器官に似ているためという説がある。その時代に、このような出っ張りのあった墨壺があったかどうか疑問を抱く人も少なくないが、正倉院御物(奈良時代)にそのものがあると分かった。"須美禮(すみれ)"という言葉は、『万葉集』にいくつか出てくる。奈良時代には、"スミレ"という言葉が知られていたことになる。

オオバキスミレ

大葉黄菫

Viola brevistipulata
スミレ科スミレ属
多年草／花期6～7月

葉がほかのスミレより大きく、黄花を咲かすので、オオバキスミレの名前がつけられている。

▲ハート形の大きな葉は長さ5～10センチ。中央上は花後の実とがく

▲上下：オオバコの花

オオバコ
大葉子

Plantago asiatica
オオバコ科オオバコ属
多年草／花期4～9月

道端の草のなかでは、大葉なのだろう。末尾の"コ"は、ドジョッコ、フナッコと同じ使い方の"コ"。

▲左：オオバコの実　右：シソの実

▲上：日当たりのいい道端や公園でよく見かける　下：根生葉

図中ラベル:
- ▲オオバコ: 道端に自生／白っぽい花をつける／葉は大きく卵形や広卵形／花茎は10〜50センチ
- ▲ツボミオオバコ: 花は開かず蕾のまま／短い毛が密生し、葉の長さ5〜10センチ／白色の軟毛が多く、葉の長さ10〜20センチ
- ▲エゾオバコ: 道端に自生／主に北海道の海辺に自生／花茎は15〜30センチ
- ▲ヘラオオバコ: 道端に自生／花茎は数十センチくらい／長い花穂(数十センチ以上)／葉は細長くへら形で、長さ20〜40センチ
- ▲トウオオバコ: 本州、四国、九州の海辺に自生／葉の長さ20〜60センチ 葉は大きく楕円形

▲エゾオオバコ
▲トウオオバコ
▲ヘラオオバコ

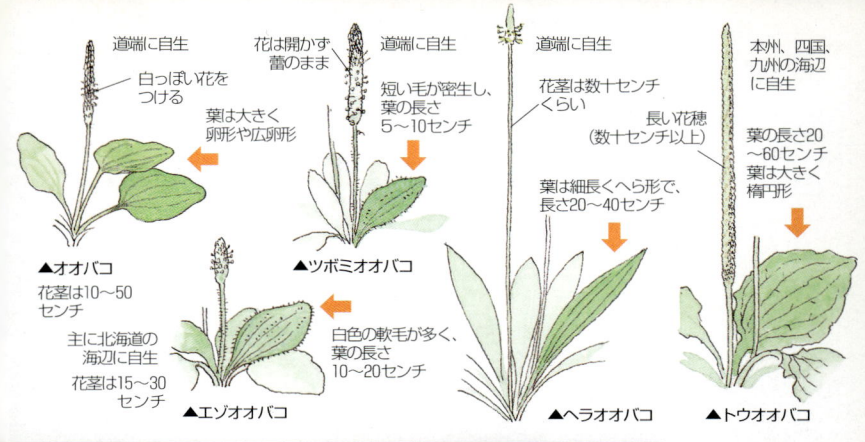

オオバコの由来は、何かと比較して大きいということだろうか。"コ"は、ドジョッコ、フナッコと同じように、最後に"コ"をつけたと思える。なお、食用シソは、"大葉"といわれている。シソの実はたいへん長い穂がつく。オオバコの場合も、シソの実のような形で花穂が伸びる。シソの実の方が大きいが、よく似ている。だから、オオバコはオオバの子供だというような解釈をすると、とてもすっきりする。が、古文書にシソの名前が出てくるが、オオバという名前がないことから、この考え方は成り立たないともいえる。

<mark>分布と自生地</mark>　オオバコは、日本中に分布している。特に道端、町中のちょっとした空き地、農村の畑の脇道。そういった、人がよく通り、踏みつけるような場所に自生している。

<mark>特徴</mark>　放射状に根元から伸びた葉はだいたいスペード形で、ふちが波打っているような感じ。それが根元からたくさん出ている。その真ん中から長い花茎を出して、花が穂状につく。時期によっては、花粉が出る雄しべが活躍している。その後は雌しべだけが活動する。そのような花の性質がある。

<mark>仲間</mark>　仲間としては、ヘラオオバコ、ツボミオオバコ、エゾオオバコ、トウオオバコなどがある。
ヘラオオバコは外来種で、葉のヘラ形が特徴。各地に広がっている。
エゾオオバコは、主に北海道に自生し、本州の日本海側にも見られる。葉や花茎に白色の軟毛が密生している。
トウオオバコは、海岸に自生するわりあい大形の草。ツボミオオバコは、葉に短毛があって、花は淡黄緑色をしている。

63　オオ

▲北海道に花弁の先が丸い草が多いのだが、写真のような尖った個体もある

▲葉は3枚、花弁もがくも3枚

▲シロバナエンレイソウ

オオバナノエンレイソウ
大花の延齢草

Trillium kamtschaticum
ユリ科エンレイソウ属
多年草／花期4～5月

エンレイソウなどの花より大きいので、"オオバナ"がついた。エンレイソウの延齢(えんれい)は、薬効があるため。

▲花弁が大きく3～4センチで、雌しべの柱頭に赤い斑点がある

オオバナノエンレイソウは、エンレイソウやシロバナエンレイソウに比べて花が大きい。エンレイソウは、紫褐色の渋い花弁状のがくの長さは1.2～2㌢、オオバナノエンレイソウの方は白い3枚の花弁は3～4㌢と大きく、そのことから"オオバナノ"という名前がつく。

エンレイソウの名前の由来は、薬草で、漢名[漢方薬の名前]の"延齢草根"からエンレイソウという名前がついたという説がある。

もう1つは、アイヌ語でエンレイソウのことを"エマウリ"というそうで、エマウリがエンレイに変化したというのが第2の説である。

この2つの説では、平安時代の古文書に延命とか延齢という名前が残っているので、薬草として知られていた延齢草根の方がエンレイソウの名前の由来だったと思われる。

(分布と自生地) 北海道、東北北部、そういった寒い地域に分布している。林の中に群生することがよくある。

(特徴) 花は3枚の白色の大きな花弁[先が尖るのが標準]があり、その裏側に緑色のがくが3枚ある。そして花柄(かへい)のすぐ下の方に3枚の菱形の葉がある。葉の先は、急に尖っている。
花の中央にある雄しべは6本。その真ん中に1つの雌しべがあるが、雌しべの先は3つに分かれている。

(仲間) 別名をミヤマエンレイソウというシロバナエンレイソウの葉のふちは波打ち、白い花の終わり頃には花がピンク色に染まる。
エンレイソウは、花弁が退化することが多く、紫褐色になった花弁状のがくが3枚ある。

▲山地の常緑樹林内で見かけられる。高さは20～50センチ

▲上：オオハンゲの緑花 中：葉 下：上に雄花の白い粉、下に雌花のつぶつぶがある

▲カラスビシャク

分布と自生地 岐阜以西、四国、九州、沖縄に分布する。山地の常緑樹林内で見られる。
特徴 緑色の細長いずきん形の花が咲く。これは、本当は包（ほう）という葉の一種で、花びら状に変化したもの。仏様の後ろにある炎の形の装飾に似ていることから、仏炎包（ぶつえんほう）と呼ぶ。仏炎包の中から緑色の棒が出ている。
仲間 花が緑色で少し小さめのカラスビシャク［名前の由来はP92参照］がある。

仲間にカラスビシャクという草があるが、それに比べ草姿が大きいのでオオハンゲ。"ハンゲ"は、カラスビシャクの球根を乾燥したものを漢方薬では"半夏"ということからきている。これは咳止めなどに使う薬草。オオハンゲもつわりに効くということで使われている。カラスビシャクという名前は、江戸時代の古文書などに掲載されている。一方、仲間のオオハンゲの方は、古文書に掲載されていない。理由は何だろうと考えてみると、第1にカラスビシャクと同じものと誤認された。第2にこのオオハンゲは、中部地方以西の暖地に分布している。限られた場所に自生していて、オオハンゲの存在が気付かれなかった、ことからか。

オオハンゲ
大半夏

Pinellia tripartita
サトイモ科ハンゲ属
多年草／花期4～7月

仲間のカラスビシャクは別名"ハンゲ"。カラスビシャクより大きな草姿なので、"オオ"がつく。

小葉は3つにはっきりと切れ込まない
▲オオハンゲ

小葉は3つにはっきり切れ込む
▲カラスビシャク

▲日当たりのいい草地に生える

オカオグルマ
丘御車(岡小車)、狗舌草

Senecio integrifolius
キク科キオン属
多年草／花期5〜6月

サワオグルマに対して、日当たりのいい草原に自生するので、"オカ"がつく。

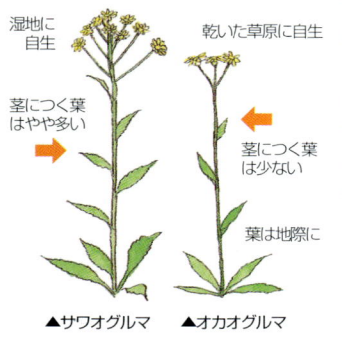

▶上：高さ20〜65センチ 中：名前の由来の花 下：葉に毛がある

　名前の由来は、"オカ"と"オグルマ"に分けて考える。"オカ"というのは、乾いた草原、低い山の草原というような意味合い。このオカオグルマとよく似たサワオグルマは、湿地や沢沿いなどの湿った場所に自生する。このサワオグルマに対して、乾いた草原に自生するので、"オカ"をつけ区別した。オグルマだが、これは、キク科のオグルマ属の花を指す。"オグルマ(御車)"というのは、花びらがきれいに円盤状に並んでいる状態をいう。あたかも昔の公家だとか皇族の乗る牛車の車輪を思わせるような、きれいな車輪状に見える。それで、"オグルマ"という名前がついている。

湿地に自生
乾いた草原に自生
茎につく葉はやや多い
茎につく葉は少ない
葉は地際に
▲サワオグルマ　▲オカオグルマ

分布と自生地 本州、四国、九州に広く分布し、乾いた日当たりのいい草原に自生する。

特徴 花は黄色い舌状花(ぜつじょうか)と真ん中の筒状花(とうじょうか)とで構成されている。茎は長く伸びて、ほぼ数十ずくらい。所々の茎に細い葉が互い違いに出て、地際にはヘラ形の葉が放射状に出る。

仲間 湿地帯に生えるサワオグルマ。

オカ　66

▲山野の日当たりのいい草地に生える。うつむきの花が上向きに変化する

◀上：左側は花後 中：実 下：これが名前の由来になった白い毛

オキナグサ
翁草

別名／ネッコグサ、白頭翁、猫草

Pulsatilla cernua
キンポウゲ科オキナグサ属
多年草／花期4～5月

春に花が咲く。内側が赤紫色の、外側が白い毛がいっぱい生えた、美しい花がうつむきに咲く。その花が終わると、タンポポの綿毛のような白い毛に変化する。その白い毛の根元のところに、タンポポと同じようにタネがつく。その白い綿毛の固まりの中心部分、真ん中の毛が風で飛んでいくと、タネがついている部分［花托とか花床という］が見えてくる。それがちょうど、おじいさんの頭のてっぺんの部分が禿げてしまい、周りに白髪が残った状態に見える。だから、"翁草"である。この草は、古文書にたくさん出ているので、多くの人々に知られていた花であるといえる。

分布と自生地 本州、四国、九州の山地の日当たりのいい草原や雑木林のはずれに自生している。

特徴 花弁状のがくの外側に白い毛がたくさん生えていて、内側は赤黒い色。この6枚のがく片が筒状になって下向きに咲く。葉は羽根状に複雑に切れ込む。花後はタンポポの綿毛のようになる。

仲間 淡黄花が咲くツクモグサがある。

強風が吹き、中央部のタンポポのような綿毛が飛ぶと頭の頂部が禿げた翁のようになるので"オキナグサ"。

タネ
花後の花托が翁に似る

中心部のタネが飛散した状態の花托

▲海辺の岩上の割れ目などで見かける。高さは10〜20センチ

▶花は千鳥の形をしているのが特徴で、見分けやすい。葉はロゼット状

オキナワチドリ
沖縄千鳥

Amitostigma lepidum
ラン科ヒナラン属
多年草／花期3〜4月

沖縄で発見され、唇弁（しんべん）などに家紋の"千鳥"のイメージ。それでチドリの名前がある。

"オキナワ"という言葉と"チドリ"という言葉に分ける。オキナワは、その自生地を表わす。オキナワチドリは、九州南部から沖縄一帯までの地域に分布している。"沖縄"という名前がついているが、実際は鹿児島県南部、屋久島、種子島、奄美大島などにも分布している。この沖縄という名前がついたのは、たぶん最初に発見されたのが、沖縄のどこかであったからだろうと思う。

次に、"チドリ"という名前だが、コチドリだとか何種類かのチドリの仲間と見比べてみたが、似た部分は見当たらない。しかし、唇弁の形と家紋の千鳥が、なんとなく似ていると思える。

オキナワチドリの全草
側がく片
唇弁
オキナワチドリの花
家紋の千鳥紋の一部

分布と自生地 九州南部から沖縄一帯の海辺の岩場や海岸近くの草原に群生している。

特徴 花は淡紅紫色。上の方に帽子のような器官がある。そのすぐ下の左右に小さな花びらがついている。これが側がく片。その下に、縫いぐるみの手に似た部分と足のような部分がある。これら全体を唇弁（しんべん）という。なお、オキナワチドリは晩春から初秋まで休眠する。

仲間 イワチドリ、ヒナラン。

オキ 68

▲亜高山の針葉樹林や深山の森に生えている
◀葉の形が名前の由来。高さは10〜20センチで、葉の長さも同じくらい

オサバグサ

筬葉草

Pteridophyllum racemosum
ケシ科オサバグサ属
多年草／花期5〜8月

日本髪の櫛（くし）を大きくしたような形のものに、機織りの道具の"筬（おさ）"がある。縦糸の位置を整えて、横糸を織っていくのに用いる。これは、竹を薄く割って櫛の歯のように並べて、枠に入れたもの。この形が名前の由来と思われる。

オサバグサの葉は、シダのような葉で、真ん中に筋があり、左右に羽根状の葉がつく。葉を真ん中で分け、その片側の半分を見てみると、ちょうど、この筬のように思えてくる。

同じようなことがいえる花に、オサランというものがある。これは、短い棒状の茎［偽鱗茎（ぎりんけい）］が並び、まるで櫛の歯が列をなすように見える。それがちょうど筬のように思えて、オサランという名前がある。

分布と自生地 本州の中部と東北に分布。高山帯の森の中に自生している。

特徴 花茎の上部に花が多数つく。花に白い花びらが4枚あり、花の下に長い花柄（かへい）がついている。根元から何枚も出ている葉は、シダのようで、よく見ると小さい葉は楕円形、あるいは長楕円形で、左右にたくさんついている。花茎の高さは20〜30㌢ほどになる。

仲間 特にオサバグサの仲間はない。

シダの葉に似たオサバグサの葉を、縦に2つに切り分けると、機織りの筬（おさ）に似る。

機織り

筬（おさ）

葉の片側が筬に似る

69 オサ

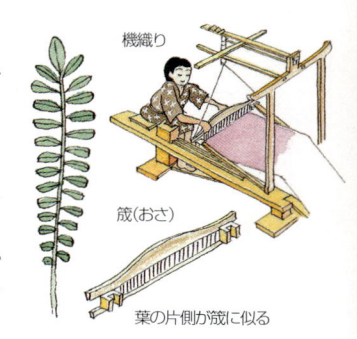

▲藪や林のふち、道端などで見かける

オドリコソウ
踊子草

Lamium album var. barbatum
シソ科オドリコソウ属
多年草／花期4〜6月

開花中のこの草をよく見ると、櫓の上で花笠をかぶった娘たちが踊っているかのように見える。

踊り子

　8月中旬の旧盆の頃、町や村の若い衆たちが櫓を組み、盆踊りの舞台を作った。暑い夜、浴衣に着替えた人々が櫓の建った広場に集まってくる。提灯の数が増え、広場が明るくなる。
　いつの間にか、櫓の上には花笠を被った若い娘たちが並んでいた。笛、太鼓、鉦などのお囃子が始まり、娘たちがしなやかに踊り始める。こんな情景を思わせるような草が、このオドリコソウ。花の1つ1つに花笠のような部分があり、葉の基部のところから、茎をとり巻くように数個の花がついている。
　この草の古名"波見"は食み。花を口の開けた蛇に見立てた。もう1つの古名は"於仁乃也加良"。枝分かれしない茎を"鬼の矢柄"にたとえた。

▲花は笠をかぶった踊り子に似る

分布と自生地 北海道、本州、四国、九州と広く分布している。野山の木陰の草むらや林の中に群生している。

特徴 地下から30〜60㌢の高さまで伸びた茎は、枝分かれしない。茎に三角状の尖る葉を向かい合わせにつける。葉と茎との接点から花が現われる。花は唇形で、上部は帽子状、下部は花蜂などの着地台である。

仲間 ヒメオドリコソウ[外国産]は、土手などに大群生しやすい。

▲がくの部分がむち状に長い

▲葉は卵形で表面に雲のような模様がある。草の高さは10〜20センチ

オナガカンアオイ
尾長寒葵

Heterotropa minamitaniana
ウマノスズクサ科カンアオイ属
多年草／花期3〜4月

花びら状のがく片が細長く伸びている姿を、鳥のオナガの尻尾に見立てた。

分布と自生地 宮崎県日向市周辺の森の中などに自生している。

特徴 地下の根茎から葉を1〜2枚伸ばす。葉柄（ようへい）は暗紫色。葉はハート形で、表面に雲紋や亀甲紋などが入ることがある。花は地際のがく筒を指す。がくの裂片の先が異常に伸びるのが特徴。がく裂片の中央に丸い穴があり、中に雄しべと雌しべがある。

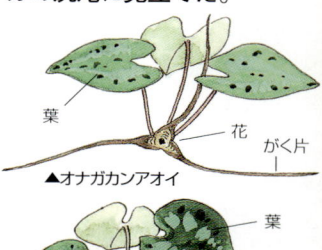

仲間 カントウカンアオイ、アマギカンアオイなど。

フタバアオイは、京都賀茂神社の神草として知られている。また、徳川家の家紋"三葉葵（みつばあおい）"のモデルにもなっている。このフタバアオイは冬期落葉性で、冬は地上部がなくなる。一方、冬に葉が枯れず、"カン（寒）"の名前がつくのが、同科のオナガカンアオイ。この仲間は、がくが壺形に変化して中の雄しべと雌しべを寒さから守る。壺の先のがく裂片は花びら状になる。がくの裂片が異常に長く伸びたのが、オナガ（尾長）という鳥の尻尾に見立てたオナガカンアオイ。

葉／花／がく片
▲オナガカンアオイ

葉／花
▲カントウカンアオイ

▲山地の林内で見かける落葉小低木。高さは1メートルくらいになる。花や葉に黄斑(ふ)が入った個体

オニシバリ

鬼縛り

別名/ナツボウズ

Daphne pseudo-mezereum
ジンチョウゲ科ジンチョウゲ属
落葉小低木/花期2～3月

この木を折ってちぎろうとしてもちぎれない。皮はとても丈夫で、鬼を縛っても切れない。

樹皮
丈夫でちぎれない

鬼を縛れるほど丈夫

▶ナニワズ　エゾオニシバリともいい、オニシバリより花は黄色っぽい

　オニシバリという木は、とても丈夫で、小枝をちぎろうと思ってもちぎれない樹皮で守られている。そこで、この木の皮で鬼を縛っても、ちぎれないだろう、という意味が名前の由来になっている。

　鬼というのは人間の体をして、角が頭に生え、口から大きな牙をむき出して、腰に獣の皮をまとっている。怪力があって、赤鬼と青鬼がいる。そのように想像される妖怪。

　江戸時代の『物品識名(ぶっぴんしきな)』と『綱目啓蒙(こうもくけいもう)』にオニシバリの名前が出ているが、当時は、今の時代よりも、鬼という言葉が身近な言葉だったのではなかろうか。なお、強靱(きょうじん)な樹皮は、和紙の原料にもなり、薬用にも使われていた。

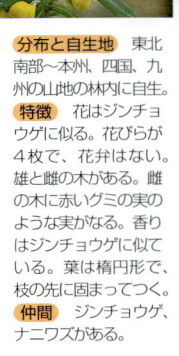

分布と自生地　東北南部～本州、四国、九州の山地の林内に自生。

特徴　花はジンチョウゲに似る。花びらが4枚で、花弁はない。雄と雌の木がある。雌の木に赤いグミの実のような実がなる。香りはジンチョウゲに似ている。葉は楕円形で、枝の先に固まってつく。

仲間　ジンチョウゲ、ナニワズがある。

▲上：道端や庭に多い　下：根生葉はロゼット状。褐紫色になることが多い

▲高さは普通50センチほど。ニガナの仲間に似るが、茎は太く直立
◀ヤブタビラコ　オニタビラコより小形で、花はオニタビラコとよく似る 

オニタビラコ

鬼田平子、黄瓜菜

Youngia japonica
キク科オニタビラコ属
1年草・越年草／花期5〜10月

田で葉を平らに広げ、タンポポの子のような草を田平子。大きく紫色なのでオニ。

名前の由来は、"オニ"と"タビラコ"の2つに分けて考える。"オニ"というのは、この場合は、大きいとか、少し紫色を帯びているという意味。赤鬼というような意味もあるかもしれない。"タビラコ"の方は、漢字で書くと"田平子"と書く。これは、田んぼだとかあぜ道などに葉が放射状に平らに生えることで、"コ"というのは、ドジョッコ、フナッコのような意味合いの"コ"だと思う。田んぼに平らに咲く草、というような意味合い。タビラコというのは、春の七草のホトケノザのことである。ただし、シソ科のホトケノザとは異なる。

分布と自生地　日本中に分布しており、特に街角、空き地、荒地にも自生している。

特徴　花は黄色い花びらだけ。タンポポより小さめで、タンポポと同じような花びらの構成の仕方をしている。この花びらの1つ1つが舌状花(ぜつじょうか)という小さな花である。高さは、だいたい20㌢から1㍍。葉は、左右に切れ込みがあり、先の方が少し大きくなっている。

仲間　ヤブタビラコとコオニタビラコ

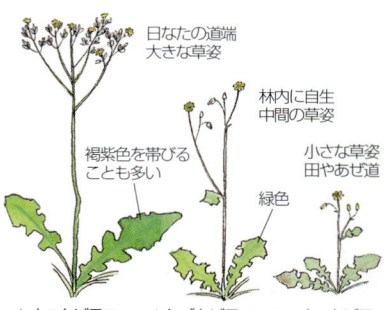

日なたの道端
大きな草姿

林内に自生
中間の草姿

小さな草姿
田やあぜ道

褐紫色を帯びる
ことも多い

緑色

▲オニタビラコ　▲ヤブタビラコ　▲コオニタビラコ

▲上：高さは10〜20センチ。ヘビイチゴと名前がついているが、赤い実はつかない　下：つる状に伸びている

オヘビイチゴ
雄蛇苺

Potentilla kleiniana
バラ科キジムシロ属
多年草／花期5〜6月

ヘビイチゴの赤い実に対して、オヘビイチゴの実は茶色。だから"雄"。

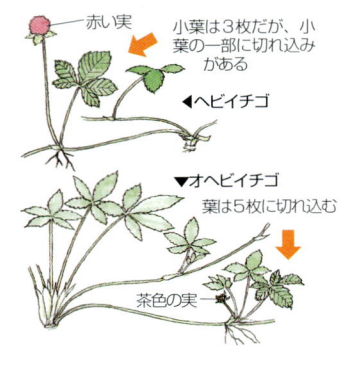

- 赤い実
- 小葉は3枚だが、小葉の一部に切れ込みがある
- ◀ヘビイチゴ
- オヘビイチゴ
- 葉は5枚に切れ込む
- 茶色の実

▶ヘビイチゴ　こちらは赤い実がなり、小葉は3枚

ヘビイチゴの実は、赤い実ができる。それに対して、オヘビイチゴの方は、茶褐色のタネのような実がなる。どちらかといえば、イチゴとは違ったイメージの色である。ということで"オ(雄)"がついたのではないかと思う。ヘビイチゴという言葉だが、これは丘や野の草むらに普通に見かけるイチゴ。ヘビが出そうな場所に、あるいはヘビがきっと食べるんじゃないかというようなことから、ヘビイチゴという名前がついている。『枕草子』にも、クチナワ[蛇の古名]イチゴの名で登場している。漢字で"蛇苺"と書いて、クチナワイチゴと読む。『枕草子』の時代には、すでにヘビイチゴという名前が使われていた。

分布と自生地　本州、四国、九州などに広く分布し、野や丘のちょっと湿った場所にオヘビイチゴは自生する。
特徴　5弁の黄色花。ヘビイチゴなどと似ている。葉は5枚で、広がる状に広がっている。実は、赤いイチゴのイメージとはちょっと違った、茶褐色のタネが集まったような実。イチゴとは違った感覚の実になる。長さは50〜100㌢。
仲間　同属のヒメヘビイチゴ、ミツバツチグリなど。

▲花は淡紫色。撮影は5月 　▲実は約5ミリ。日なたでは紫色を帯びる

▲上：草地や道端などに自生　左下：日陰に自生の株　右：葉はロゼット状

オヤブジラミ
雄薮虱

Torilis scabra
セリ科ヤブジラミ属
越年草／花期4〜5月

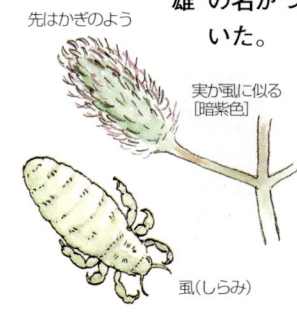

分布と自生地　本州、四国、九州、あるいは南西諸島まで広く分布している。野原、山村の道端、また、低山の山道沿いなどによく見かける。

特徴　白っぽい花だが、縁がピンクを帯びている。花の柄(え)は、ヤブジラミに比べると比較的長いので、まばらな感じがする。日なたでは、葉茎や実が紫色を帯びるが、日陰では紫色にならない。

仲間　同じ越年草のヤブジラミ。

オヤブジラミの"オ"というのは、雄雌の"雄"。ヤブジラミに対して、雄という名前がついた。その理由は、第1に、オヤブジラミの方が紫色を帯びていて、男のイメージをもつ。第2に、オヤブジラミは、秋に発芽して、冬の寒さを乗り越えて、春に花が咲く。冬を越すという、強いという意味がある。一方、ヤブジラミは、藪に生え、実が虱(しらみ)の形とちょっと似ていて、さらに、人間や動物にくっつく。そういうことから、"シラミ"という名前がついている。

よく似たヤブジラミに比べて、紫色を帯び、冬の寒さに耐えて春に咲くことから、"雄"の名がついた。

先はかぎのよう

実が虱に似る
[暗紫色]

虱(しらみ)

75　オヤ

オランダミミナグサ
和蘭耳菜草

Cerastium glomeratum
ナデシコ科ミミナグサ属
越年草／花期4〜5月

"オランダ"の名前は、鎖国時代にこの国とだけ交易したため。"ミミナグサ"は在来のミミナグサと似るから。

▲日本在来のミミナグサより花柄が短く、花が集まったように見える

▲日本各地で見かける。高さは20〜30センチ

オランダは鎖国時代、唯一、交易を許された国だった。欧州産なのに、"オランダ"の名前がついてしまった。ミミナグサという草がある。これは日本在来種である。農村の道端、あるいは畑のそばのあぜ道にも見かける。そのミミナグサによく似ているのでオランダミミナグサ。

▲由来は葉の形からで、ネズミや猫の耳に似る

分布と自生地 欧州原産。都市の道端、荒地、どこの庭でも見かける植物である。

特徴 白っぽい5枚の花びらが壺形にまとまっている。咲き初めには、5弁が開いて見える。花の背後に花の柄（え）がついている。花の柄は比較的短い。一方ミミナグサという在来種の花柄は長いので見分けられる。

仲間 在来種のミミナグサ。

カイコバイモ
甲斐小貝母

Fritillaria kaiensis
ユリ科バイモ属
多年草／花期4〜5月

主に山梨の"甲斐"で多く見られるので"カイ"。中国産のバイモよりも小形なので、カイコバイモ。

▲花茎の先に1つの花がつき、花びらは2センチくらいの長楕円形

▲限られた丘陵や山地の林内で見かける

"カイ"というのは、甲斐の国。主自生地の山梨のこと。それで、昔の名前の甲斐がつけられた。"コ"というのは、中国から入ってきた仲間のバイモに比べて小さいから。バイモの名前は、地下の球根を鱗茎（りんけい）というが、半分に割れて、中から新たな球根が生えてくる。外側の球根が貝の殻に見えるので"貝母"と形容した。

分布と自生地 静岡、山梨、東京に分布。いずれも林の中。

特徴 花は下向き。花びらが6枚見られる。雄しべが6本、真ん中に雌しべがあるが、雌しべの先が3分する。葉は上が3枚、その下に2枚の葉がつく。

仲間 コシノコバイモ、ミノコバイモなど。

▲『万葉集』や平安・室町時代の文献に登場するカキツバタ

◀アヤメははは山地の乾いた草原に咲くが、カキツバタは水辺を好む

カキツバタ
杜若、燕子花

Iris laevigata
アヤメ科アヤメ属
多年草／花期5〜6月

花を摘んで絞り、その色汁を紙に書きつける花摺(はなず)りに用いた草。

カキツバタは、奈良時代から知られており、特にカキツバタの汁で着物を染めるということで利用されてきた。いわゆる草木染めというのだろうか。このカキツバタを布に押し付けて染めたという意味で、"搔付花"あるいは"書付花"の文字が当てられている。このあたりが語源ではないかと思われる。カキツケバナの"バナ"が"バタ"になって、"ケ"がとれたというのが、定説である。この草の古名は"加岐都波多(かきつばた)"、または"垣津幡(かきつばた)"など。昔からカキツバタの名前があった。

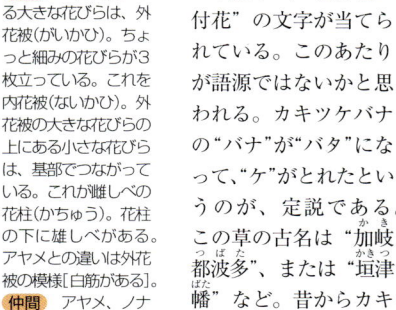

分布と自生地 日本各地に分布し、湿地帯とか池とか沼のほとり。

特徴 一番外側にある大きな花びらは、外花被(がいかひ)。ちょっと細みの花びらが3枚立っている。これを内花被(ないかひ)。外花被の大きな花びらの上にある小さな花びらは、基部でつながっている。これが雌しべの花柱(かちゅう)。花柱の下に雄しべがある。アヤメとの違いは外花被の模様[白筋がある]。

仲間 アヤメ、ノハナショウブなど。

▲左:カキツバタ　右:アヤメは外側の花びらに網目あり

▲花後はつる状になり成長する。高さは10〜20センチ

カキドオシ
垣通し、籬通

別名／ツボクサ（坪草、壺草）

Glechoma hederacea var. grandis
シソ科カキドオシ属
多年草／花期4〜5月

つる性の茎がどんどん伸びて、垣根を越えて隣家の庭へと侵入することがある。それで"垣通し"の名がある。

▲垣根を越えてきたカキドオシ［葉に斑が入っている］

▶葉は対生し、へりに丸いギザギザがある

カキドオシとは、茎が伸びて垣根を通り抜けるほどということから。また、坪草、壺草と書いて"ツボクサ"という名前で、古くから呼ばれていたようだ。この"ツボ"という意味は、庭というような意味合いなので、どこにでもあった草という意味だと思う。葉が丸くて銭のようで、その葉がつる状の茎に連なるので、"連銭草"ともいわれ、子供の疳に効くので、"カントリソウ"とも呼ばれた。現在は、カキドオシに落ち着いている。

分布と自生地 北海道から本州、四国、九州と、広い地域に分布している。丘だとか低山などの道端、空き地でよく見られる。

特徴 春は茎が立ち、先の方に唇形の花を咲かせる。下側の唇に濃い斑紋が入っている。茎の1カ所のところからいくつか花を咲かせ、その咲かせたところから葉も出している。葉は、向かい合ってついている。花の後は、つる状の茎がどんどん伸びる性質をもっている。

仲間 なし。

▲山地のやや乾いた林に生える。高さは25〜35センチ

◀花は黄色で、淡紅色を帯びることもある

カキノハグサ
柿の葉草

Polygala reinii
ヒメハギ科ヒメハギ属
多年草／花期5月

分布と自生地 東海地方から西に分布している。山の林の中に自生している。

特徴 花の外側に黄色いいくがある。5枚あるがくのうちの、2枚が特に大きくて、花弁状になっている。その中を見ると、3枚の花弁がくっついている。筒のようになっていて、花弁の先が細かく裂けて、ちょうど房のようになっている。葉は、茎の上の方に寄った形で互い違いについている。

仲間 ヒメハギ。

この葉をちょっと見ると、柿の葉に似ていることから、カキノハグサという名前がついている。しかし、実際に柿の葉をとってよく見ると、この葉よりも大きくて丸みがあり、厚手で、かなり違っている。しかし、印象的には柿の葉に見えると思う。このカキノハグサは、丸い感じのものもあるが、細みのものもあり、それを"長葉のカキノハグサ"と呼ぶ。実際には中間的なものもあって、長葉、あるいは丸葉というふうには区別はつけられない。

葉の形で名前をつけられた植物は、ササバランやトチバニンジンなどとかなり多い。

葉が柿の葉に似ていることから、"カキノハグサ"。同じカキノハグサでも葉の形が違うものがある。

▲柿の葉に似るが、それよりも小さく薄めで、細い

カキ

▲つる性低木。つるは2〜3メートル伸びる

カザグルマ
風車

Clematis patens
キンポウゲ科センニンソウ属
多年草／花期5〜6月

草藪(くさやぶ)の中に、大きな8枚の花びらをつけたカザグルマは、江戸時代の玩具の風車に似ている。

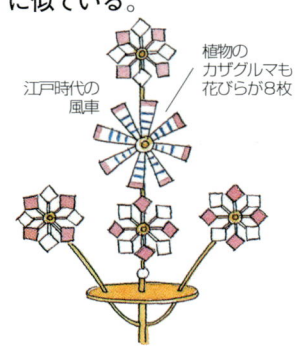

江戸時代の風車
植物のカザグルマも花びらが8枚

▲左：花色は真っ白で、花びらは8枚。数は少なくなったが、藪の中で見かけることがある　右：淡紫色を帯びた花もある。例外的に花びら7枚

　風車というのは、竹の先に紙の車輪をつけて、風で回す子供のおもちゃ。江戸時代のおもちゃに、その風車が4つか5つ、ついているのがある。紙の羽根の部分を見ると、8枚で構成されている。

　草のカザグルマの場合にも、花びらが8枚あり、さらに、花がつるの先につく。1つだけではなく、いくつもの花を咲かせている状態は、ちょうど、おもちゃの風車に似ている。名前の由来はそんな草姿から連想してつけられたのではないかと思う。

分布と自生地　本州、四国、九州の丘だとか低い山の、日当たりのいい藪に自生する。

特徴　花びらが8枚あり、これはがくが花弁状に変化したもの。本当の花弁はなくなっている。花の中央には、雄しべや雌しべがある。つる状の茎がどんどん伸びる。茎にはスペード形の葉が向かい合っていて、葉柄で物にからみつく。

仲間　センニンソウ、ボタンヅル、コボタンヅルなど。

▲北国に春を告げる花。山野やや湿ったところに咲く

◀上：高さは10〜20センチくらいになる
下：花びらは反転する

カタクリ
片栗、片籠

別名／カタカゴ

Erythronium japonicum
ユリ科カタクリ属
多年草／花期3〜4月

片葉の葉に鹿の子模様が入るので、"片葉鹿の子"。それが"カタカゴ"から"カタクリ"に転化。

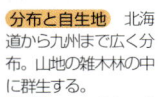

分布と自生地 北海道から九州まで広く分布。山地の雑木林の中に群生する。

特徴 淡紫紅色の花びらが内側に3枚、外側に3枚あり、下向きに咲く。花が開くと、花びらの真ん中くらいから反転する。雄しべが6本、中央に雌しべがある。花の中心部に桜の花に似た模様がある。花びらが開くのは、日が当たっている時。葉は黄緑色で暗紫色の斑紋がある。

仲間 外国産のキバナカタクリ。

花が咲かない葉に、鹿の子模様がはっきりと現われることから、片葉の鹿の子で、"片葉鹿の子"が"カタカゴ"になり、転化して、"カタクリ"になったという説がある。

次に、加えたい説がある。カタクリは、花後に実がつき、重そうに垂れることが多い。そのカタクリの実は、いがの中にある1つ1つの栗の実[タネ]に似ている。栗の実の1つだから"片栗"という説。

なお、『万葉集』の大伴家持の歌「もののふの　やそ乙女らがくみまがう　寺井の上の堅香子の花」の堅香子の花には、コバイモ説があるが、カタクリが情景にふさわしい。

カタクリの実

片栗

▲道端や庭、畑で普通に見かける。暗くなると葉を閉じる。高さ5〜20センチ

カタバミ
傍食、酸漿草、酢漿草
別名／スイモノグサ

Oxalis corniculata
カタバミ科カタバミ属
多年草／花期5〜9月

日が陰ったり、夜になるとカタバミの葉は折り畳んだようになる。片側が食まれたかのようにもなる。

▲完全に葉を折り畳んだ状態

▶夜のカタバミ。葉は折り畳むようにして、睡眠に入っている

　カタバミは、日が陰ったり、夜間になると、葉が折り畳むような形になる。これを睡眠運動という。通常は、ハート形の葉を3枚ずつつけ、茎のところから葉柄(ようへい)を伸ばして広げているが、睡眠運動に入ると、閉じて葉の片側がなくなったように見える。

　また、片[傍]側が食べられたように見える。食べるというのは、古いことばで"食む(は)"という。片側がないので、それで"傍食(かたばみ)"という名前がついている。

　別名もたくさんある。そのなかで一番多く本に登場するのが、酸漿草。葉だとか茎をかじってみると、酸っぱいのでこの名前で呼ばれている。また、この葉で鏡を磨いたということから、鏡草といった名前もある。

分布と自生地 日本各地で見られる。特に庭先、市街地の道端などに多い。

特徴 花は黄色で、花びらが5枚ある。花が終わると筒状になり、しばらく経つと、実を被っていた皮が勢いよく反転して、中にある小さなタネが飛び散る。その結果、どんどん増える性質がある。
葉は、ハート形の3枚構成。茎から葉柄(ようへい)を伸ばして、その先に葉がある。茎は、長く伸びて、節のところから根を出す。

仲間 イモカタバミとムラサキカタバミなどは市街地で。ミヤマカタバミとコミヤマカタバミは山で見られる。

山 地 性

▲コミヤマカタバミ p145　　▲ミヤマカタバミ p317

野・市街地性

▲アカカタバミ　　▲イモカタバミ

▲カタバミ p82　　▲ムラサキカタバミ

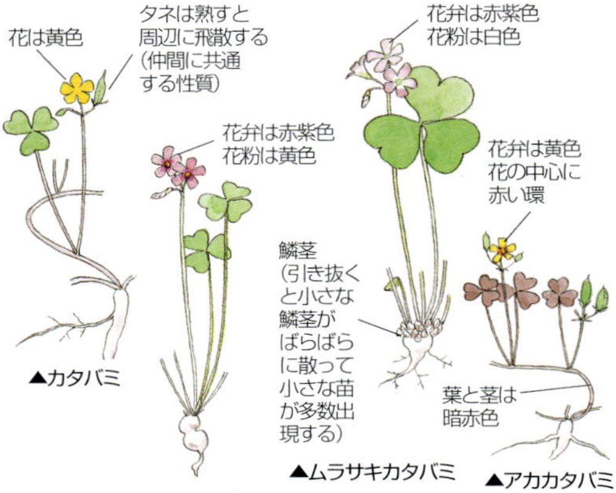

花は黄色
タネは熟すと周辺に飛散する（仲間に共通する性質）
▲カタバミ

花弁は赤紫色
花粉は黄色
▲イモカタバミ

花弁は赤紫色
花粉は白色
鱗茎（引き抜くと小さな鱗茎がばらばらに散って小さな苗が多数出現する）
▲ムラサキカタバミ

花弁は黄色
花の中心に赤い環
葉と茎は暗赤色
▲アカカタバミ

カタバミの名前がつく植物

この仲間は、日が陰ると葉を下に向けて畳み、まるで片側が食まれたように見える。

カタバミは見慣れた草である。やたらと増えてしまう種が多い。しかし、山地性のカ

▲ミヤマカタバミ
◀コミヤマカタバミ

タバミ類は、増殖しにくい。本州や四国の山地に自生する**ミヤマカタバミ**は、5弁の白花が通常半開咲きである。3枚の小葉の角は、やや尖る。深山の針葉樹の下に自生する**コミヤマカタバミ**は、やや小形で、5枚の花弁に紅紫色の筋が何本も入っている。3枚の小葉の角に丸みがある。

野・市街地のカタバミ類。黄花の**カタバミ**と**アカカタバミ**は、花後もタネ（閉鎖花）で増える。**イモカタバミ**は子芋で増え、**ムラサキカタバミ**は小さな球根[鱗茎]で増える。

▲カタバミ

▲山地の林内で見られ、葉は長い柄がありしわしわ。花茎の高さ20〜40センチ

カッコウソウ
勝紅草、羯鼓草

Primula kisoana
サクラソウ科
多年草／花期4〜5月

鼓の一種"羯鼓"の片面が、カッコウソウの花と似るためか？　あるいは、"勝紅草"がなまったのか？

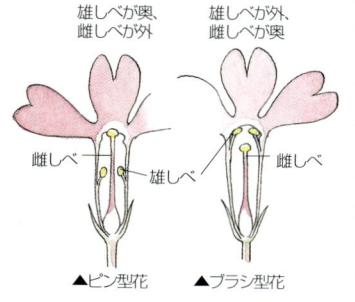

▲ピン型花　▲ブラシ型花
（雄しべが奥、雌しべが外／雄しべが外、雌しべが奥／雌しべ／雄しべ／雌しべ）

▶上：雄しべが出ているシコクカッコソウ　下：雌しべが出ている同種

　この名の由来は、難しくて、はっきりしたものはない。鼓の一種で"羯鼓"というのがある。雅楽だとか、田楽、あるいは伎楽［大和朝廷時代、百済から伝わった楽舞］などに使う楽器で、この"羯鼓"の撥で打つ片側の部分が、カッコウソウに似ていることから、名前の由来になったのではなかろうか。これが私の第1の説。

　もう1つの説は、"勝れた紅色の草"の意味から、"勝紅草"と書く名前がある。カッコウソウというのは、見た目に美しいすぐれた紅色の花だと思うので、カッコウソウと呼んでいたのではないかと思う。その後に"ウ"が取れてカッコソウになった。これが私の第2番目の私の説である。

分布と自生地　群馬県の鳴神山に分布している。

特徴　ハート形の花びら5枚は基部で筒状につながっている。花の中心部を喉部（のどぶ）というが、そこが赤黒い輪になっている。カッコソウは、2つのタイプがある。喉部のところをよく見ると、雄しべが先に出ているタイプがあり、これをブラシ型。一方、雌しべが先に出ているタイプをピン型という。

仲間　シコクカッコソウ。

▲下の方に由来となる花が見える。高さは10〜30センチ

◀上・中：山野の木陰に生える。高さ10〜30センチ　下：葉は鋸歯

カテンソウ

花点草

Nanocnide japonica
イラクサ科カテンソウ属
多年草／花期4〜5月

"花点草"という漢字が使われている。カテンソウをよく見ると、一番上の部分に花がある。花がまだ開いていない時は、丸い固まりがいくつかついていて、時間が経つにつれ花柄（かへい）が伸び、花が開き始める。

花びらが5枚。花の中から順番に長い柄を伸ばし、その先に花粉をつけたものが出てくる。1つ2つ3つと、次々に出て、5つ出てくる。その先端が、雄しべの花粉。

これは小さくて、まさに"花点"である。次に葉の下の方を見ると、ちょうど、脇に小さな固まりがある。これが雌しべ。雌しべは、柄がないので、いつも葉の脇のところにくっついたまま。この場合も、花が点のようだといえないこともない。

雄花の花粉は小さくて、まるで花が点のように見える。それで花点草。蕾が固まった状態を花点とはいわない。

雄花 ──
雌花 ──

葉柄の基部に隠れるようにして雌花がつく

分布と自生地　本州、四国、九州の各地に広く分布している。野原や丘、低山などの林の中、森のふち、道端などに群生している姿が見られる。

特徴　花の姿が一番の特徴だが、本文のところで述べたので省略する。葉は、どちらかというと三角形の輪郭で、やさしい形の鋸歯（きょし）が葉の周りにある。葉は、互い違いについている。

仲間　同属はあるが、特にカテンソウにごく似たものはない。

▲アメリカ北部に自生し、日本では栽培種。オダマキの仲間

▲若い実（中にタネ）

▶ミヤマオダマキ　山地の草原で見られ、これを園芸改良している

カナダオダマキ
加奈陀苧環

Aquilegia canadensis
キンポウゲ科オダマキ属
多年草／花期4～5月

カナダ原産で、花の距（きょ）が5つある。家紋の箙糸巻きに棒が4本見えている。この棒を花の距に見立てる。

距（中に蜜がある）

箙糸巻きの枠を
距に見立てた

箙糸巻き
（枠は中心
に1本あり）

　この植物の原産地の"カナダ"が、名前につく。オダマキという言葉は、花の背後にあるこの花の距（きょ）に由来する。オダマキの仲間の花には、花から飛び出た5つの距がある。
　ところで家紋に箙糸巻きというのがある。木の枠に麻糸を巻いた絵柄で、枠の棒が5本ある。それはオダマキの距の数と同じである。
　この花の名前を形からつけるなら、"箙糸巻き草"とか"糸巻き草"とつけるべきだったと思う。というのも、"苧環（おだまき）"は麻や苧の繊維を糸状に縒りながら巻いていき、中が空洞で丸い球にしたもの。枠がない。
　命名者は、苧環と箙糸巻きとを混同して、花の形につながらない名前を与えたのだろう。

分布と自生地　アメリカとカナダに分布。岩場あるいは森林帯の日の当たる場所に自生している。

特徴　真ん中に黄色い花がある。この黄色い花弁と距（きょ）とは連結している。そして、周りに花弁状のものが5枚あり、これががく。茎の途中に小さな葉がいくつかあり、下の方に切れ込んだ葉が何枚か組み合わさった形で出ている。高さは、20㌢前後。

仲間　ヤマオダマキとミヤマオダマキ。

▲低山や平地の林のふちに見られる。つるの長さ2～3メートル
◀葉の形に変化が多い

カニクサ

蟹草

Lygodium japonicum
フサシダ科カニクサ属
シダの仲間

カニクサを使って、カニ釣りを、またはカニの横這いのようにつる状の葉の一部が伸びるので名付けた。

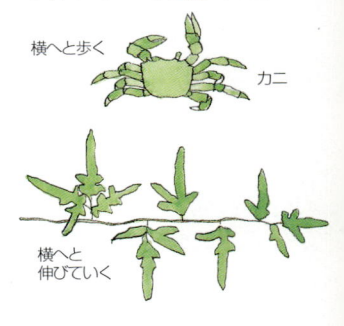

横へと歩く　カニ

横へと伸びていく

名前の由来については、2通りの説がある。第1は、子供がカニを釣るのにカニクサを使った。第2は、つる状のシダがどんどんと、カニの横這いのように伸びていくことから、"カニクサ"という名前がついたというふうに、2通りの説がある。

どうやら、最初の説の方がそれらしく思えるが、植物を覚える場合、カニの横這いになぞらえた方が覚えやすいかもしれない。

なお、この草には、"三味線草"の名前がある。つる状のシダを2人で強く引っ張るとピンと張る。それを手ではじくとブーンブーンと音が出ることで、この名前がついた。

分布と自生地　福島から四国、九州まで分布し、日当たりのいい丘の斜面とか、山道沿いの草むらなどに自生している。

特徴　モミジよりもう少しやせた細みの葉がいくつかついている。個別の葉に見えるが、茎に見えるのが葉の中軸で、そこにつくそれぞれが葉の一部を構成している。地上に伸びた1本が1枚の葉である。

仲間　沖縄にイリオモテシャミセンヅルという名前の種類がある。

▲中国に自生する種で、日本では栽培種。高さは10センチ前後

ガビサンリンドウ
峨眉山竜胆

Gentiana rubicunda
リンドウ科リンドウ属
多年草または越年草／花期4〜5月

中国の峨眉山を主な原産地とする春咲きのリンドウなので、名高い峨眉山の名前を頭につけた。

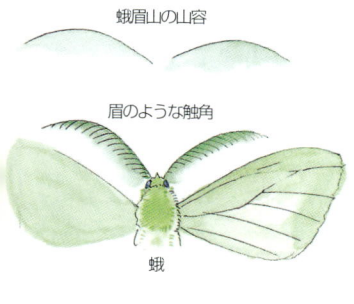

峨眉山の山容

眉のような触角

蛾

▶花色はやや濃いピンク色で、ミヤマリンドウは青紫色をしている

"ガビサン"は、中国の四川省に峨眉県という場所があり、その西南にある山。優れた景色がある山で、霊場、信仰の山ともなっている。峨眉山には2つの山があって、遠くから見ると、ちょうど蛾の触角のように見える。

また、この三日月形を"美人の眉"というのだそうだ。細長い弓なりの眉を峨眉というわけである。そういったしゃれた名前の峨眉山にガビサンリンドウは自生しているが、自生分布は峨眉山だけではない。

リンドウの名前は、これを漢字で書くと"竜胆"。竜胆は薬草で、リンドウの根を指す。熊の胆より苦いことから、さらにすごい名前で"竜胆"という。リュウタンの言葉が"リンドウ"へ変化したようだ。

分布と自生地 中国の雲南省とか四川省などに分布。自生地は、標高の高い山の、日当たりのいい岩場など。

特徴 花はやや濃いピンク色の筒形で、先の方が開いている。花びら状の裂片も6枚長く伸びる。6枚の間には低い山のような部分[副片(ふくへん)]がある。中央に雌しべ[花柱]があり、隣には花粉をつけた6本の雄しべがある。
葉は小さな楕円形で、向かい合って、何ペアかつく。

仲間 標高の高い場所に自生する春咲きのリンドウには、ミヤマリンドウ、タテヤマリンドウなどがある。

▲岩や樹木などに着生する小さいラン。草姿の長さ5〜10センチ

◀茎は細長く、茎の途中から根を出し、木に着生する

カヤラン

梛蘭

Sarcochilus japonicus
ラン科カヤラン属
多年草／花期3〜5月

葉の形や大きさが、樹木のカヤノキの葉と似ているところから、カヤランという名前がついた。

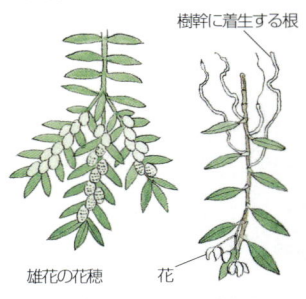

カヤという木の葉とカヤランの葉が似ている。カヤランの葉はよく見ると、細長い葉が茎に互い違いについている。葉は、堅い感じがして、葉の真ん中に縦に溝がついている。

一方、カヤの方は、細い楕円形の葉が茎に対して、向かい合ってついているが、この両者の葉の形態が、一見よく似ていることが分かる。ところが、カヤは木で、カヤランの方はランである。科属がまったく違う。このように、植物のお手本があって、そのお手本の一部に似ているということから名前がつけられた植物名はいくつもある。たとえば、モミジガサ。これはキク科の草だが、モミジという木の葉によく似ていて、モミジガサの名前がついている。

（分布と自生地）東北から四国、九州。どちらかというと、太平洋側寄りに分布する。だいたいは苔むしたような木の幹や沢沿いの樹木などに着生する。
（特徴）早春に黄色い花が咲く。
花に大きな花びらが5枚ある。そのうち、花びらの幅広い方ががく。花の中心に細い花びらが左右に2枚あり、これが側花弁（そくかべん）。花の中で、椀形の花びらが唇弁（しんべん）。内側に赤筋が入った唇弁の上側の器官はずい柱と呼ばれる。そこに雄しべと雌しべが隠れている。
（仲間）ケイトウフウランがある。

雄花の花穂　花　樹幹に着生する根
▲カヤ　▲カヤラン

89　**カヤ**

▲小葉のつけ根に紅紫色の花がつく。よく見ると蝶のような形をして可愛い

カラスノエンドウ
烏の豌豆

別名／ヤハズノエンドウ

Vicia angustifolia
マメ科ソラマメ属
1年草・越年草／花期3～6月

人間の食べるエンドウより小さく、ごく小さなスズメノエンドウより大きいので、"カラス"の名前がついた。

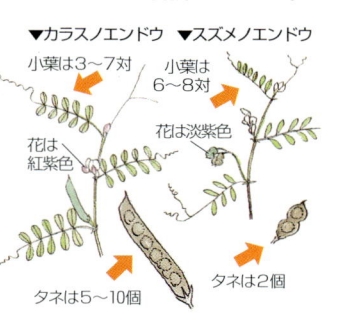

▼カラスノエンドウ　▼スズメノエンドウ
小葉は3～7対　小葉は6～8対
花は紅紫色　花は淡紫色
タネは5～10個　タネは2個

▲上左：小葉3～7対　上右：黒い実　下：左はカラスの実、右はスズメの実

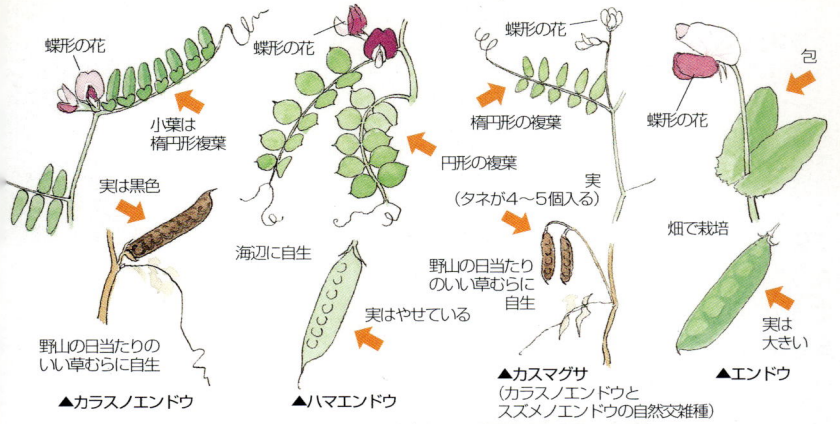

図の説明：
- 蝶形の花／小葉は楕円形複葉／実は黒色／野山の日当たりのいい草むらに自生　▲カラスノエンドウ
- 蝶形の花／円形の複葉（タネが4〜5個入る）／海辺に自生／実はやせている　▲ハマエンドウ
- 楕円形の複葉／蝶形の花／実／野山の日当たりのいい草むらに自生　▲カスマグサ（カラスノエンドウとスズメノエンドウの自然交雑種）
- 蝶形の花／包／畑で栽培／実は大きい　▲エンドウ

"カラス"というのは、昔は、物の大きさのたとえに使っていたと思う。カラスノエンドウに対してスズメノエンドウ、カラスウリに対しスズメウリという具合。"カラス"より"スズメ"がうんと小さくなる。スズメよりも小さいものは"ノミ"といっていた。カラスよりも大きい、あるいは人間のものよりも大きいものは、"鬼"。人間が使う弓矢の矢柄よりも大きいものは"鬼のやがら"になる。

さて、カラスノエンドウの由来の第1の説は、大きさをたとえて"カラス"を使ったということだが、2番目は、このカラスノエンドウの実が、やがて真っ黒になる。そこから"カラス"という名前がついたという説。これら両説の中では、大きさのたとえで"カラス"を使った最初の説が当たっていると考えたい。

さらに、"エンドウ"という名前だが、これは栽培植物、野菜のエンドウのこと。欧州原産の1、2年草で、食用としてよく食べられている。

"エンドウマメ"は、ほかの野生の豆と区別するために、丸い豆という意味から、円豆（えんず）といっていたわけだが、円豆のうち、豆（ず）を"とう"と読み、エンドウになったのではないかと思う。

▲エンドウ
▲カスマグサ 
▲ハマエンドウ 

分布と自生地　都市のちょっとした草藪などにも見られる。農村の道端、あるいは空き地。それから山道沿いなどで見られる。

特徴　花は、紅紫色の美しい、豆科特有の蝶形の花を咲かせる。花後にエンドウ豆形の実（さや）がつき、熟すと2つに裂け、黒い実がよじれてタネを飛散させる。タネは5〜10個。小葉は楕円形で、3〜7対がつく。
カラスノエンドウには、托葉（たくよう）というのがあり、この小さな托葉は葉のつけ根についている。托葉は、頂部が平らな山形。
なお、この中央部分に黒紫色の丸い斑紋がある。不思議なことに、この黒紫斑で蜜を分泌している。花以外に蜜を出すためか、蟻もやってくる。
全体は、つる状に伸びていく。小葉は、互い違いについている互生（ごせい）。小葉のつけ根のところから蕾を出し花が咲く。

仲間　スズメノエンドウ、カスマグサ。カスマグサは、カラスノエンドウとスズメノエンドウの自然交雑種。柄に花が1〜3個だけ。

カラスビシャク

烏柄杓

別名／ハンゲ

Pinellia ternata
サトイモ科ハンゲ属
多年草／花期5〜8月

仏炎包は柄杓のようだ。ただし、人間が使う柄杓より小さい。それで、カラスの名前がついた。

付属体
仏炎包
葉は3つに分かれる

▲畑に普通にある

カラスビシャクには、頭巾形の花がある。これは"仏炎包"という。仏像の背後に炎形の装飾[光背という]があり、その装飾に似ているということで、"仏炎"。これは葉が変化したもので、"包"という。仏炎包を柄杓に見立てると、人間のものよりも小さい。それで"カラス"がつく。

▲葉のつけ根のむかごが落ちると苗になる

分布と自生地 北海道から南西諸島まで。畑の中だとか、畑のあぜ道にも生える。

特徴 花の中からひもが出てくるが、これを付属体といっている。付属体の下には粉のついた雄しべがあって、その下にトウモロコシを小さくしたような雌しべがある。葉は、根元の方からずっと伸びてきた葉柄(ようへい)の先に3枚つく。

仲間 オオハンゲ。

カラフトハナシノブ

樺太花忍

別名／ヒダカハナシノブ

Polemonium laxiflorum
ハナシノブ科ハナシノブ属
多年草／花期6〜8月

戦前、樺太に移住していた頃に見たためであろう。今では北海道で見られる。

▲ミヤマハナシノブに似るが、花はやや小さくて直径2センチほど

▲北海道の草原に生える

"カラフト"は自生地を表わす。葉が少しシノブに似て、美しい花が咲くので、ハナシノブ。なお、阿蘇山系のハナシノブが、名前の元祖である。カラフトハナシノブの花の大きさは、エゾノハナシノブよりも小さく、ちょっと大きめの花もあるが、だいたい2㌢。

分布と自生地 北海道の限られた草原に自生している。

特徴 花は、青紫色の美しい花色をしている。筒形になっており、先の方が広がっている。この花の大きさは、エゾノハナシノブよりもちょっと小さめで、しかしハナシノブの10〜15㌢よりも大きい。葉は、長い楕円形の葉が対生してついている。だいたい8ペアくらいの小葉がつく。小葉が集まった全体の葉は、互い違いに茎につく。

仲間 カラフトハナシノブに比べ、花がやや大きめのエゾノハナシノブがあり、中部地方の高山から北、北海道にも自生している。葉の大きさは同じ。ハナシノブは、山地性の草で、九州に離れて分布している。これが、一番花が小さい。

基本種

▲コシノカンアオイ p136
▲カントウカンアオイ  
▲マルミカンアオイ〔緑花〕 
▲オナガカンアオイ p71 

近縁種／落葉性

▲フタバアオイ p292 
▲ウスバサイシン p37

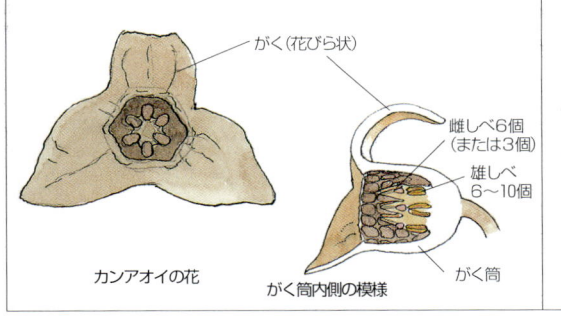

がく(花びら状)

雌しべ6個(または3個)
雄しべ6〜10個
がく筒

カンアオイの花　　がく筒内側の模様

カンアオイの名前がつく植物

冬に葉は枯れない。寒い時期に花が咲く。フタバアオイの葉に似るので、"寒葵"という。

　地際で柿のへたのような花を咲かせる。花びらに見えるのは、がく片である。がく片の背後に壺形の器官が見える。これをがく筒という。この中に雄しべ、雌しべが入っている。

　コシノカンアオイは北陸などに分布。肉厚で暗紫褐色の大きな花。**カントウカンアオイ**は関東から近畿まで分布。がく筒の穴の周囲に覆輪(ふくりん)が入り、がく片が軽く反転。**マルミカンアオイ**は宮崎県に自生し、がく筒は丸い(写真は標準花と異なる緑花)。**オナガカンアオイ**も、宮崎県に分布。がく片が長い。冬期に落葉する近縁種には、カンアオイの仲間とがく筒の中が異なる次の2種がある。**フタバアオイ**は、各地の山の林で、電気の笠形のような花を咲かせる。**ウスバサイシン**は、各地の山の林で、太鼓形のがく筒をつけた花を咲かせている。

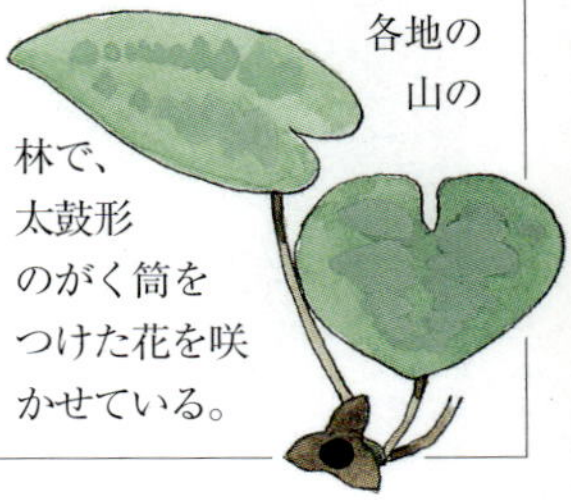

カンサイタンポポ
関西蒲公英

Taraxacum japonicum
キク科タンポポ属
多年草／花期4〜5月

近畿中心に分布するので、"カンサイタンポポ"の名前がある。仲間に比べて、総包（そうほう）が細いのが特徴。

総包が細い　総包が大きい

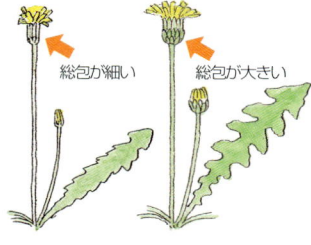

▲カンサイタンポポ　▲エゾタンポポ

▲総包の形がスマート

▲エゾタンポポ　総包がごつい感じ

"カンサイ"は、自生地を表わし、関西地方に多いので名前がついた。しかし、実際には、四国、九州、沖縄、中国地方とか、広い範囲に分布している。なお、カンサイタンポポと、ほかのニホンタンポポとの差は、本種の総包[花の下のがくに相当]が細いのが特徴。

分布と自生地　近畿から南西諸島まで。日当たりのいい草むらなどに自生している。
特徴　タンポポの仲間の花の仕組みは同じで、独立した花びらの舌状花（ぜつじょうか）が集まり、頭花になる。キク科の特徴は、舌状花と筒状花からなる2種類があるが、タンポポの場合は、舌状花。
仲間　エゾタンポポ、カントウタンポポ、トウカイタンポポ、シロバナタンポポなど。

カンスゲ
寒菅

Carex morrowii
カヤツリグサ科スゲ属
多年草／花期4〜5月

スゲ属のなかで、冬も葉が枯れないので、"カン（寒）"がついた。身近な場所で、早春に咲く常緑のスゲ。

▲茎の先の雄花の下に3〜5個の雌花の小穂がつく

▲渓流沿いの湿った斜面に多い

"カン"という言葉は、冬という意味で、冬でも葉はちゃんと生きているということである。"スゲ"というのは、カヤツリグサ科のスゲ属の仲間を指す。葉が非常に細く、茎がしっかりしている。笠や蓑（みの）を作る材料になるものもあるということで、"スゲ"という名前がついている。

分布と自生地　本州、四国、九州に広く分布している。山の林の中だとか森のふちに自生している。
特徴　花茎に5〜6個の小さな穂がつく。先頭の穂だけは、花粉があって、これは雄しべのグループ。その下から4〜5個ある小さな穂は、全部雌花になる。で、雌花は、雄花の花粉を、風が吹いた時に浴びて、受粉し、タネになる。葉は、細長い葉で、先端が尖る。高さは数十㌢ぐらい。
仲間　冬も葉のあるスゲは次の通り。早春に淡黄色の毛ばたきみたいな穂を林の中でつける小形のヒメカンスゲ。秋咲きで細い穂をつけるナキリスゲ。海辺の大形のヒゲスゲ。ミヤマとつくが、低山や丘に自生するミヤマカンスゲなど。

▲楕円形の葉が3〜4枚つく

分布と自生地 伊豆七島、紀伊半島、四国、九州から南西諸島に広く分布する。常緑樹林の中に自生している。

特徴 大形のランとして知られている。高さは40〜60㌢ぐらい。偽球茎(ぎきゅうけい)の横から、長い花茎(かけい)を伸ばし、上の方にいくつかの花を咲かせる。

黄色の花びらをよく見ると、5枚の同じような花びらと、1つの異なった目立つ花びらで構成されている。

5枚の花びらのうち、外側についている3枚が、がく片[がくが花弁状に変化]。内側の2枚の花弁が側花弁(そくかべん)という。一番下には、先端が赤茶色に染まった唇弁(しんべん)がある。

唇弁はリップといいて、最も複雑な形をしており、目立つ色彩の器官である。

花茎の所々に小さな葉があるが、これを包(ほう)という。

包以外に、楕円形の大きな葉が、何枚か茎に交互につく。

仲間 ヒメカクランというのが、沖縄本島から南に分布している。

▲花は洋蘭のような感じがする。花茎の高さは40〜60センチ

ガンゼキランの"ガンゼキ"を漢字で書くと、"岩石"。文字通りに解釈すると"岩の石のラン"である。この変な名前はどこからきているかというと、この植物の根元に、円錐形の球根のようなものがある。これを偽球茎[偽鱗茎]、あるいはバルブという。この偽球茎を触ってみると、堅くてコチコチで、まるで岩の一部のような感じがする。これが、"ガンゼキ"という名前の由来と考える。

なお、偽球茎は、何年も経っていくうちに、だんだん縦筋のしわが多くなって、やせてくる。すると少し柔らかくなってしまって、岩には見えなくなるが、咲いた年の次ぐらいから2〜3年は堅くなってくるので、充分岩石といってもいいと思う。

岩石を"ガンセキ"といわず、"ガンゼキ"というのは、本当の岩石ではないためであろうか？

ガンゼキラン

岩石蘭

Phaius flavus
ラン科ガンゼキラン属
多年草／花期5〜6月

地際のサトイモ状の偽球茎(ぎきゅうけい)[バルブ]が岩石のようにコチコチであるからと思う。

▲偽球茎は石のように堅い。横から長い花茎を出す

カントウタンポポ
関東蒲公英

Taraxacum platycarpum
キク科タンポポ属
多年草／花期3～5月

関東中心に自生。総包片(そうほうへん)に小さな三角状の突起があり、この突起の位置で名前が決まる。

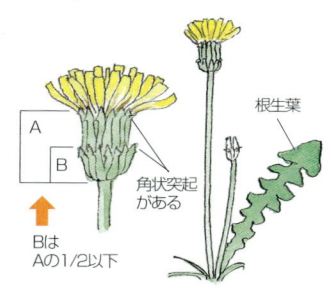

▲左：野原や道端などに生える　右：花をつつむ部分が総包(つつみくさ)

カントウタンポポは、静岡、山梨でも見られるようだが、関東とその周辺中心に分布している。だから、"カントウ"とつく。タンポポの名前の由来は、ほかのタンポポの項でも紹介したが、"鼓草"という古い名前から来ているのではないか。「タンポンタンポン」と音がする鼓の音が省略され短くなり、タンポポになったと思う。鼓草の鼓だが、タンポポの蕾や花後の総包が似ている。

分布と自生地　関東、その周辺の静岡、山梨に分布。日当たりのいい道端、空き地に自生。
特徴　花の首のあたり、がくに相当する部分をよく見ると、真ん中辺りで小さく尖っている総包片がある。その突起は真ん中よりちょっと下に位置している。それがカントウタンポポとほかのタンポポとの区別点。
仲間　タンポポ参照。

ガンピ
岩菲、剪春羅（漢）

Lychnis coronata
ナデシコ科ガンピ属
多年草／花期5～6月

ガンピは"カニヒ"という言葉から。中国名を"剪春羅"といい、センノウは"剪秋羅"と書く。

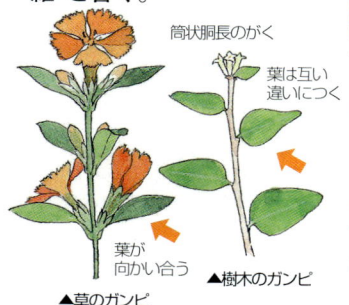

▲紙の原料のガンピと異なる

『枕草子』の中に"カニヒ"の名が出てくるが、これはガンピ（岩菲）のことだそうだ。カニヒが発音しやすいガンピとなり、岩菲という文字を当てたようである。ガンピの中国名"剪春羅"という言葉は広まらなかったが、京都の仙翁寺にあったセンノウ[仙翁花]を"剪秋羅"といった。

分布と自生地　中国原産の草である。日本では園芸植物として扱われている。また、茶席の花として、生花用花材としても利用されている。
特徴　花は黄赤色で美しい。花弁は5つあり、先端に細かな鋸歯がある。葉は楕円状で、先と基部は細まっている。葉の基部に蕾が多数つき、次から次へと花が咲く。葉は茎に向かい合ってつき、茎は枝分かれしない。
仲間　ガンピと同じく、中国から渡来したセンノウがある。このほか、秋咲きのフシグロセンノウ、初夏咲きのマツモト、ツクシマツモト、エンビセンノウ、エゾセンノウ。夏咲きのセンジュガンピ、オグラセンノウなどがある。

▲鮮やかな黄色の花。花茎の高さは40〜80センチ
◀林内に生えるが減少している

キエビネ
黄蝦根、黄海老根

Calanthe sieboldii
ラン科エビネ属
多年草／花期4〜5月

花が黄色なので"キエビネ"。エビネは、小形の里芋状の球根が並んでいる形を"海老"の背中に見立てた。

▲下側に開いているのが唇弁で、大きく3つに分かれている

分布と自生地 紀伊半島から西、四国、九州までの常緑樹林の中に自生する。

特徴 花に黄色い花びらが5枚ある。5枚のうち、てっぺんにあるのと、サイドの下側にあるのががく片。がく片に囲まれた、ちょっと細みの、左右に伸びたものを側花弁(そくかべん)という。
下側の目立つ花びらは、唇弁(しんべん)。唇弁は3つに分かれている。

仲間 広く分布するエビネ[ジエビネともいう]。山岳性のサルメンエビネ。九州、四国、紀伊半島などにあるキリシマエビネ。伊豆七島の中には、ニオイエビネがある。

花が黄色であるから"キ"がつく。キエビネの地下に球根があり、これを偽球茎(ぎきゅうけい)という。この偽球茎が連なっているのだが、よく見ると、発芽したての頃には、球根が小さくて、成長するにつれてだんだん大きくなっていく。その球根の連なっている状態を、海老の背中に見立てて、"海老根(えびね)"という名前がついている。P48参照。

なお、エビネ[ジエビネともいう]のなかには黄色っぽい花を咲かせる品種があるが、それはキエビネとはいわない。キエビネとは花茎に多数つく花のすべてが黄色で、花中央下側の唇弁(しんべん)の先[真ん中の器官]がへこまず、距(きょ)[花の背後の尻尾状の突起]がごく短いものをいう。

▲各地の日当たりのいい道端に帰化している　左：葉の長さは1.5センチくらいで、円形または卵形

キキョウソウ
桔梗草

別名／ダンダンギキョウ（段々桔梗）

Specularia perfoliata
キキョウ科キキョウソウ属
1年草／花期5〜9月

キキョウの花より小さいが、少し似ているので、"キキョウソウ"と名付けた。

実は丸い

花後に実がつき3つの窓があく

▲キキョウソウの実　▲キキョウの実

▲花は段々に2〜3個つける。高さは30〜70センチ

花は紅紫色

葉は円形で柄なし

枝分かれしない

高さ30〜80センチ
道端や荒地に野生化

◀キキョウソウ

高さ5〜15センチ
山地の林内に自生

花は白色

葉は円形よく見ると互生

▲タニギキョウ

茎に小形の葉がつく

高さ5〜15センチ
高山の岩場に自生

花は青紫色

葉は長楕円形または楕円形

▲チシマギキョウ

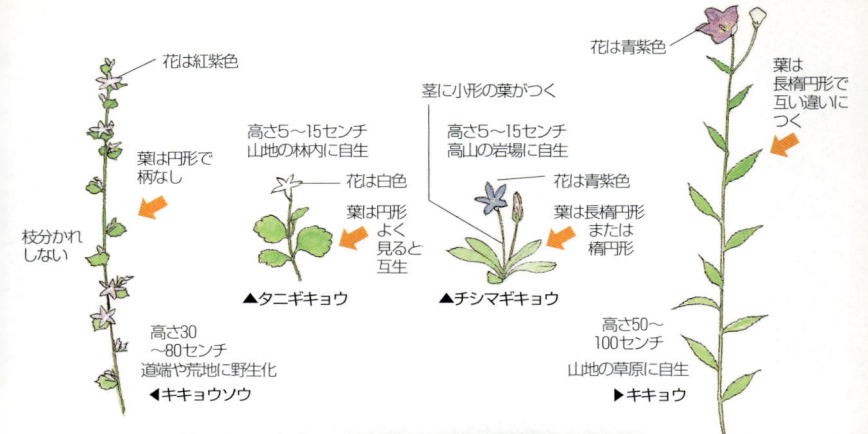

花は青紫色

葉は長楕円形で互い違いにつく

高さ50〜100センチ
山地の草原に自生

▶キキョウ

　キキョウソウは外国産の1年草で増えやすい。やがて、各地で野生化することが予測される草である。"キキョウ"の名前がつく通り、キキョウの花を小さくしたような花をつける。また、別名には"ダンダンギキョウ（段々桔梗）"と名付けられているように、茎の途中に花と葉を段々にいくつもつける。

　さて、"キキョウソウ"の名前だが、花が少しだけ似ていることで"キキョウ"の名前を借りてしまった草と思えるが、キキョウとの共通点は花の色のほかに見つからない。

　ところで、キキョウという言葉については、次のように思われる。

　中国名で"桔梗"と書く。これがもとになっていて、これを音読みをしたのである。初めは、"桔梗"というのを"キッコウ"と読んだ。その後、キッキョウ、キキャウ、それから"キキョウ"となったというのが、だいたいの説である。そのほかキキョウについては、"オカトトキ"という別名もある。"トトキ"というのは"シャジン（沙参）"を意味する。シャジンというのは、キキョウ科の美しい花を咲かせる仲間［イワシャジンなど］で、高麗人参の根と似ているから、この名前がついた。

▲キキョウ

▲タニギキョウ

▲チシマギキョウ

分布と自生地　キキョウソウは、北アメリカ原産の草。近年では、都市の市街地だとか、荒れ地、道端に、野生化している。

特徴　1年草なので、タネでどんどん増えている。茎が伸びて、高く立ち上がる。枝分かれしない。
花をよく見ると、キキョウよりも小さくて細みの花びらが見られる。葉はそれぞれ円形または卵形で、段々になってつく。葉のふちは浅い鋸歯がある。葉の上に抱かれるようにして、キキョウソウの青紫色の花がつく。
キキョウソウの花は、面白いことに、花が終わると、がくの中間に穴があく。3カ所の穴が窓のようにあき、そこからタネがこぼれる。これがキキョウソウのユニークな特徴である。高さは30〜80㌢。

仲間　特にキキョウソウに近い仲間はないが、キキョウと名前がつくものには、キキョウ、タニギキョウ、チシマギキョウ、イワギキョウなどがあり、関東から西の日当たりのいい草むらなどには高さ20〜40㌢のヒナギキョウが生える。

▲落葉樹林の下や林のふちで見られる　右下：花のない株の葉

キクザキイチゲ
菊咲一華
別名／キクザキイチリンソウ

Anemone pseudo-altaica
キンポウゲ科イチリンソウ属
多年草／花期2〜4月

キク科ではないのに、花の咲き方が"キク"のようで、しかも1つの花を咲かせるので"イチゲ"とついた。

がくが花弁状

▲茎に1輪の花がつく。花弁に見えるのはがく片。高さは15〜25センチ

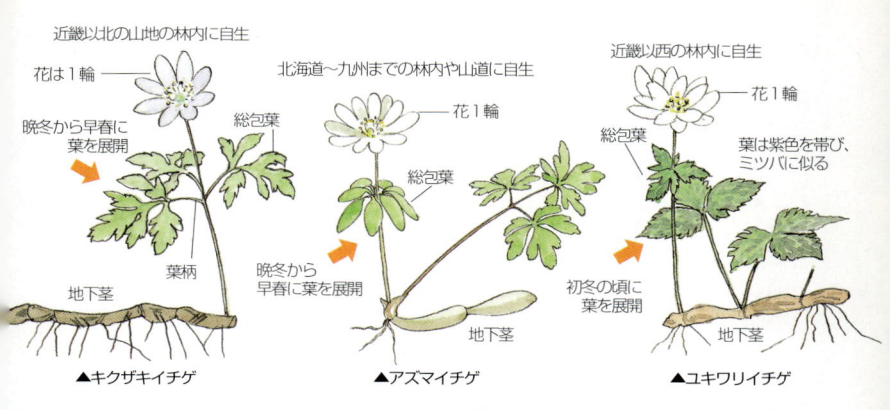

近畿以北の山地の林内に自生
花は1輪
晩冬から早春に葉を展開
総苞葉
葉柄
地下茎
▲キクザキイチゲ

北海道〜九州までの林内や山道に自生
花1輪
総苞葉
晩冬から早春に葉を展開
地下茎
▲アズマイチゲ

近畿以西の林内に自生
花1輪
総苞葉
葉は紫色を帯び、ミツバに似る
初冬の頃に葉を展開
地下茎
▲ユキワリイチゲ

　キクザキイチゲはキンポウゲ科だが、花びらがキクのような形で咲いている。そういう意味で"キクザキ"、花は1つつけるので"イチゲ"の名前がついた。

　ところで、キンポウゲ科とキク科の大きな違いは何か、ご存じだろうか。それは、花の後ろを見ると分かる。キンポウゲ科のキクザキイチゲは、がくに相当する緑色の部分がない。花びら状のものだけである。ところが、キク科の後ろ側には、がくに相当する緑色のものがある。これが、双方の大きな違いである。この緑色の部分を総苞（そうほう）といい、1つ1つが小さい葉のようなものが集まり、瓦のような状態で構成されている。一方、キンポウゲ科の仲間には、その総苞がないということになる。

　さらに、花びらを分解して見ると、キク科は、花びらの基部の方に、タネになる部分がついている。キンポウゲ科の場合は、それがなく、花びら状のものだけである。

　なお、キンポウゲ科のなかで、1つの花しか咲かせない"イチゲ"とつく花には、どのようなものがあるだろうか。列挙すると、ヒメイチゲ、アズマイチゲ、ユキワリイチゲ、ハクサンイチゲなどである。P24参照。

▲キクザキイチゲの青紫花

▲アズマイチゲ

▲ユキワリイチゲ

分布と自生地　近畿以北、北海道。特に、標高の高い涼しいところや雪の多い地方に自生している。多くは、落葉樹が生える斜面などに群生する。

特徴　花弁状になっているがくが10枚から12枚くらい、キクの花のように並ぶ。中には、多くの雄しべや雌しべがある。
花の下の方に、キクの葉の切れ込みをさらに深くしたような形の小葉が、3枚ずつセットになっている。それがさらに3組ある。
小葉のセットごとに茎とつながる葉柄（ようへい）がある。
その葉柄の基部をよく見ると、幅広くなっており、茎を抱くように見える。これがキクザキイチゲの特徴である。また、地下には太い根が横たわっている。

仲間　日本各地の林や山道に自生する、よく似ているアズマイチゲも花を1輪だけ咲かせる。葉が少し違っていて、総苞葉（そうほうよう）という葉が襟巻き状についている。
ユキワリイチゲは三つ葉で紫色と白い斑紋を混ぜたような葉である。これは西日本に多い。

キク

▲花期には10センチくらいになり、花を3つほどつける

キクバオウレン

菊葉黄蓮

別名／オウレン

Coptis japonica
キンポウゲ科オウレン属
多年草／花期2〜3月

▶上：花弁に見えるのはがく片 中：葉の形がキクの葉に似る 下：実は1センチくらい

葉が"菊"の葉に似ていて、根が黄色であることからキクバオウレンという。

▲根茎は胃腸薬に利用される

ほかのオウレンの仲間に比べると、葉に切れ込みが少なく、キクの葉に似ているので、"キクバ"という名前がついている。

この草は、"加久末久佐"の名前で、古い時代から呼ばれていた。しかし、平安時代の学者が中国の"オウレン"と同種と思い込み、"オウレン"と名付け、その名前が通ってしまったようである。日本にはない植物だったので、"キクバオウレン"と"オウレン"が同じ種かどうかを確認しなかったのだろう。ところで、"オウレン"は、中国名"黄連"と書く。

黄色い根が連なっていることからこの名前がついたと思うが、キクバオウレンも黄色い根はもっている。

分布と自生地 北海道の西南部、本州の日本海側に分布。針葉樹林の中に見られる。

特徴 外側の白い花びら状のものが、がく。その内側にある小さな白い花びらが本当の花弁。花粉をつけた多くの雄しべ、真ん中に緑、あるいは紫を帯びた突起物がある。これが雌しべ。この雌しべがないものを雄花といい、備えたものを両性花。

仲間 バイカオウレン、セリバオウレンなど。オウレンの名前の項P54参照。

キク

▲上：花　下：ギシギシの葉

▲野やあぜ道でよく見かける。高さは40〜100センチ。葉の基部はハート形

◀スイバの葉　基部は矢じり形で、見分けのポイント

ギシギシ
羊蹄

Rumex japonicus
タデ科ギシギシ属
多年草／花期5〜8月

分布と自生地　日本各地の市街地の道端や農村のあぜ道など。

特徴　緑色の小さな花が多くつく。花びらが外側に3枚、内側に3枚、雄しべが6つ、雌しべが1つ。花が終わると雌しべが成長し、牛の舌を小さくしたように見える。上の方の葉は、葉柄（ようへい）がない。下の方の葉には葉柄がある。葉柄のついた下の方の葉は、ハート形。

仲間　ナガバギシギシ、アレチギシギシ、エゾノギシギシなど。

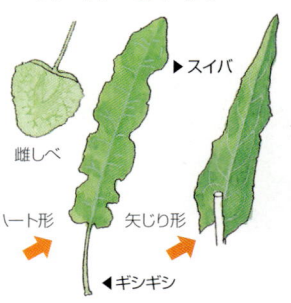

　名前の由来については、はっきりしたことが分からない。最も有力な第1番目の由来説は、京都辺りの方言という説。江戸時代の書物『物類称呼（ぶつるいしょうこ）』や『綱目啓蒙（こうもくけいもう）』などでは、"ギシギシ"は牛の舌を指す関西・京都辺りの方言だといっている。言葉尻のニュアンスが今ひとつ分かりにくいが、この草の花後の雌しべが牛の舌に似ていることから"ギュウジタ（牛の舌）"といい、その言葉が転化して"ギシギシ"になったと考えると、その説はうなずける。

　2番目の説は、茎の上部に、たくさん花がつく。すき間がないほどぎっしり花がつくことから、"ギシギシ"となったのではないかとの説だが、これは少し無理があるように思える。

雌しべは、花後に小さな牛の舌に似てくる。関西・京都辺りの方言で"牛の舌"を"ギシギシ"という。

雌しべ　　▶スイバ

ハート形　　矢じり形

◀ギシギシ

▲山野の日当たりのいいところで見かける　右：葉は先端が大きく、小葉が5～9枚

▲放射状の葉［花後］

▲エチゴキジムシロ
小葉が5枚

キジムシロ
雉蓆、雉筵

Potentilla fragarioides var. major
バラ科キジムシロ属
多年草／花期5月

キジムシロは花後に葉が大きく展開する。"雉"が休めるような広さになる。それでキジムシロの名がある。

雉

花後に葉が大きく展開する

　この草は、花が終わると葉が大きく伸び、花が咲いている時と比べて、考えられないような大きな葉が放射状に広がる。広がった草姿を見ると、"ムシロ"を敷いたような、まさに"雉の休むところ"に見える。ということから"キジ""ムシロ"の名前がついている。

　キジ科の"雉"は1年中日本にいる留鳥。農村や山村の近くに現われ、平地、丘、低い山の林や草むらの中などで見かける。その雉がムシロとして使うだろうと想像して名前をつけたところが面白い。

　"ムシロ"というのは寝そべったり休んだりするための、藁でできた敷物のことをいう。

　なお、変種のエチゴキジムシロも花後に大きく葉が展開する。エチゴキジムシロも草姿から"雉のムシロ"といえる。

分布と自生地　北海道から南西諸島まで分布。山、丘、山村などの道端、草むらに自生。

特徴　花は黄色、花びらは5枚、がくも5枚、雄しべ、雌しべは多数ある。花茎は10～20㌢。

茎は根元から何本か伸び、途中で枝分かれして、花が咲く。

葉は根元から伸び楕円形。大小が集まり小葉は5～9枚編成。先端に3つ大きな小葉がつく。花後は、葉が新しく展開し、大きくなり、見違えるような草姿になる。

仲間　新潟から青森までの日本海側山地に自生するエチゴキジムシロは、キジムシロとよく似ているが、小葉は5枚編成。

キジ

▲ヨーロッパ原産で、水辺に野生化しているものを見かける。高さは50～110センチ

キショウブ
黄菖蒲

Iris pseudacorus
アヤメ科アヤメ属
多年草／花期5～6月

花が黄色で"キ"の言葉がつき、"ショウブ"は平安時代の神事に使われた"アヤメ"から由来する。

▲葉はショウブに似て、黄色い花が咲くキショウブ

分布と自生地 ヨーロッパ原産。栽培されていたものが湿地、小川、池に放置され、野生化して増えた。

特徴 花は黄色。外側に大きな花びらの外花被（がいかひ）が目立つ。中央に模様があり、花の中心部に小さい笹の葉形の花びらの内花被（ないかひ）が3枚あり、これが本当の花びら。

外花被に重なるように見える3枚の花びらは、雌しべの花柱が3つに分かれたもの。そのすぐ下側には雄しべがある。花柱の先の分岐しているところに、濡れたような感じの雌しべがある。

葉は線形の長い葉で、幅広い。

仲間 アヤメ、ノハナショウブ、ハナショウブ、カキツバタ、ヒオウギアヤメなど。

黄色いアヤメに似た花が咲くので"キ"がつく。"ショウブ"の名前は、平安時代の神事にアヤメ（菖蒲）が使われていたことに由来する。

当時、サトイモ科の"ショウブ"を"アヤメ"といい、儀式に使われていた。その後、アヤメ科のハナアヤメが登場する。そして、ハナアヤメが"アヤメ"の名前になり、サトイモ科のアヤメ（菖蒲）は漢字を音読みにして"ショウブ"になった。ところが、"ショウブ"と"アヤメ"の和名が分かれたものの、"菖蒲"の漢字はそれぞれに残ってしまった。

ショウブの特徴は、葉の中央に縦に隆起した筋があることだが、アヤメ科のノハナショウブとハナショウブ、キショウブなどにもその特徴がある。ということは、ショウブの名前がつく植物の共通点は、この隆起した筋があることといえる。

▲日当たりのいい草地や明るい落葉樹林で見かける。高さは10〜20センチ

▲茎に1輪の鮮やかな黄色い花をつける

▶キバナノコマノツメ 高山の湿った草原に自生し、葉は丸い

キスミレ
黄菫
別名／イチゲキスミレ

Viola orientalis
スミレ科スミレ属
多年草／花期3〜4月

黄花なので"キ"スミレ。高山ではなく、低山や丘に咲く黄花種はこれだけ。

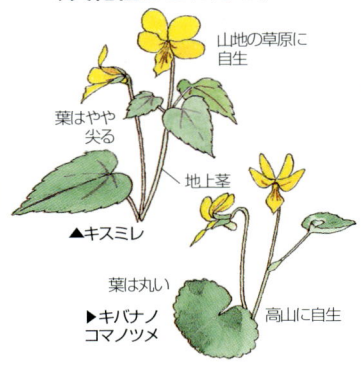

山地の草原に自生
葉はやや尖る
地上茎
▲キスミレ
葉は丸い
▶キバナノコマノツメ
高山に自生

スミレのうち黄花を咲かせるタイプはいくつかあるが、キスミレだけは、低山で咲く。ほかは、標高の高い場所に自生する。スミレという言葉の由来についていろいろな学説がある。以前は大工が材木に線をつける時に使う墨入れ壺の一部が、スミレの花の後ろにある尻尾［距］に似ていることから、これが名前の由来といわれていた。しかし、墨入れ壺が使われたのは、江戸時代くらいではないかという説が登場し、この説は、いったんしぼんでしまった。が、本書の執筆のための調べの中で、正倉院の御物に墨入れ壺があることが判明し、それならば、由来は本来あった"墨入れ壺"説に戻してもよいのではと思われる。

(分布と自生地) 北限は静岡、山梨。西日本の限られた地に自生している。九州の中部が南限と思われる。日当たりのいい草むら、山道沿いで見かける。

(特徴) 花は黄色。花弁は5枚。上側に2枚［上弁］、横に2枚［側弁］、一番下に赤黒い筋が入った唇弁(しんべん)がある。花を横から見ると後ろに距(きょ)があり、その中に蜜を分泌している。
茎につく葉は3枚が多い。

(仲間) キバナノコマノツメなど。

キツネアザミ

狐薊

Hemistepta lyrata
キク科キツネアザミ属
越年草／花期5〜6月

アザミに見えたが、アザミではなく、化かされた気分なので"キツネ"がつく。

▲花はアザミに似ているが、茎に刺はない

分布と自生地 本州、四国、九州の各地に広く分布している。特に休耕田やあぜ道、山里の道端などに群生することがある。

特徴 花はアザミによく似ている。葉は茎の途中に出ているが、細かく羽状に切り込んでいる。葉や茎に刺がなく、それが互い違いに出ている。高さは数十㌢から1㍍くらいになる。

仲間 同属はなし。

▲畑や田んぼのふちで見かける

"キツネ"という言葉は、化かす、化かされた、という意味で使う場合と、人間よりも小さいなどと、大きさを表わす場合がある。さて、キツネアザミは、遠くからはアザミのように見えるが、近づくと刺がなくアザミではないことが分かる。化かされる、という意味でつけられている。

▲葉には刺がなく、柔らかい。アザミには刺があり、葉もかたい

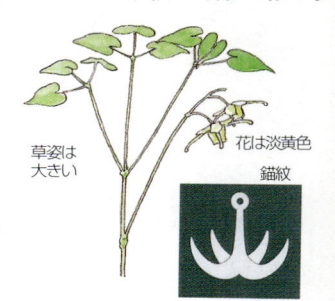

分布と自生地 近畿以北の日本海側と北海道に分布し、林の中に自生する。

特徴 花弁は十字状になっている。花弁先は鋭く棒状に尖る。これを距(きょ)という。距の中に蜜が分泌され、昆虫たちは花の中央からくちばしを突っ込み、距の中の蜜を吸うことができる。
花の後ろ側を見ると、がくが4枚ついている。距のついている花びらとがくが、同じ色であることがこの種の特徴。茎は針金状で細い。葉は3枚ずつ3つに分かれる。葉はハート形。葉のへりに毛が見える。

仲間 イカリソウは太平洋側に多く、紅紫色の花が咲く。日本海側のトキワイカリソウは淡紅紫色を帯びた白花。バイカイカリソウは花に距がない。

▲日本海側の山地に多い。高さは30〜60センチ

花は黄色ではなく、淡黄色であるが"キバナ"とついた。
"イカリソウ"の名前は、花形が昔の船の錨と同様に4つに尖った十字状になっていることからついた。また、錨形の家紋である錨紋のなかの"イカリソウ"［錨が1つの紋］の花にそっくりである。

キバナイカリソウ

黄花碇草、黄花錨草

Epimedium koreanum
メギ科イカリソウ属
多年草／花期4〜5月

花は黄色ではなく、淡黄色。花の形は十字状で、角のような距(きょ)がある。この形が船の"錨(いかり)"や家紋の"錨"に似る。

草姿は大きい　　花は淡黄色

錨紋

キバナチゴユリ
黄花稚児百合

Disporum lutescens
ユリ科チゴユリ属
多年草／花期4～5月

ヤマユリの仲間でチゴユリに似る。しかも、花色が黄色なので"キバナ"がつく。

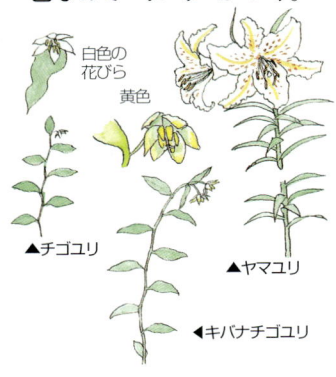

▲高さは10～30センチくらい

黄色い花が咲くチゴユリである。ヤマユリやササユリに比べると、草姿も花も小さいので、乳飲み子、幼児を意味する"チゴ（稚児）"がついた。次に葉を見ると、葉幅が広いながら、ユリの草姿に似ている。それで"ユリ"という名前がつけられたのであろうと思われる。

▲花びらはユリと同じ6枚ある

分布と自生地 紀伊半島、九州に分布する。限られた山地の林の中。

特徴 花は黄色で下向きに咲く。花びらは内側に3枚、外側に3枚の計6枚。花の中に雄しべが6本、雌しべが1本ある。葉は楕円形で、先が尖り、茎に互い違い［互生（ごせい）］につく。茎は途中から枝分かれすることがある。

仲間 チゴユリ、オオチゴユリなど。

キバナノアマナ
黄花の甘菜

Gagea lutea
ユリ科キバナノアマナ属
多年草／花期2～4月

属は違うが"アマナ"によく似ており、黄花種なので"キバナノアマナ"。

▲茎から伸びた3～10本の花茎の先に花をつけ、花びらの外側はやや緑色

▲日の当たる林のふちに自生。高さ15センチ

全体の草姿はアマナに似ており、黄色い花を咲かせることから、"キバナノアマナ"とついた。キバナノアマナは、茎の上方で花柄（かへい）を何本か出す。花柄の長さは不揃いで、その先に1つずつの花を咲かせる。アマナは、茎の先に1つしか花をつけない。そこが属の違いになっている。

分布と自生地 中部以北、北海道に分布する。寒い地方に多い。日が当たる草むらや土手などに自生する。

特徴 日が当たると花びらが開く。内側に3枚、外側に3枚。日が陰ると閉じる。花は1株で2～10個くらいつく。よく見ると花柄（かへい）の長さはまちまち。その下に小さな葉があり、これが包（ほう）である。その下に細長い葉があり、さらにその下に、長いランの葉のようなものが1枚伸びている。

仲間 同じ属のものはヒメアマナがある。黄色い花を咲かせ、全体に小形。北海道、本州、九州に分布するが、限られた場所にあり、非常に珍しい植物。別属にはアマナ、ヒロハノアマナなどがある。

▲大形の葉と白い花が目立ち、林内で見かける。高さは30〜50センチ

分布と自生地 岡山、四国、九州、中部地方の限られた地域にわずかに分布し、いずれも林の中に自生する。

特徴 伸びた茎の、上の方に葉が2枚ずつ向かい合って、同じ個所から出ているように見える。

葉は楕円形で、その上に1本の花穂が出る。花穂をよく見ると白い糸状のブラシのようなものが見える。これは雄しべで、その雄しべが3本ずつセットになって出ている。

なお、雄しべはヒトリシズカよりも約2倍の長さがある。

糸状の雄しべの基部には、花粉[葯(やく)のこと]がついていて、花粉の脇には小さな球状の雌しべがある。実は淡緑色。

仲間 ヒトリシズカ、フタリシズカなど。

"キビ"という言葉は、吉備の国、現在の岡山県を指す。岡山県で最初に発見されたということで、"キビ"という名前がついた。ヒトリシズカとよく似ているが、いくつかの点で差異がある。キビヒトリシズカの花弁状の雄しべは、長さが1㌢ほどで、ヒトリシズカの約2倍である。そして3本セットの雄しべの基部には、すべてに花粉[葯]がついている。ヒトリシズカには、真ん中の雄しべに花粉がない。葉の表面は、キビヒトリシズカには光沢がないが、ヒトリシズカの葉には光沢がある。ヒトリシズカの由来はP274参照。

キビヒトリシズカ
吉備一人静

Chloranthus fortunei
センリョウ科チャラン属
多年草／花期4月

吉備で発見されたヒトリシズカとよく似た種。雄しべがヒトリシズカの倍の長さ。

▲左：ヒトリシズカ　右：キビヒトリシズカ

▲花の中心に黄色い輪がある

▲高さ20〜30センチ。野原や道端などで見かける

キュウリグサ
胡瓜草

別名／タビラコ

Trigonotis peduncularis
ムラサキ科キュウリグサ属
越年草／花期 3〜5月

野菜のキュウリと同じ仲間ではないが、葉を揉むと、キュウリに似た匂いがする。

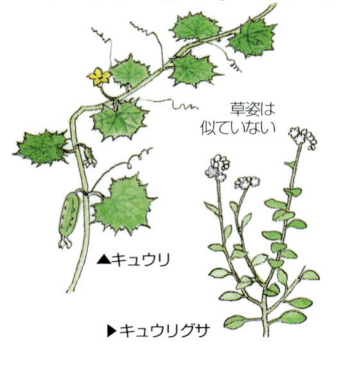

草姿は似ていない

▲キュウリ

▶キュウリグサ

"キュウリ"は食べる野菜のキュウリのことである。キュウリグサの葉を揉んでかいでみると、キュウリの香りがすることから、この名前がついた。キュウリグサは、天保4年(1833)に出された『備荒草木図』の中で、「キュウリグサは食べられる」と掲載されている。また、キュウリグサの古い名前に、"キュウリ菜""カワラケ菜"と"菜"がついていることからも、食べられることが分かる。

"タビラコ"という別名もついている。これは田んぼに生える平らな草という意味。キュウリグサは芽出しの前は、葉が放射状に広がって田の地べたに伏せる[これをロゼット状という]ように生えていることがあるので、"タビラコ"の名前がついたと思う。春の七草のコオニタビラコも同じようにして名付けられたのだろう。

分布と自生地 日本各地に分布し、畑のあぜ道や都市の道端、荒地、農村の空き地、山道沿いなどで、広く見かける。

特徴 葉柄のある楕円形の葉は地際で放射状に広がっている。
茎は途中で枝分かれし、茎の上部は巻いている。
葉は茎に互い違い[互生（ごせい）]につく。
花は巻いていた茎がほどけながら茎の下の方から咲いていく。
花は丸い花弁が5つに見えるが、基部はくっついている。その後ろに、がくがある。
花はワスレナグサに似ている。大きさはワスレナグサの花の4分の1くらい。
花が終わった後、がくは残り、がくの中に4つの実がつく。がくの尖った裂片は5つある。がくは背後が1つにつながっている。
夏期に茎が立つと高さ20〜30ゼンチに達し、早春の草姿から見違えるほどの大きさになる。

仲間 同じ属のものはないが、ハナイバナというのがよく似ている。葉のところに必ず花がつくようになっていて、花の中心に白い輪が見える。

▲葉の長さは数センチ

キランソウ

金瘡小草

別名／ジゴクノカマノフタ

Ajuga decumbens
シソ科キランソウ属
多年草／花期3〜5月

唇弁(しんべん)はランの花を思わせる。花が紫色なので紫蘭草(しらんそう)。これがなまって"キランソウ"。

分布と自生地 本州、四国、九州に分布。山里の近くの道端、石垣、丘の土手など、日当たりのいい場所に自生。

特徴 地際に放射状にヘラ形の葉を展開し、そこから茎を伸ばす。早春のうちは、株の中心部で花を開く。紫色の唇形、下の唇が発達し、3つに分かれている。花の基部は1つにまとまっている。花の基部にあるがくも1つにつながっていて、毛が生えている。

茎は横に長さ30㌢ほどに伸びる。暖かくなるにつれて、茎が伸びて、四方に広がり、途中で葉が出て根を生やし、花を咲かせる。

仲間 九州南部から南西諸島の海岸、道端に生える小形のヒメキランソウがある。つる状に株をつくる。

キランソウの"キ"は金、"ラン"は瘡、小草と書いて"ソウ"と書く。これは漢名。この草は花の下側の唇がランの唇弁(しんべん)のように発達している。花色は紫である。それでまず"紫蘭草(しらんそう)"と名付けられたのではないかと考える。"シランソウ"がなまって"キランソウ"に変化し、そして中国名の"金瘡小草"という漢字を当てたと思う。キランソウの別名は"地獄の釜の蓋(ふた)"という。咳、解熱などに、薬効があり、病魔に冒され地獄へ行くはずだった人が、キランソウを煎じて飲むと、病気が治まり、地獄の釜の蓋が閉まって、死ななくなる、という意味でつけられた。

▲茎は地を這って伸び、葉も放射状に広がる

キリシマエビネ
霧島蝦根、霧島海老根

Calanthe aristulifera
ラン科エビネ属
多年草／花期4〜5月

この草の発見が霧島山系であったのだろう。地下の球根(えび)が"海老"の背中に似るので、"エビネ"の名前がある。

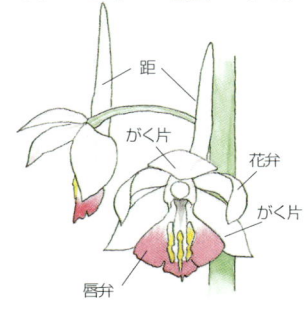

▲暖地の樹林内に自生。高さ40〜50センチ

発見されたのが、霧島の山岳地帯のどこかだと考えられる。"エビネ"の由来は、偽球茎という球根がエビの背中に見えることから名付けられた。純粋のキリシマエビネは、正面下側の唇弁(しんべん)の切れ込みが深くなく、3つにまとまっていること。横から見た場合、距(きょ)がまっすぐに立ち上がっていることの2点が特徴である。

▲葉は細くて、1つの偽球茎から2〜3枚出る

分布と自生地 紀伊半島、四国、九州、本州西部に分布し、常緑樹林内に自生する。

特徴 春に葉を展開し、葉と葉の間から花茎を伸ばす。花茎には花が穂状に多数つく。花びらは5枚。下側に一番目立つ唇弁(しんべん)がつく。距(きょ)が尻尾のように立つ。葉は細長いヘラ形で、光沢がある。

仲間 キエビネ、エビネ、サルメンエビネ。

キンラン
金蘭

Cephalanthera falcata
ラン科キンラン属
多年草／花期4〜6月

花色が鮮やかな黄色い蘭である。雑木林の中で、金色に輝いて見えた。それで"キンラン"という。

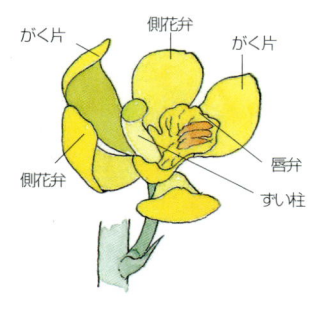

▲山野の林内に自生。高さ40〜70センチ

花を見ると由来が分かる草である。花の色は金色。そして蘭だから、キンランとなった。キンランに対してギンランもある。白い花を咲かせる小ぶりの蘭で、さらにこの仲間にササバギンランがある。ギンランより少し大きく、葉は笹の葉に似る。いずれも、派手な花ではない。

▲花は直径1.5センチくらいで、3〜10個つける

分布と自生地 本州、四国、九州の低山、丘、野原の雑木林に自生。

特徴 花は花茎の上部に、下方から咲き上がる。花びらは5枚。外側の3枚はがく片。内側の2枚が側花弁(そくかべん)。下側にある複雑な形のものが唇弁(しんべん)。葉は楕円形で、互い違いに4〜5枚つく。

仲間 ギンラン、ササバギンラン。

▲落ち葉がたまる湿ったうす暗い山地で見かける

◀高さは8〜20センチで、別名ユウレイタケ

ギンリョウソウ

銀竜草

別名／ユウレイタケ

Monotropastrum humile
イチヤクソウ科ギンリョウソウ属
腐生植物／花期4〜8月

銀の竜の草と書く。草をよく見ると竜の顔や胴体に似ている。白色なので、"銀の竜"。この草には、別名がいろいろあり、その1つが"ユウレイ茸"。緑の葉がないので、キノコに見えたのだろう。白っぽいユウレイのように現われていると思えたのかもしれない。それで、"ユウレイ茸"と名付けられた。これはわりあい適確な名付け方だと思う。漢名[中国名]は"水晶蘭"。水晶のようにガラスっぽいということなのか。ギンリョウソウは、江戸後期の『綱目啓蒙』に掲載されており、この時代に、すでに知られていたことが分かる。

草姿を見ると、白色の竜に見える。白色は銀色に通じるので、"銀竜草"と名付けられた。

分布と自生地 日本各地に分布。林や森の中の腐葉土のある限られたところに自生。

特徴 緑の葉はなく、花は茎の頂部に1つだけつく。5つに裂けた花びらがあるが、白い色なので分かりにくい。

仲間 ギンリョウソウの花の中心部は青味を帯びるが、別属のギンリョウソウモドキは黄褐色である。全体が黄褐色のシャクジョウソウは1つの株に何個かの花をつける。

全体が白色

竜

▲ギンリョウソウ

クサイチゴ
草苺

Rubus hirsutus
バラ科キイチゴ属
落葉低木／花期4〜5月

キイチゴの仲間であるが、茎が草のように這うことから"クサ"の名前がある。実はキイチゴと同じ。

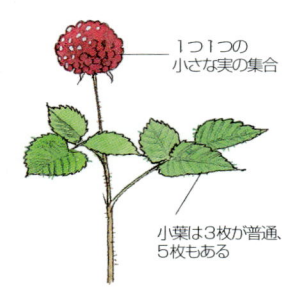

- 1つ1つの小さな実の集合
- 小葉は3枚が普通、5枚もある

▲山野で見かける落葉低木。高さ数十センチ

▲花後、ここに赤い実ができる

実際は落葉低木だが、草っぽいので"クサ"とつく。市販のオランダイチゴとクサイチゴの実との違いは、前者は花後に、花托(かたく)がどんどん大きくなり水分を含み、甘みを帯びるが、キイチゴやクサイチゴは、花托があまり発達せず、子房が水分を含み、実となり集合する。P25参照。

分布と自生地 本州、四国、九州に分布。林のへり、草むらに自生。
特徴 高さは数十センチ。葉は普通3枚セットだが、従長枝は小葉が5枚編成の時もある。全体的に毛深く、所々に刺がある。白色の5弁花で、雄しべと雌しべが多数ある。赤い実ができる。
仲間 バライチゴ、ヒメバライチゴ、オオバライチゴ、モミジイチゴなど。

クサソテツ
草蘇鉄
別名／コゴミ

Matteuccia struthiopteris
オシダ科クサソテツ属
シダの仲間

ソテツの葉と、葉の構造が少し似ている。それだけでこの名前がついた。

▲"コゴミ"は"かがむ"という意味で、別名は芽出しの草姿からついた

▲山地の草地や川岸など。高さ50〜120センチ

右：芽吹き後の葉

ソテツはソテツ科の常緑の木で、葉は中軸から細い線形の小葉が多数出ている。この状態とクサソテツの葉が同じように見えることから、"ソテツ"の名前がついている。別名の"コゴミ"は、芽がうずくまってこごんでいるように見え、その姿から"コゴミ"という名前がついた。

分布と自生地 北海道、本州に分布。山地の草むら、丘の斜面に。
特徴 小さな葉が中軸に対して左右に羽状につく。小葉のへりがさらに切り込んでいる。基部と先端は、小葉［羽片］が短いが、真ん中は長い。
仲間 イヌガンソク

▲山地の草地、やや乾いた林内で見かける。高さ30〜60センチ

◀花はミカン科のタチバナに似ている。葉は対生につく

クサタチバナ

草橘

Cynanchum ascyrifolium
ガガイモ科カモメヅル属
多年草／花期5〜7月

タチバナというミカン科の木は、白い花を咲かせる。クサタチバナも白い花を咲かせることから、"タチバナ"という名前が使われている。ミカン科の木に対して、こちらはガガイモ科の草なので、"クサ"がついた。また、この草は、秋に長さ6㌢ほどのまっすぐな棒状の実がつく。その中には絹糸のような白い毛のついたタネが多数入っている。この先の尖った実を見ると、"草太刀花（くさたちばな）"という漢字も当てられるのではないか。太刀の材料にビワの木を使うのに対して、こちらは木ではなく、草だから草太刀。クサタチバナの実が、太刀にも見えないこともないので、そのように文字を当ててもいいのではと思う。

分布と自生地 関東から西、四国までの山地の森の中に自生する。
特徴 茎の上部で枝分かれして、いくつかの花がつく。花は5枚の花びらに見えるが、基部はつながり、真ん中に突起物がある。これをずい柱という。雄しべと雌しべは密着し、その周りに副花冠（ふくかかん）という白い固まりが5つある。葉は楕円形で、何段かにわたって互いに向かい合わせににつく。
仲間 暗紫色の花が咲くフナバラソウ。

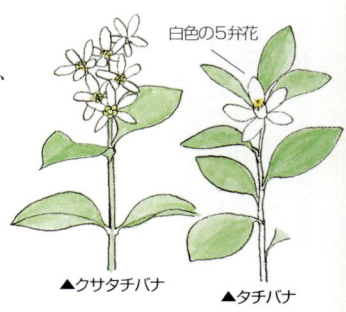

花が白くて5枚の花びらに見えるという共通点だけで、ミカン科のタチバナの名前がついている。

白色の5弁花

▲クサタチバナ　▲タチバナ

クサ

▲林のふちなどで見かける落葉低木。高さ30〜80センチくらい。花色は朱赤色

クサボケ
草木瓜

別名／シドミ

Chaenomeles japonica
バラ科ボケ属
落葉低木／花期2〜4月

▶名前の由来になったボケの花で、花色は濃紅色や朱赤色など変化がある

中国から渡来の"ボケ"に似た花を咲かせ、低木だが草のように横へ広がる。それで"クサボケ"。

▲赤く丸いのはクサボケの蕾。実になると果実酒に利用される

落葉低木だが、高さが低く、姿は草のように見える。"ボケ"は中国から入ってきた花木である。クサボケに比べると、樹幹が立ち上がり、花色は、赤、橙、白、ピンクなどと多く、派手で多彩な花を咲かせる。

一方、クサボケは、淡い橙色の花で、素朴な感じがするが、中国渡来のボケに似た花が咲くので、"ボケ"の名前がつき、草のように横に広がるので、"クサ"がついた。

クサボケは江戸時代から書物にとり上げられ、いくつかの名前がついている。"樝子"という中国名や地面近くに比較的大きな実がなるので、"地梨"の別名もある。

分布と自生地 関東以西、九州に分布。丘、低山、山里の道端、斜面、土手に自生。

特徴 花は5弁、中心に多数の雄しべと雌しべがある。後ろに5枚のがくがある。がくの中心部に子房があり、花後に子房がふくらみ、直径3㌢ほどの丸い実が成る。実は薬用に利用される。

仲間 ボケ。

▲山地に生える。観葉植物のアジアンタムはこの仲間。高さ30〜60センチ

分布と自生地 北海道から本州、四国に分布し、低い山、山地、丘の雑木林の下、森のへりに自生する。

特徴 クジャクが羽を広げたような葉姿になる。羽に相当する葉の羽片は、長方形で先端側だけが3〜5つ切れ込んでいる。羽片は同じ向きで並ぶ。

仲間 ハコネシダ。

草姿全体に"孔雀"が羽根を広げたようなイメージがある。それで"クジャクシダ"という名前がついた。

この草は、細い針金のような黒っぽい、暗紫色の茎が伸び、上の方で2つに分かれる。さらに左右に分かれ、1つの茎から扇状に羽根のような状態で葉が広がる。

そして全体の形がクジャクが羽根を広げたように見える。

クジャクシダ
孔雀羊歯

Adiantum pedatum
ワラビ科ホウライシダ属
シダの仲間

葉の展開した姿が、"孔雀"が羽根を広げたように見えるので、この名前がついたシダ。よく草姿を反映させた名前だと思う。

クジャクシダ

孔雀の雄

分布と自生地 ヨーロッパ原産。近年日本で増えつつある。市街地の空き地や道端で見かけることがある。

特徴 花が固まってくす玉状につくこと。葉は楕円形で、つき方はシロツメクサに似る。草姿はシロツメクサより小さい。花は20個から50個が固まってつき、花びらにはしわが寄る。
葉は楕円形の小葉が3枚セットでつく。
茎は枝分かれしながら横へと伸びる。枝分かれした枝に葉がつき、花が咲く。ほかの草がなければ、地面を覆うように広がっていく。
なお、咲き終わった花殻は実をつつんだままの姿になる。

仲間 コメツブツメクサ、シロツメクサ、アカツメクサなどがある。P6参照。

▲コメツブツメクサに似る。高さ10〜20センチ

蝶形の小さな黄花が、多数重なり合って1つの柄の先に咲く。その形が、運動会の"くす玉"に似ていることから、"クスダマ"という名前がついた。"ツメクサ"の名前は、江戸時代、ヨーロッパなどから、ガラス製品を輸出する際に、破損を防ぐ詰め物として、ツメクサが入れてあったことからついた。

クスダマツメクサ
薬玉詰草

Trifolium campestre
マメ科シャジクソウ属
1年草／花期5〜8月

小さな花の集団をよく見ると、運動会の"くす玉"のような形に見える。小さくてもシロツメクサの仲間。

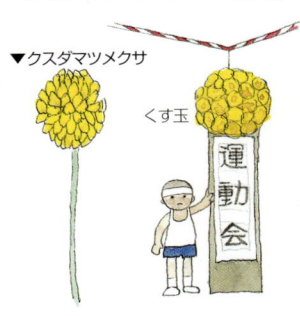

▼クスダマツメクサ

くす玉

運動会

▲山野の樹林に生える。高さ20〜40センチ。アツモリソウの仲間で扇状の葉が特徴

クマガイソウ

熊谷草

別名／布袋草

Cypripedium japonicum
ラン科アツモリソウ属
多年草／花期4〜5月

クマガイソウの丸い唇弁(しんべん)を、源氏の武将・熊谷直実(くまがいなおざね)の背負っていた"母衣(ほろ)"に見立てた。母衣は流れ矢を防ぐ。

流れ矢を防ぐ武具の母衣

熊谷直実

▲ふくらんだ部分は唇弁。下向きのがく片の先端は分岐

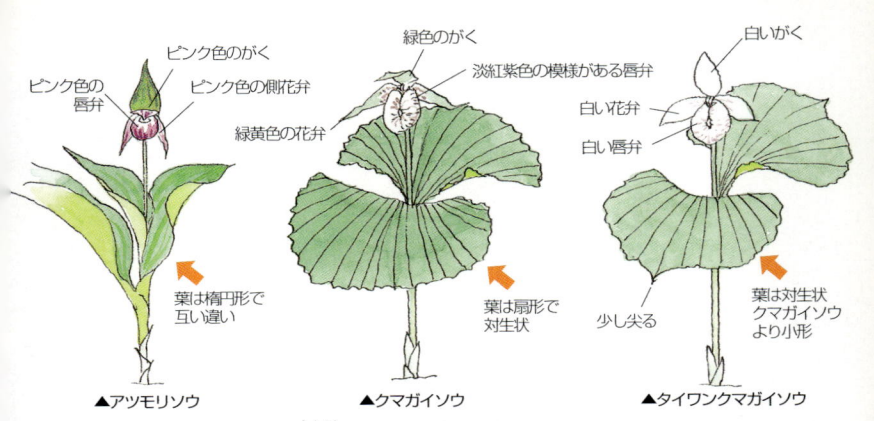

図ラベル（アツモリソウ）:
- ピンク色の唇弁
- ピンク色のがく
- ピンク色の側花弁
- 緑黄色の花弁
- 葉は楕円形で互い違い

▲アツモリソウ

図ラベル（クマガイソウ）:
- 緑色のがく
- 淡紅紫色の模様がある唇弁
- 葉は扇形で対生状

▲クマガイソウ

図ラベル（タイワンクマガイソウ）:
- 白いがく
- 白い花弁
- 白い唇弁
- 少し尖る
- 葉は対生状クマガイソウより小形

▲タイワンクマガイソウ

　クマガイソウには花の中心に唇弁（しんべん）と呼ばれる丸い球状の器官がある。

　その唇弁を、源平時代の源氏の武将熊谷二郎直実（くまがいなおざね）が背負っていた"母衣（ほろ）"に見立てて、この名前がついた。

　母衣とは、竹製の籠（かご）の上から丈夫な布を被せ、それに紐をつけて、身体の肩と腰にしっかり留める防具のことだ。この母衣によって後方からの流れ矢を防ぐことができた、と伝えられている。

　さらに、この時代は武将同士の一騎打ちが多く行なわれていたが、母衣を背負うことにより、身体を大きく見せ、相手を威嚇することや、相手をひるませるという目的も果たせたのだと思う。

　熊谷直実は、一の谷の合戦で、平敦盛（たいらのあつもり）と一騎打ちをし、敦盛を討ち取った。敦盛の顔を見て、あまりにも幼い少年であったことに衝撃を受け、熊谷直実は僧籍に入る。武士を捨てた直実は、蓮生（れんしょう）と名前を改めた。

　蓮生は、かつての戦場に立ち、敦盛の菩提を弔う。その時、武者姿の亡霊が現われる。直実によって若冠16歳で討ち取られた平敦盛であった。仇を討とうとする敦盛の前には、一心に読経する蓮生の姿があった。草の名前に歴史がうかがえる。

▲アツモリソウ

▲タイワンクマガイソウ

分布と自生地　北海道から九州まで分布し、雑木林、常緑樹林の中、竹林に群生する。

特徴　花を正面から見ると、花びらは4枚ある。上に1枚の花びらがあり、これはがく片。左右にあるのが側花弁（そくかべん）で、2枚ある。下側にも1枚の花びら状のがく片がある。上下のがく片は1枚ずつだが、下のがく片をよく見ると中央先端に切れ込みがあって、2枚が合着して1枚になったことが分かる。
花の中心にあるのが球形の唇弁（しんべん）。この唇弁の上に穴があり、雄しべ、雌しべが入っている。
正面の唇弁中央のすき間から虫蜂などの昆虫が入り、花粉を雌しべにつけて、受粉を助けている。
葉は扇形で、2枚向かい合わせにつく。

仲間　クマガイソウより小形で、高さが20〜30㌢のタイワンクマガイソウ、花がピンク色のアツモリソウ。唇弁が横へ張り出すホテイアツモリソウ。唇弁が茶と黄色で、食虫植物に似たキバナノアツモリソウ。

▲花は下から上へ順に咲いていき、花茎を徐々に伸ばしていく。サクラソウの仲間

クリンソウ

九輪草

別名／七階草

Primula japonica
サクラソウ科サクラソウ属
多年草／花期5〜7月

▶高さは40〜80センチ。葉の長さは20〜40センチほどのへら形

段咲きする姿を仏塔の屋根にある"九輪"に見立てて"クリンソウ"。九輪は塔の装飾で"相輪(そうりん)"の主要部分。

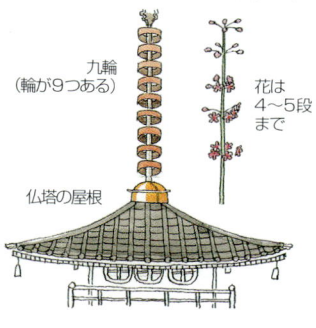

九輪
(輪が9つある)

花は4〜5段まで

仏塔の屋根

　一茶の句だったと思うが、「九輪草　四五輪草で　しまひけり」というのがある。この四五輪は4段か5段の段咲きのことである。九輪は、五重塔や三重塔など、仏塔の屋根の上についている輪のことをいっている。クリンソウの段咲きを"九輪"に見立てて、"クリンソウ"の名前がついた。

　この名前は、『三才図会(さんさいずえ)』『薬品手引草(やくひんてびきそう)』『物品識名(ぶっぴんしきめい)』など、江戸時代の本に出ていることから、この時代にはすでに知られていたことが分かる。実際の花は4〜5輪咲きだが、大袈裟に"九輪"と名前をつけても、当時の人たちに異論はなかったのだろう。

　なお、日光の九輪沢で発見されたので、"クリンソウ"という説もある。

分布と自生地　北海道、本州、四国に分布。山地や深山の湿地、沢沿いに自生している。日当たり、日陰のどちらにも見られる。

特徴　サクラソウと同じく、ハート形の花びらが5枚あり、背後を見てみると、1つの花につながっている。花は4〜5段咲くのが目いっぱいである。葉はどちらかというとへら形で、根元からたくさん放射状に出る。

仲間　サクラソウ、イワザクラ、オオサクラソウなど。

▶山地の沢沿いや池の近くなどの湿ったところで見かける

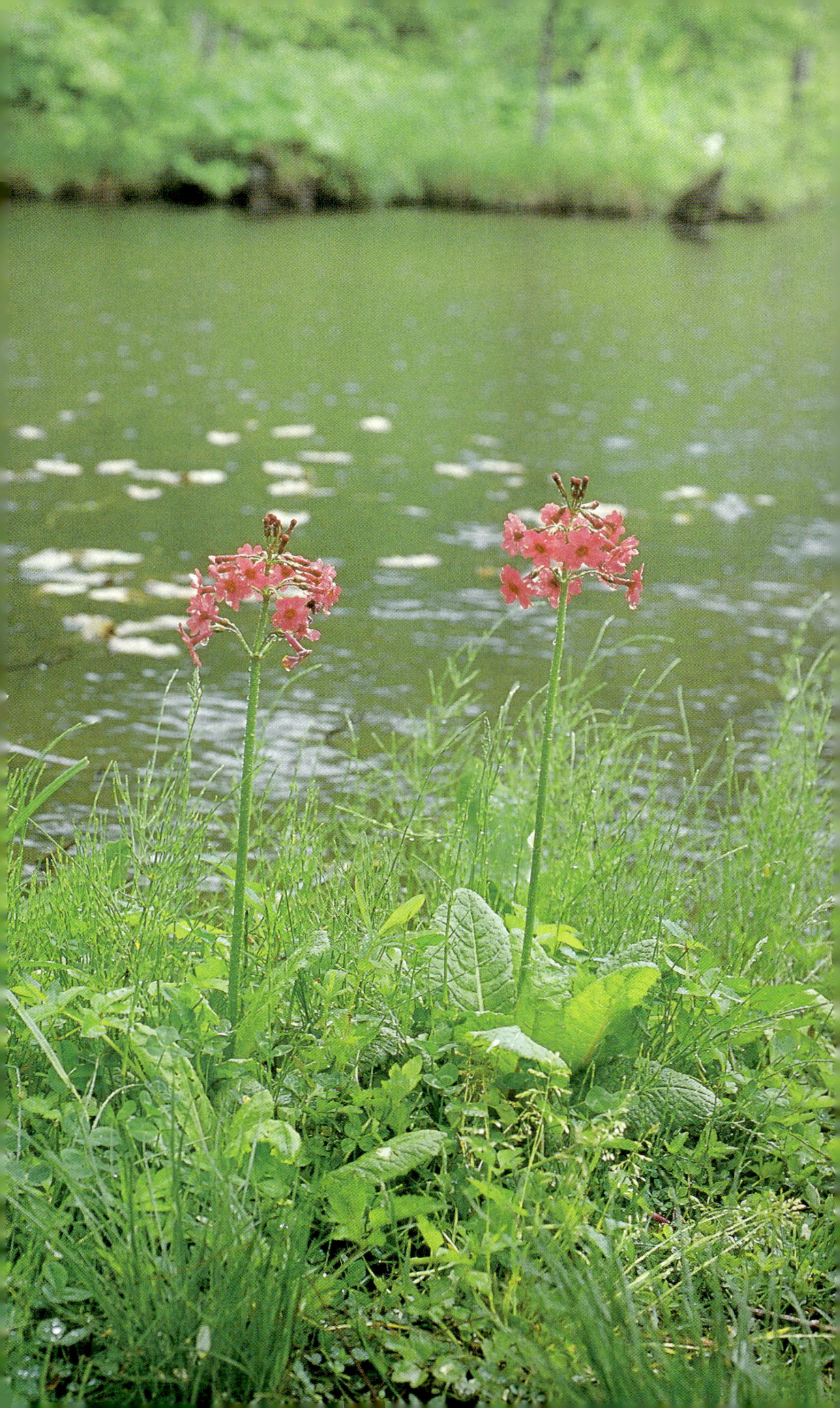

▲山地の林内で見かける高さ15～40センチくらいの草

クリンユキフデ
九輪雪筆

Polygonum suffultum
タデ科タデ属
多年草／花期5～7月

花穂の長いのを、仏塔の屋根の上の"九輪"に見立て、白い花穂を"雪筆"としゃれる。花の名が美しい草。

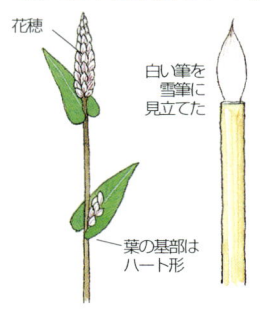

花穂
白い筆を
雪筆に
見立てた
葉の基部は
ハート形

"九輪"は、五重の塔や三重の塔の屋根の上にある相輪の一部で、相輪は下から露盤、伏鉢、請花、九輪、水煙、竜車、宝珠の7つから成っている。なお、相輪全体を九輪と呼ぶこともある。

クリンユキフデの小さな花は、仏塔のこの"九輪"のように長く穂状に伸びている。それで"九輪"に見立てて、まず"クリン"とつけた。

ユキフデの"ユキ"は、単純に"白い"という意味を表わす。

ユキモチソウやウスユキソウなどにも名付けられたように、雪は白く、クリンユキフデの花も白いことから"ユキ"とついたのであろう。

さらに名付ける際に、穂状に伸びた花穂の状態を"筆"にたとえ、"フデ"とつけている。穂先がつぼまった形を、昔の人は筆のように見たのであろう。

分布と自生地 本州、四国に分布し、深山の木の下、森の中に自生している。

特徴 根茎は太く、ワサビのような形の根がある。そこから茎を伸ばし、途中に葉をつける。葉はハート形をしている。
上の方に長い花穂があり、花穂は多数の花が集まって筆状になる。下の葉の部分にも、短い花穂がいくつかつく。花には花弁はない。花弁状のがくが、5つに深く切れ込み、雄しべ3つ、花柱は3つある。

仲間 小形で穂状に花を咲かせるハルトラノオ。タデ科の仲間なので、花の構造は同じだが、花穂の長さと葉の形が違う。クリンユキフデの葉の基部はハート形なのに対して、ハルトラノオの葉はくさび形になっている。

▲山地の林のふちなどで見かける。高さ10〜30センチ
◀上：葉は放射状に6〜10枚つける
　下：茎は四角で無毛

クルマバソウ

車葉草

Asperula odorata
アカネ科クルマバソウ属
多年草／花期5〜7月

輪生する葉が高貴な人たちの乗る牛車や輦車の車輪を連想させるので、"クルマバソウ"の名前がある。

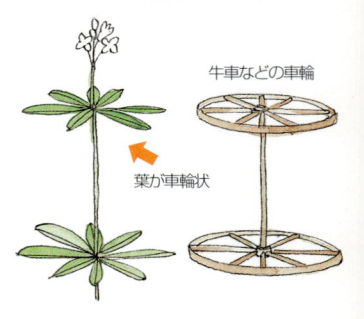

分布と自生地 北海道、本州に分布。山地の森や林の中に自生。

特徴 茎の上部で花柄（かへい）がいくつか出て、その先に白い花を咲かせる。花の先は4つに分かれるが、基部は1つにつながり筒状になっている。花の中に、雄しべが4つあり、雌しべは1本だが先が2つに分岐している。
葉は車輪状に3段から4段くらいつく。無毛で、光沢がある。葉のへりには短い毛がある。葉を押し葉にすると、乾燥した葉から芳香が得られる。

仲間 なし。葉が車輪状につくアカネ科の植物はヨツバムグラ、クルマバムグラ、ヤエムグラなど。

光沢のある3〜4段の葉の形を見ると、1カ所から放射状に6〜10枚の葉が出ている。

この葉のつき方は、天子、皇族、中宮、女御たちが乗る御所車の、牛車（ぎっしゃ）や輦車（れんしゃ）の車輪によく似ている。そこから名前がつけられたと思う。

車輪に関連して名付けられた草には、オグルマ、オカオグルマ、サワオグルマ、シャジクソウがある。

ところで、平安時代以降、高貴な人たちが宮中へ出入りする時などに乗った車が牛車で、この牛車の1つに檳榔毛車（びろうげのくるま）がある。さらに、唐庇車（からびさしのくるま）［唐車ともいう］など、形が異なる乗り物がいくつかあった。

牛車のほかに、輦車がある。これも高貴な人が利用した乗り物で、人が曳き、腰車とか手車ともいった。

牛車などの車輪

葉が車輪状

▲林の沢沿いの湿ったところで見かける。高さは10〜20センチ

クワガタソウ
鍬形草

Veronica miqueliana
ゴマノハグサ科クワガタソウ属
多年草／花期5〜6月

▶名前はこの実のがくの形からついている

花後に実ができる。その実と2枚のがくが、兜の鍬形のように見える。それで、"クワガタ"の名前がある。

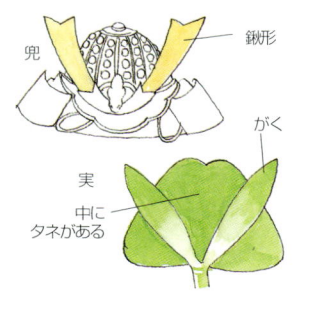

"クワガタ"というのは兜の前にある2つの大きな角状の飾りである。クワガタソウは花後に実ができるが、"実"の形が兜に似て、"がく"がちょうど鍬形に見える。これが、クワガタソウの名前の由来である。

このクワガタソウというのは、江戸時代の『草木図説』や『物品識名』などの書物に出ており、江戸時代には、すでに名前が知られていたことが分かる。

なお、"クワガタ"とついた植物には、ヒメクワガタ、テングクワガタ、高山性のミヤマクワガタ、キクバクワガタなどがある。いずれも、ゴマノハグサ科の植物で、実につくがくが、兜にある鍬形に見える。

兜 — 鍬形 — がく — 実（中にタネがある）

分布と自生地 本州の中央部、関東と中部に分布する。どちらかといえば太平洋側の山地の沢沿いとか、湿った日陰などに自生する。

特徴 花は、4枚の花びらが分かれているように見えるが、後ろの方がくっついており、1つの花で構成されている。花は白色、あるいは淡紫色。1つずつ咲き継いでいく。
葉は上の方が大きくて、下の方にいくほど小さくなる。それがクワガタソウの特徴。

仲間 本文参照。

▲上：花びら5枚、実の刺が尖る
下：茎に毛があるケキツネノボタン

▲田んぼのあぜなどの湿ったところで見かける。高さは40〜60センチ

◀キツネノボタン　実の刺の尖りが曲がっている。茎に毛がない

ケキツネノボタン
毛狐の牡丹

Ranunculus cantoniensis
キンポウゲ科キンポウゲ属
多年草／花期3〜7月

よく似た草姿の植物にキツネノボタンがある。この植物の茎には毛がなく、ケキツネノボタンの茎には毛がよく目立つ。だから、"ケ"がついた。

"キツネ"の後に"ボタン"という言葉がつく。ボタンと比較すると、似ていないところが多いが、葉が少し似ている。

面白いことは、葉が似ているから、ボタンのような花が咲くだろうと期待すると、そうではなくて、黄色い一重の花が咲く。これは、キツネに化かされたんだと。そして、"キツネ"という言葉がついたのではないかと思う。なお、キツネノボタンという名前は、江戸時代に『草木図説』などの文献で紹介されている。

分布と自生地　本州、四国、九州に分布。主に、田んぼのあぜ道のやや湿った道端に自生。
特徴　光沢のある花弁が5枚、その後ろにがくがある。
そして、花後には長楕円球形の金平糖状の実ができる。実の先端をよく見ると、尖っている部分がある。その尖りはまっすぐが特徴。尖りが曲がっているものがあれば、これはキツネノボタンで、茎に毛がない。
仲間　キツネノボタンがある。

茎の毛が目立つ草。葉はボタンの葉に少し似ているが、花はボタンとは似ても似つかない黄色の花を咲かす。

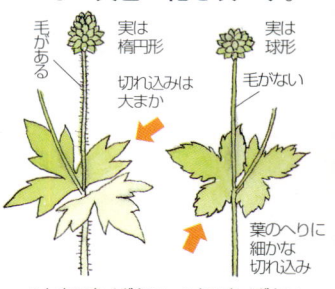

▲ケキツネノボタン　　▲キツネノボタン

（左図）毛がある／実は楕円形／切れ込みは大まか
（右図）実は球形／毛がない／葉のへりに細かな切れ込み

▲左・右上：中国原産。庭などで栽培されている。高さ50～80センチ　右下：白花のケマンソウ

ケマンソウ

華鬘草

別名／タイツリソウ

Dicentra spectabilis
ケシ科コマクサ属
多年草／花期4～5月

花の形が仏像の華鬘(けまん)に似るので、ケマンソウの名前がある。花が茎に吊られている姿から"鯛釣り草"の別名もある。

▶キケマン　海岸や海沿いの道で見かける。花色は黄色

ケマンを漢字で書くと"華鬘"。

これは、インドの女性たちの首や体を飾る装飾品のことで、実物の花を糸でつないで首にかけたり、あるいは体、腕に巻きつけたりする装飾品をケマンといっていた。その後、花を輪にして仏様に飾ることや、蓮の葉や花鳥を描いた装飾品〔銅に金メッキした団扇(うちわ)形のもの〕を仏像や仏堂の天井にぶら下げるようになった。これらの装飾品も"華鬘"という。

団扇形の"華鬘"とケマンソウの花がなんとなく似ている。それで"ケマンソウ"の名前がついた。ケマンソウは、茎と花のつき方から"鯛釣り草"という別名もある。

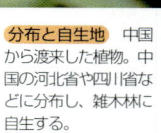

華鬘

分布と自生地　中国から渡来した植物。中国の河北省や四川省などに分布し、雑木林に自生する。

特徴　花はピンク色で、団扇(うちわ)形か軍配のような形をしている。花を分解すると、大小2枚ずつ、計4枚の花弁がある。そういう編成で、茎の先の方にぶら下がるように咲く。花の重みで垂れ下がっている姿から"鯛釣り草"という別名もついている。

仲間　アメリカ産のヒメケマンソウ。

▲田畑、草原、土手の日当たりのいいやや湿った場所に自生。高さ10～30センチ

◀上：葉は4～5対の小葉　下：茎の先に蝶形の花が輪になってつく

ゲンゲ
蓮華、紫雲英

別名／レンゲソウ、レンゲ

Astragalus sinicus
マメ科ゲンゲ属
越年草／花期4～6月

この草は、レンゲとかレンゲソウ、あるいはゲンゲソウともいわれている。この名前の由来は、花を上から見ると輪になっていることからで、この状態を仏像の蓮華座に見立てて"レンゲ"という。さらに"レンゲ"がなまって"ゲンゲ"になったのである。なお、京都の方言の"ゲンゲ"は、独立した言葉で、"蓮華"とは関係ない由来だという学者もいる。また、このレンゲというのは、蓮華と書くと、死を意味するので、わざと"ゲンゲ"となまらせたという説もある。

江戸時代には、すでに、レンゲとゲンゲという両方の言葉が定着していたが、明治になって、"ゲンゲ"が標準和名として確立した。

分布と自生地　もともとは中国原産の植物。古い時代に渡来し、田んぼの緑肥として栽培された。関東地方から南の暖かい地方を中心に自生。東北や北海道では育たないようだ。

特徴　蝶形の紅紫色の花が輪になって咲き、それぞれにがくがついている。
花柄の下に茎があり、茎から葉がいくつか伸びている。葉の一番上に小葉が1枚、全部で楕円形の小葉が9～11枚、奇数枚の編成でついている。

仲間　シロツメクサ、アカツメクサなど。

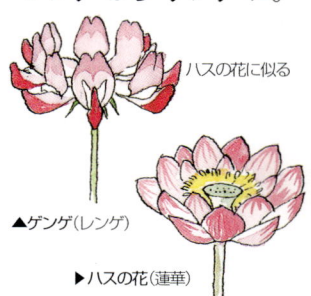

花が輪のように固まって咲く姿を、仏像を安置する蓮華座に見立てて"レンゲ"。"レンゲ"から"ゲンゲ"に。

ハスの花に似る

▲ゲンゲ（レンゲ）

▶ハスの花（蓮華）

▲咲き始めは白花、老いた花は紅色になる。高さ20〜40センチ

ゲンペイコギク

源平小菊

別名／ペラペラヨメナ、エリゲロン

Erigeron karvinskianus
キク科ムカシヨモギ属
多年草／花期4〜7月

▶葉が薄いので、ペラペラヨメナの別名がある

白花が次第に紅花に変化する。白花を源氏の白旗、紅花を平家の紅旗に見立てて"源平"の名前がある。

源氏方の白旗
平家軍の紅旗

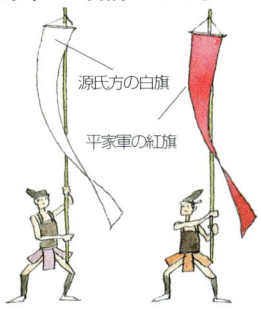

咲き始めの花色は白いが、末期になると花びらが紅色に変化する性質をもっている。この白色と紅色を、源氏方の白旗と平家方の紅旗に見立てて、"源平"という名前がついた。

この草が大群生するところを見ると、たいてい白い花の方が多く、紅色の花が少ない。ちょっと源氏と平家の結末を花の色で示しているように思える。

そして、花が小さいので"コギク"としゃれた名前がついている。

また、このゲンペイコギクには、"ペラペラヨメナ"という別名もある。これは、葉がとても薄くペラペラだからである。なお、学名の"エリゲロン"の名前を使う本もある。

分布と自生地 中央アメリカ原産。ニューメキシコの山地に自生する植物。日本では、日当たりのいい石垣などに野生化している。

特徴 花は、直線的な細い花びらが丸く円を描いてついている。葉は薄手で切れ込みがある。茎が伸びて葉は横に広がる性質がある。広い範囲で、ゲンペイコギクが大群生することがある。

仲間 同属ではハルジオンとアズマギク。属は違うがヒメジョオンが似る。

▲花は2センチくらいで、垂れ下がる

🟠分布と自生地　北海道南部から九州まで分布。限られた森や林の中に自生する。

🟠特徴　花は葉の下に隠れるように咲く。緑色の花びらが4枚あり、球形の唇弁（しんべん）は白に紅紫の筋が入っている。葉はほぼ向かい合わせについている。

🟠仲間　アツモリソウ、キバナノアツモリソウ、クマガイソウ、タイワンアツモリソウなど。

▲山地の林内で見かける。高さは10〜20センチ

アツモリソウと比べて、花や草姿がとても小さいことから、"コ"がついている。アツモリソウの名前は、平敦盛（たいらのあつもり）が出陣の時に背負った母衣（ほろ）からきている。母衣とは竹製の篭に丈夫な布を被せ、これを肩と腰のところにしっかりと結びつけ、後方からの流れ矢を防いだ武具。その母衣に似ているのが、この草の唇弁（しんべん）。

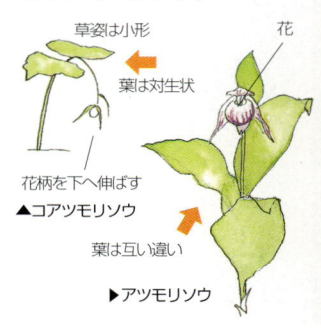

コアツモリソウ
小敦盛草

Cypripedium debile
ラン科アツモリソウ属
多年草／花期5〜7月

平敦盛（たいらのあつもり）にちなむ"アツモリソウ"に比べて、可愛い花・小さい草姿なので"コアツモリソウ"という。

草姿は小形　花
葉は対生状
花柄を下へ伸ばす
▲コアツモリソウ
葉は互い違い
▶アツモリソウ

▲近縁のイワザクラ
石灰岩の山地に多い

🟠分布と自生地　紀伊半島、関東西部、中部の山地の岩場に自生。

🟠特徴　花は茎から枝分かれして、いくつか咲く。5枚の花びらのように見えるが、基部は筒状につながっている。花の中心に丸い穴があり、中に雄しべと雌しべがある。葉は根元から出る葉柄（ようへい）の先に円形の葉を1枚ずつつける。

🟠仲間　イワザクラ、ユキワリコザクラなど。

▲岩のすき間で見かける。高さ5〜10センチ

イワザクラというサクラソウの1種があるが、それに比べて全体的に、花も草姿も小さいので"コ"がつく。さらに岩場に群生することが多いので、"イワ"がついた。"サクラ"は、ヤマザクラの花に似ていることからで、サクラソウもヤマザクラの花と似ていることから名前がついた。

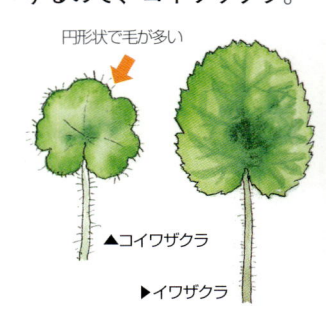

コイワザクラ
小岩桜

Primula reinii
サクラソウ科サクラソウ属
多年草／花期4〜5月

花がヤマザクラに似て、イワザクラよりも花や草姿が小さい。山地の岩場に自生するので、コイワザクラ。

円形状で毛が多い
▲コイワザクラ
▶イワザクラ

▲田んぼのあぜや水辺で見かける。高さは40〜70センチ

ゴウソ
郷麻、紙麻
別名／タイツリスゲ

Carex maximowiczii
カヤツリグサ科スゲ属
多年草／花期5〜6月

"郷麻"説は麻の代用とか紐の材料として、"紙麻"説は紙すきの補助材料として役立っていたから。

雌花の小穂

タイツリスゲの別名がある

▶赤い細いのが雄の小穂、チョウチン形が雌

　ゴウソには"郷麻"と"紙麻"の２つの漢字が当てられている。
　"郷麻"には、田舎の麻や紐などの意味合いがあり、農村で麻の代用や紐の材料になっていたと考えられる。これに対して、"郷"が音読みで"麻"が訓読みだから、郷麻は誤りという学者もいる。この説によると、"紙麻"がなまって"ゴウソ"になったのではないか、というもので、コウゾやミツマタのように、ゴウソも砕いて紙すきの材料に役立っていたのではないか、と説く。
　どちらともいえないが、両者の言葉に繊維を指す"麻"があり、この植物の繊維が利用されていたことは、確かといえる。

分布と自生地 各地のあぜ道や沢沿いの湿った場所に自生する。
特徴 一番上の部分に雄花の小穂ができる。下の方には、３〜４つの雌花の小穂がつく。雄は、花粉を飛ばすとしなびて目立たなくなる。下側の雌花は、１つ１つが果包（かほう）という提灯形の実になる。これが鯛を釣っている姿に見え、タイツリスゲの別名がある。植物名を覚える時にゴウソではなく、タイツリスゲと覚えるといい。
仲間 カンスゲ。

▲山野の道端や草地で見かける。高さは30〜100センチ

◀上:花をつつむ総苞はやや暗緑色
中:茎はザラザラ 下:地際の葉

コウゾリナ

髪剃菜、顔剃菜

Picris hieracioides var. glabrescens
キク科コウゾリナ属
越年草／花期5〜10月

漢字で"髪剃"、あるいは"顔剃"と書く。"ナ"というのは菜っ葉の"菜"で、この草は食べられますよというマーク。コウゾリナも、ナズナ、アマナ、ヨメナゴマナなどと同じように、若菜を茹でて食べることができる。

この茎を見ると、ザラザラしている。このザラザラ感が、カミソリのような感じがするわけだ。それを顔に当てて"髭が剃れる"というのが一般的な説である。

なお、一般の人が仏門に帰依する際の剃髪の儀式で、カミソリを頭に軽く当てることが行なわれる。カミソリの代わりにコウゾリナの茎を当てるのもよいと命名者は思ってつけたのかもしれない。

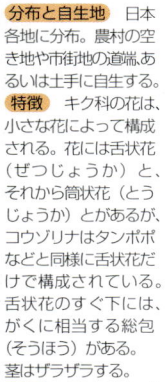

分布と自生地 日本各地に分布。農村の空き地や市街地の道端、あるいは土手に自生する。

特徴 キク科の花は、小さな花によって構成される。花には舌状花(ぜつじょうか)と、それから筒状花(とうじょうか)とがあるが、コウゾリナはタンポポなどと同様に舌状花だけで構成されている。舌状花のすぐ下には、がくに相当する総苞(そうほう)がある。茎はザラザラする。

仲間 カンチコウゾリナなど。

ざらつく茎をカミソリに見立てたか? 剃髪(ていはつ)の儀式にカミソリの刃に替えて、コウゾリナの茎を頭に当てたか?

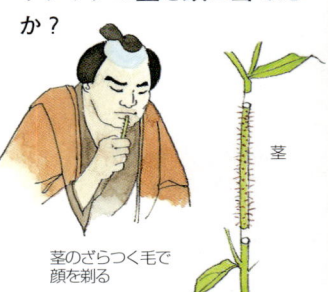

茎

茎のざらつく毛で顔を剃る

▲海岸の砂地で見かける。雌株。高さは10〜20センチ。葉幅は4〜6ミリ

コウボウムギ

弘法麦

別名／フデクサ

Carex kobomugi
カヤツリグサ科スゲ属
多年草／花期4〜6月

海辺で見る草だが、雄株の小穂（しょうすい）が筆先に見える。これを弘法大師の筆に見立て、雌株の小穂は麦に。

弘法大師

雌株の雌小穂約5センチ

◀コウボウムギ

▶コウボウシバ

雌小穂約2センチ

▶コウボウシバ 上の赤いのが雌小穂、麦に見えるのが雄小穂。葉幅2〜4ミリ

"コウボウ"という言葉は、弘法大師（平安時代の僧で、真言宗開祖の空海）のことである。書道に優れた僧としても知られている。

コウボウムギの穂は、筆に似ている。特に雄の方の小穂（しょうすい）が、筆を連想させる。それで、書の名人であった弘法大師に関連させて、"コウボウ"の名前がついた。

一方、雌の小穂は、麦にそっくりである。麦の穂を太く、短くしたような小穂である。

こちらは、筆の先というよりは、麦そのものに見えることから、コウボウムギと呼ばれるようになった。コウボウムギは、雌雄異株として知られている。

分布と自生地 日本各地に分布。特に海辺の砂浜に生える。

特徴 雄株と雌株があり、雄株は、小穂が茶色を帯びて、毛ばたきのような感じがする。雌株は、麦の穂を太く短くしたような形。

仲間 背の低いコウボウシバがある。

▲日当たりのいい野や田んぼ、あぜなどで見かける。葉の長さ40〜80センチ

◀上：栄養葉は羽状で葉軸に翼がある
下：芽出しがワラビに似る

コウヤワラビ

高野蕨

Onoclea sensibilis var. interrupta
イワデンダ科コウヤワラビ属
シダの仲間

高野山で初めて発見されたか、あるいは高野山で多く見られる種なので、この名前がつけられたのだと思う。

分布と自生地 北海道、本州、九州に分布。九州は少なく、本州と北海道が中心に見られる。湿った草原や日当たりのいい乾燥地にも自生している。かなり広い範囲に自生する。

特徴 シダの葉としては、左右に出る小さな葉、つまり羽状に出る羽片（うへん）の切れ込みが少なく、幅広である。すなわち、真ん中の葉軸（ようじく）をたどっていくと、葉軸の部分が横に広がり、翼という部分がある。細かい葉は固まって出て、その後ろに胞子がつく。胞子葉は夏に現われてから、秋になって熟す。

仲間 特にない。

　"コウヤ"という言葉は、高野山を意味する。和歌山県に真言宗の霊場・高野山があり、そこに空海が開いた金剛峯寺という寺がある。かつてコウヤワラビは、全国のいたるところに数多く見かけたが、たまたま、高野山で最初に見つかったか、たくさん見かけたか、その記憶があったかで、名前の命名者が、高野山の"コウヤ"を頭につけたのであろう。

　"ワラビ"は、食用になる山菜のワラビのことだが、葉を比べると、コウヤワラビの羽片の切れ込みが浅く、まるで似ていない。どこが似ているかなとよく見ると、コウヤワラビの芽出しの状態［ゼンマイ状に巻いている］が多少、ワラビに似ている。そこから名前がつけられたと思う。

羽片の
葉軸部分が広がる翼

葉軸　成長するとやや切れ込む　葉柄　　葉を展開した

▲コウヤワラビ　　▲ワラビ

▲日当たりのいい川岸の岩場で見かける。高さは3〜10センチの小形で、リンドウの仲間

コケリンドウ
苔竜胆

Gentiana squarrosa
リンドウ科リンドウ属
越年草／花期4〜5月

川の岩場に群生する草姿は、あまりにも小さく、越冬葉は"苔"を思わせるほどなので"コケ"がつく。

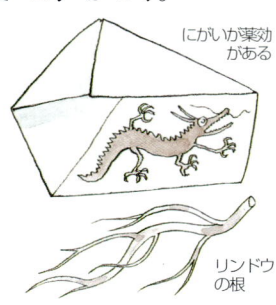

にがいが薬効がある

リンドウの根

▲花びらの間に副片という小さな花びらがあり、先が反り返っている

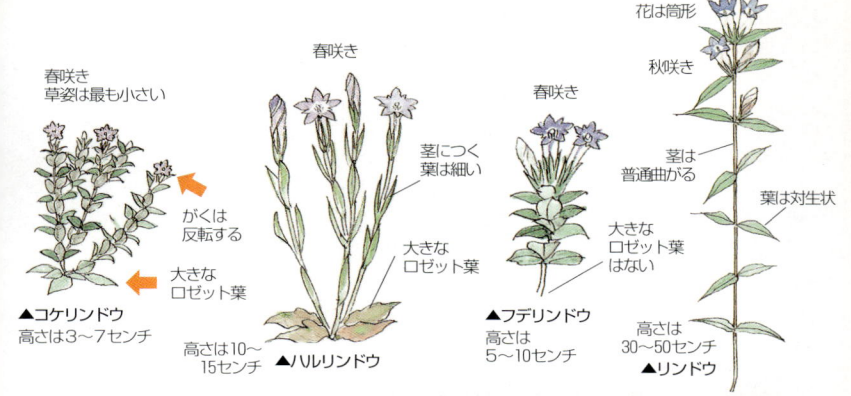

図解ラベル:
- 春咲き 草姿は最も小さい ▲コケリンドウ 高さは3〜7センチ / がくは反転する / 大きなロゼット葉
- 春咲き ▲ハルリンドウ 高さは10〜15センチ / 茎につく葉は細い / 大きなロゼット葉
- 春咲き ▲フデリンドウ 高さは5〜10センチ / 大きなロゼット葉はない
- 秋咲き ▲リンドウ 高さは30〜50センチ / 花は筒形 / 茎は普通曲がる / 葉は対生状

　この草は、とても小さい。春先のリンドウのなかでも最も小さく、越冬葉は苔を連想させるので、"コケ"という名前がついた。

　"リンドウ"という言葉は、漢字で書くと、"竜胆"。"竜の胆"の意味である。リンドウという秋咲きの植物の根が、とても苦く、胃に効く薬草として使われていた。

　一方、"熊の胆"も非常に苦く体にいい薬として重宝されていた。その熊の胆よりもさらに苦いということから、リンドウのことを"竜の胆"と名付けられている。

　熊よりも上のランクの動物は、江戸時代以前、竜以外に考えられなかったのだ。

　この"リュウタン"がなまって"リンドウ"になったのである。

　さて、野や丘で見る春咲きリンドウには、ハルリンドウ、フデリンドウ、それにコケリンドウの3種がある。これらは越年草で、前年の夏頃にタネが地面にこぼれ、秋に発芽する。冬でも苗は少しずつ成長し、春に花が咲き、晩春に結実する。結実後、タネが地面にこぼれて、親株は枯れる。なお、上記3種のなかでは、コケリンドウのタネだけは容易に発芽する。

▲ハルリンドウ

▲フデリンドウ

▲リンドウ

分布と自生地　本州、四国、九州に分布。日当たりのいい山道や川沿いの日のよく当たる岩場などに群生する。

特徴　花は青紫色のラッパ形である。花の先端に、10カ所の切れ込みがある。5カ所の大きい切れ込みの間に小さな切れ込みが入っている。この切れ込みの大きい方を裂片(れっぺん)、小さい方を副裂片という。
花の下に多数の楕円形の葉が、向かい合ってつく。地際には、大きい葉が放射状につく。この状態をロゼット状といっている。
花後に、実ができる。実は、やがて上を向いたまま割れるので、雨が降るたびにタネが流れ落ち、あちこちで芽生する。
越年草なので、秋に発芽して、翌年の春に花が咲く。初夏にはタネができて親株のすべては枯れてしまう。

仲間　丘や野原、低山に自生する春咲きで青紫の花を咲かせるフデリンドウとハルリンドウがある。フデリンドウはコケリンドウよりありやや大きめ。ハルリンドウは茎につく葉が細く、茎が目立つ。

コシノカンアオイ
越の寒葵

Heterotropa megacalyx
ウマノスズクサ科カンアオイ属
多年草／花期2～5月

越前、越後などに分布するので"越の"、常緑なので"寒"。フタバアオイから"アオイ"の名前を借りた。

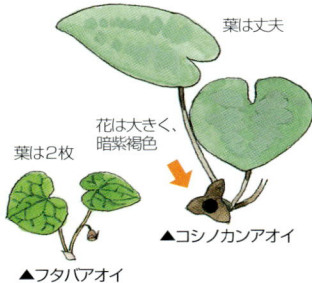

葉は丈夫
葉は2枚
花は大きく、暗紫褐色
▲コシノカンアオイ
▲フタバアオイ

▲東北・北陸などの日本海側で見かける

山形～福井(越前、越中、越後)の各地に自生するので、"コシノ"という名前がついた。カンアオイの"アオイ"は、遠縁のフタバアオイから。フタバアオイは春咲きで、冬は枯れる。ところが、コシノカンアオイの方は寒い冬でも常緑で早春に咲く。ということで"カン"がついた。

▲葉の長さは10センチくらいで、仲間の中では大形

分布と自生地 山形から福井まで分布。長野も含まれる。雑木や森の中に自生する。

特徴 花は花弁のような3つに分かれたがく片と、それに続く壺形のがくが筒からなり、雄しべと雌しべがある。ハート形で先が尖った葉が1枚か2枚つく。葉柄は普通は紫色。地下の根は、刺激臭のようないい香りがある。

仲間 カントウカンアオイなど。

コシノコバイモ
越の小貝母

Fritillaria japonica var. koidzumiana
ユリ科バイモ属
多年草／花期2～3月

バイモに比べて小さいから"コバイモ"。芽出しの頃、球根が2つに割れ、中から新球根が生まれる。

▲花びらのふちに刺状の毛のようなものがある。コバイモにはない

▲低山や丘陵の林内で見かける

"コシノ"は上記と同じ。コバイモの"コ"は、ユリ科のバイモによく似ていて、それより小さいのでつく。"バイモ"という名前は"貝母"と書く。球根[鱗茎]を見ると、芽出しの頃、球根が貝のような形で2つに割れ、真ん中から新しい球根が生まれるのでこの名前がついた。

分布と自生地 福井、富山、新潟の3県のほかに、静岡、福島にも分布し、林の中や森の中に自生している。

特徴 花は下向きに咲く。花びらは6枚で、それぞれの花びらのふちには、柔らかい刺状の毛のようなものが生えている。これがコシノコバイモの特徴である。花の中には雄しべが6本、その中心に雌しべがある。
葉は、上の方に細い葉が3枚、同じ場所から出ている。もう少し下の部分に、向かい合わせに少し長めの葉が2枚つく。合計5枚の葉。高さは15～20センチ。

仲間 カイコバイモ、ミノコバイモ、アワコバイモ、ホソバナコバイモ、イズモコバイモなどがある。同属近縁にバイモ、エゾクロユリがある。P140参照。

▲花後の実

▲本州の太平洋側の山中に自生。高さは15〜20センチくらい

◀セリバオウレン コセリバオウレンより葉の切れ込みは粗く大形

コセリバオウレン

小芹葉黄蓮

Coptis japonica var. major
キンポウゲ科オウレン属
多年草／花期1〜3月

分布と自生地 房総半島、伊豆半島から西に分布する。太平洋側の森の中や森のふちに自生している。

特徴 雄花と雌花があり、雌花の方をよく見ると、中央に紫色または緑色を帯びた角(つの)のようなものが見られる。雄花の方にはそのようなものは見られない。
なお、5枚の尖った大きな花びらは、がくが変化したもの。本当の花弁は内側にある短い花びらである。
葉は、オウレンの仲間のなかで最も細かく切れ込み、シダに似た葉。

仲間 セリバオウレン、ミツバオウレン、バイカオウレンなど。

セリバオウレンという草がある。これは"セリ"の葉に似ているからで、根が黄色いので"オウレン"とつく。コセリバオウレンの"コ"はセリバオウレンより小さいことを表わす。

この仲間は、古い時代に"加久末久佐(かくま くさ)"とか"山草(やまくさ)"と呼ばれていた。平安時代になると、中国でこの仲間を"黄蓮"といっていることを知り、黄蓮の名前をキクバオウレンに与えた。

キクバオウレンの葉は、3小葉から成る。3小葉には、切れ込みがあるが中央部に達していない。このことが、似ているセリバオウレンとコセリバオウレンとの区別点である。

なお、コセリバオウレンの葉とセリの葉とは多少似ている程度で、名前から遠ざかっている。

セリバオウレンの葉をやや細かく切れ込んだ葉がつくことから"コ"がつき、コセリバオウレンという。

▲小葉が3枚ずつ、枝分かれしたようにある。その小葉がややセリに似る

▲山地の渓流沿いや湿った林内で見かける。高さは20〜30センチ

▲上：名前の由来となった花　下：葉の基部はハート形

▶オオチャルメルソウ　コチャルメルソウに似るが葉先が尖る

コチャルメルソウ
小哨吶草

Mitella pauciflora
ユキノシタ科チャルメルソウ属
多年草／花期3〜4月

江戸時代、唐人の笛を"チャルメロ"と呼び、花がチャルメロに似ていた。葉が小さいので"コ"がついた。

コチャルメルソウの花
（基部がラッパ状）

唐人笛をチャルメラともいう

　チャルメルソウの花は、咲いた花はとても小さいが、よく見ると、ちょうど昔の唐人［中国人］の笛や、朝鮮半島の人々が使っていた笛の太平簫の先のように見える。

　江戸時代、唐人の笛は喇叭（ラッパ）、あるいは銅角と呼ばれていた。これらは中国語で"チャルメロ"という。そして、銅角、喇叭、太平簫を俗に哨吶［チャルメロ、チャルメル、チャルメラ］とも呼んでいた。

　そこで、命名者は哨吶の先の広がっている部分と、チャルメルソウの花が似ていることから、チャルメルソウの名前をつけたと思う。

　さらに、何種類かあるチャルメルソウの仲間のなかで、葉が小形なので"コ"という言葉がついている。

分布と自生地　本州、四国、九州に分布する。山地の谷川沿いの湿った岩場や斜面などに自生する。

特徴　花がとても小さくラッパ形をして、花びらは切れ込み、ちょうど魚の骨のような形である。
花茎には、それらの花がいくつか互い違いにつく。葉はモミジ形で、浅く切れ込んでいる。

仲間　チャルメルソウ、オオチャルメルソウ、マルバチャルメルソウ、モミジチャルメルソウなど。

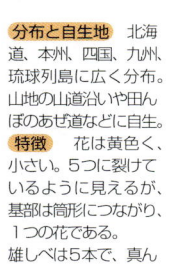

▲道端や庭で普通に見かける小さな草。実は直径5ミリほど。高さ3〜5センチ

◀上：茎は地面に広がる　中：花は5〜7ミリ　下：紅葉する

コナスビ
小茄子

Lysimachia japonica
サクラソウ科オカトラノオ属
多年草／花期5〜6月

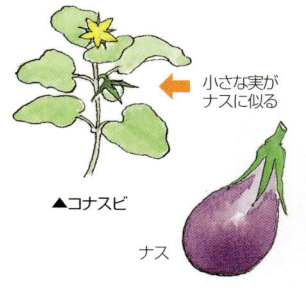

"ナスビ"は、インド原産の野菜のナスのこと。"コ"というのは、ナスの実よりも小さいという意味を表わしている。

このコナスビに実ができる。小さな実で、似ているといっても、野菜のナスと比べると全然違う。色は、緑色のままで、熟してくると茶色になる。しかし、全くナスの茄子紺とはほど遠い。ナス科のナスビは紫色の花が咲くが、コナスビの方はサクラソウ科で、黄色い花が咲くことも違う。

ただし、似ている時期がある。ナスビの紫の花が散り、小さな実がつく時期の状態と、コナスビの黄色い花が散ってその後につける小さな実の状態はとてもよく似ている。

分布と自生地　北海道、本州、四国、九州、琉球列島に広く分布。山地の山道沿いや田んぼのあぜ道などに自生。

特徴　花は黄色く、小さい。5つに裂けているように見えるが、基部は筒形につながり、1つの花である。雄しべは5本で、真ん中に雌しべが1つ。がくが5枚。コナスビの草姿は、地べたを這うようにして広がる。葉は楕円形で、向かい合わせに対生し、つる状の茎が20㌢程伸びる。

仲間　ハマボッス。

コナスビに小さな実がなる。野菜のナスビの実が大きく育つ前の実とコナスビの実が少し似ているので、この名前がある。

←小さな実がナスに似る

▲コナスビ

ナス

コバイモの仲間

コバイモの名前がつく植物

バイモもコバイモも、親の球根（鱗茎）が割れて、子球が生まれる。親球は貝に似る。

　花の形は、虚無僧のかぶる深編笠に似る。花びらは6枚だが、寄り添って1つの花に見える。花の中をのぞくと中心に棒（花柱、雌しべ）があり、その周囲に6本の雄しべがある。花のある株には、細長い葉が5枚、茎につく。上に3枚、花の下に2枚である。コバイモの仲間もバイモと同じく、早春に花が咲き、晩春に地上部が枯れる。冬が過ぎ去る頃に芽をもたげる。

　仲間を紹介する。山梨と静岡に分布し、花が開き気味な**カイコバイモ**。中国、九州に分布し、花が細い**ホソバナコバイモ**。北陸中心、花びらのへりに柔らかな刺のある**コシノコバイモ**。岐阜中心に分布し、花の肩が角張る**ミノコバイモ**など。

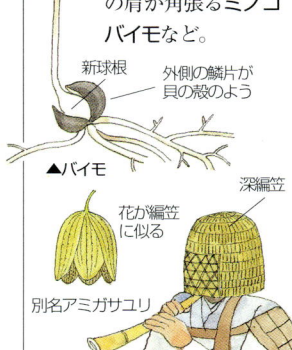

▲バイモ
新球根
外側の鱗片が貝の殻のよう

花が編笠に似る
深編笠
別名アミガサユリ
虚無僧

▲カイコバイモ p76

▲ホソバナコバイモ

▲コシノコバイモ p136

▲ミノコバイモ p313

▲ミノコバイモ（白花） p313

| 同 属 近 縁 | 同 属 近 縁 |

▲バイモ p254

▲エゾクロユリ p44

花は細長い。花びらに網目状の斑紋がほとんどない

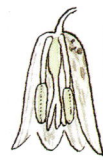

▲ホソバナコバイモ
中国、九州に分布

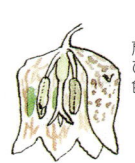

肩が角張る。花びらの内側に紫色の斑紋が多い

▲ミノコバイモ
岐阜、愛知、三重に分布

やや小輪。花粉の色は紫褐色

▲アワコバイモ
四国に分布

花びらが外へ広がる（この絵は咲き始め）。花びらの内側に黄色の縦筋が入る。

▲カイコバイモ
山梨、静岡に分布

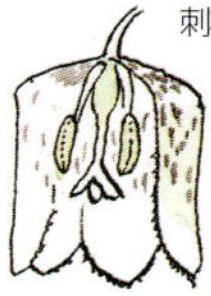

花びらのへりに刺状の毛がある。花びらの基部に紫斑が多い

▲コシノコバイモ
北陸、福島に分布

花びらの内側に紫色の網目模様

▲バイモ
中国原産

▲海岸近くの畑のふちや土手などで見かける。高さは5〜20センチ

コバノタツナミ
小葉の立浪

別名／ビロードタツナミ

Scutellaria indica var. parvifolia
シソ科タツナミソウ属
多年草／花期4〜5月

花が一方方向を向いて咲きそろう姿は、北斎が描く立浪に似る。葉は小形なので"コバノ"がつく。

波が立つ

花穂

▲上：白花タイプ　下左：紫色の唇形の標準花　下右：実

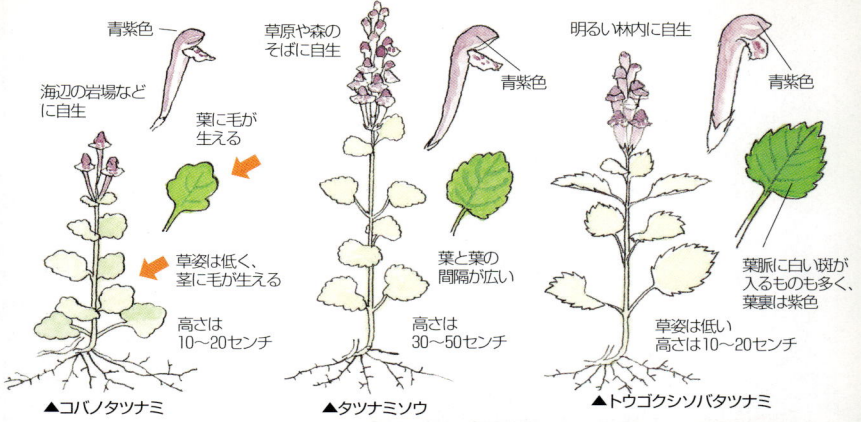

コバノタツナミ／タツナミソウ／トウゴクシソバタツナミ

- コバノタツナミ：青紫色／海辺の岩場などに自生／葉に毛が生える／草姿は低く、茎に毛が生える／高さは10〜20センチ
- タツナミソウ：草原や森のそばに自生／葉と葉の間隔が広い／高さは30〜50センチ
- トウゴクシソバタツナミ：明るい林内に自生／青紫色／葉脈に白い斑が入るものも多く、葉裏は紫色／草姿は低い／高さは10〜20センチ

"コバノ"というのは、同属のタツナミソウに比べると、葉が小さいことを意味している。

地下の茎が横に広がり、群生しやすい性質をもってはいるが、単体だけを見れば、1ギほどの小さなビロード状の葉で、草姿も小形である。このような特徴からも、"コバノ"という名前がついたのだろう。

タツナミソウの"タツナミ"は、立浪のことである。しかし、一般的には、海で実際の波がしらを見たところで、タツナミの花は連想できないだろう。

ところが、江戸時代後期の葛飾北斎の絵『富嶽三十六景』の神奈川沖浪裏の"立浪"を見ると、その立浪にこそ、タツナミソウの花が連想できる。

江戸時代以前の古文書にはタツナミソウの名前がなかったので、タツナミソウの名前は、江戸時代後期以後につけられたと考えられる。その命名者は、北斎の絵を知っていて、群れ咲くタツナミソウの花を北斎の絵の立浪に見立てたのだと思う。

荒々しい海原に波が立っている。その状態は、群生するタツナミソウの花が風にあおられながらも、それぞれが同じ方向に向けて咲かせている草姿そのものである。

▲タツナミソウ
▲トウゴクシソバタツナミ 
▲ヤマタツナミソウ 

分布と自生地 関東以西の本州、四国、九州に広く分布している。主に海岸の岩場、あるいは海岸近くの日陰に群生する。

特徴 少し紅色がかった青紫色の花が、立ち上がり、一定方向に並んで咲く。これは、ほかのタツナミソウの仲間にもいえる。
花は唇形で胴長。唇形の花のうち、上側は頭巾のようなふくらみがある。下側は浅く3裂し、表面に細かな紫斑が散らばる。
花が終わると、実ががくと花柄(かへい)につつまれる。実が熟す頃になると、上部の唇が落ち、お椀のようなのに4つの実[タネ]が下へ落ちてもいいように顔を出す。
この実は、風が吹いたり、雨が降るとこぼれて地に落ち、発芽する。葉には細かい毛があって、ビロード状になっている。葉柄(ようへい)があり、茎に向かい合ってつく。
群生しやすい。

仲間 タツナミソウ、トウゴクシソバタツナミ、オカタツナミソウ、ヤマタツナミソウ、ホナガタツナミソウなど種類が多い。

▲高山の砂礫地で見かける。高さは5〜15センチ

▶上：葉は白っぽい緑色　下：馬の鼻面に似た花で、代表的な高山植物

コマクサ
駒草

Dicentra peregrina
ケシ科コマクサ属
多年草／花期5〜6月

この草の蕾が、子馬の顔に似ているので、"コマクサ"という。ウマクサ、ウマヅラソウではなく高山植物の女王らしい名付け方である。

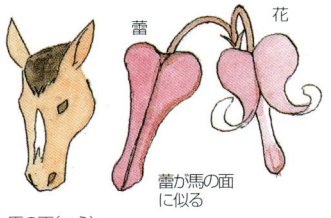

馬の面（つら）

蕾

蕾が馬の面に似る

花

"コマ"というのは、馬のこと。馬を総称して"駒"という。そのほかに、駒は馬の子や、小さいものを意味する場合もある。私は、コマクサの"コマ"は、小さい馬を指すのではないかと思う。コマクサの蕾の部分を見ると、ちょうど馬面の格好をしているが、より小さい馬の顔に似ている。そこからコマクサの名前がついたと思う。

コマクサは、高山植物の女王といわれ、憧れの花でもある。"ウマクサ"という名前がつかなくて、よかったと思う。"ウマクサ"となると、ちょっと格が落ちてしまう。ちなみに、ウマノアシガタには、黄色い花が咲く。"ウマノ"という言葉がついているだけに、品格の面では、"コマクサ"にはかなわない。

分布と自生地　中部から東北、北海道に分布。高山帯で、ほかの草が生えていない、砂混じり、あるいは岩石混じりの場所に自生する。

特徴　花が咲き始めると、先端部分の2つの花弁が反転する。この反転している花弁の基部は、袋状に丸くなっている。
剣の先のような形をした2つの花弁が突き出している。ケシ科なので花びらは4枚。花柄（かへい）は根際から出ている。
根際から出る葉柄（ようへい）を伸ばす葉はニンジンのように細かく、白い粉を上から塗った感じがする。

仲間　特にない。

コミヤマカタバミ
小深山傍食、小深山酢漿草

Oxalis acetosella
カタバミ科カタバミ属
多年草／花期5〜7月

ミヤマカタバミに似て、草姿や花は小さいので、"コ"がつく。"ミヤマ"は深山というよりも山地性を表わしている。

▲ミヤマカタバミ　葉の角が尖り気味

▲花びらに淡紅筋が入り、中心部に黄斑

分布と自生地　日本各地の亜高山帯の針葉樹林に自生している。

特徴　根際から花茎を出し、白っぽくてピンクがかった花を1輪咲かせる。花びらは5枚。花びらの先は、わずかにへこんでいる。葉はハート形で、3枚セット。1つ1つが葉柄についている。

仲間　ミヤマカタバミ、カタバミ、イモカタバミ、ムラサキカタバミなど。P83参照。

コミヤマカタバミは、亜高山帯の針葉樹林に自生している。同じ山地性のミヤマカタバミと比べて、小さいから"コ"がついた。"カタバミ"は、日が陰った時や夜の、葉が折り畳まれたようになる形をいい、片(傍)側の葉が食べられたようになるので、"傍食"という言葉を当てた。

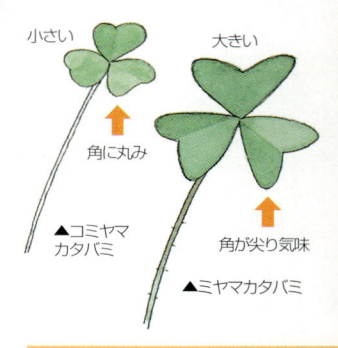

小さい　大きい

角に丸み　角が尖り気味

▲コミヤマカタバミ　▲ミヤマカタバミ

コメガヤ
米萱

Melica nutans
イネ科コメガヤ属
多年草／花期5〜7月

実のついている状態が、茎に米粒がついているように見える。イネ科のカヤの仲間で、それで"コメガヤ"。

▲1つの穂の長さは6〜8ミリで、光沢あり

▲山地の草原などで見かける

分布と自生地　北海道、本州、四国、九州と、広い地域に分布。山地の林の中、あるいは山地の日当たりのいい草原に自生している。

特徴　見るポイントはなんといっても小穂。花が咲いた後、6〜8㍉の小さな米粒のような穂に見えてくる。葉は長さ5〜15㌢の細長い葉が互い違いについている。高さは40〜50㌢。

仲間　特になし。

同じ方向に並んでつける小穂が、米粒のように見える。そこから、"コメ"と名付けられた。全体が、イネ科のカヤの小さい形をしているので、"コメガヤ"となる。ほかに、"コメ""ご飯"の意味の名前をもつ種類には、ママコナ、ミヤマママコナ、コゴメグサがある。

米粒に似る

稲穂

▲コメガヤ　▲イネ

▲道端や田んぼのあぜで見かける。高さ6〜20センチくらい

コモチマンネングサ
子持ち万年草

Sedum bulbiferum
ベンケイソウ科マンネングサ属
多年草／花期5〜6月

葉の基部に子株[むかご]ができるので"子持ち"、茎も葉も枯れないので"万年草"という。

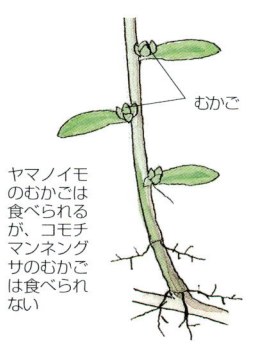

むかご

ヤマノイモのむかごは食べられるが、コモチマンネングサのむかごは食べられない

▲葉のつけ根にむかごができる。花弁は長さ5ミリくらい

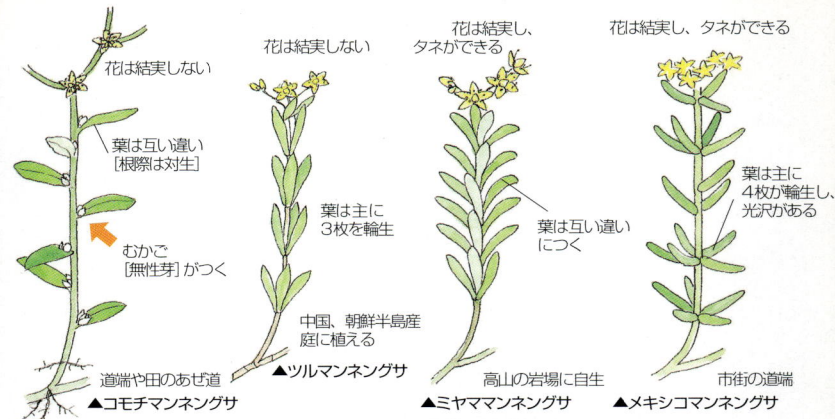

花は結実しない

葉は互い違い
[根際は対生]

むかご
[無性芽]がつく

道端や田のあぜ道
▲コモチマンネングサ

花は結実しない

葉は主に
3枚を輪生

中国、朝鮮半島産
庭に植える
▲ツルマンネングサ

花は結実し、
タネができる

葉は互い違い
につく

高山の岩場に自生
▲ミヤママンネングサ

花は結実し、タネができる

葉は主に
4枚が輪生し、
光沢がある

市街の道端
▲メキシコマンネングサ

　"コモチ"というのは、"むかご"をいい表わしている。

　この植物の葉のつけ根のところには、小さな"むかご"ができる。これはタネではなく、小さな球根みたいなもので、そのまま発芽する。しかも、タネよりも早く成長する。この"むかご"ができるということから、"コモチ"という名前がついた。

　"マンネングサ"という名前は、この植物が多肉質なので、水をやらなくても、しおれたり枯れたりすることがないことからきている。

　なお、"コモチ"と名前がつく草はほかにコモチシダというのがある。これも葉に小さな"むかご"のようなものができて、それが下へ落ちると発芽して、苗となる。

　"むかご"をつける植物には、オニユリがある。葉の脇に小さな球根ができ、これも"むかご"といっており、地面に落ちると、すぐに根を出して活動を始める。最も知られているのが、ヤマノイモ。つる性の植物で、葉柄の基部あたりに"むかご"ができ、食用に利用されている。

　なお、"むかご"は零余子と書く。"零"は「こぼれ落ちる」、"余"は「草の余り」、"子"は「子株」の意味。「こぼれ落ちる、草の余りの子株」である。

▲ツルマンネングサ

▲メキシコマンネングサ　撮影／平野

(分布と自生地) 本州、四国、九州など、広く分布している。山道沿いや市街地の空き地、庭、田のあぜ道、人家の近くに多い。日当たりのいい場所ならば、どこにでも生える。

(特徴) 草姿は小さい。花は上の方で咲き、鋭く尖った5弁花をつける。花びらは細みで、黄色。雄しべは10本。雌しべは5本あるが、これは結実しなくてタネはできない。
花はあっても結実しないので、無駄花を咲かせていることになる。そこで、むかごが重要な役目を果たす。むかごは葉の基部にでき、熟すと地面にぽろりと落ち、根を伸ばして、苗になる。
葉は楕円形で、中央に筋がある。葉は茎にだいたい互い違いにつく。一部、下の方で対生することもある。
高さは10〜20㌢。

(仲間) 海辺などで見られるタイトゴメ、高さは10〜30㌢でタネができるメキシコマンネングサ、タネができないツルマンネングサ、高山性で花が結実する高さ10㌢前後のミヤママンネングサなどがある。

▲山地の川沿いの湿ったところで見かける。高さ30〜70センチ

▲上：葉は互い違いにつく　中：葉のヘリはギザギザで先が尖る

▶マルバコンロンソウの実　コンロンソウも同じく黒っぽい

コンロンソウ
崑崙草

Cardamine leucantha
アブラナ科タネツケバナ属
多年草／花期4〜7月

崑崙は、崑崙山脈のことではなく、南シナ海の伝説の島・崑崙島のことである。

実はやや黒っぽい

崑崙坊
西南の海の島に住む色黒い人

コンロンソウという名前は、"崑崙草"と書く。一般的には、花が白いことを崑崙山脈の雪に見立てて、このコンロンソウの名前があるといわれている。

私はこれを否定したい。この"崑崙"という言葉は、崑崙国からきていると思う。江戸時代の書物にも登場する崑崙国は、南シナ海の伝説上の島国である。その島には褐色の肌色をした崑崙坊が住むと伝えている。

白い花を崑崙山脈の雪にたとえる見立て方は、白い花が多いだけに、あまりにも漠然としている。コンロンソウの花は白いのだが、実になると、黒っぽい茶色になる。崑崙坊に似るその実の色に注目して、"コンロンソウ"と名付けたと考える。

分布と自生地　北海道、本州、四国、九州に分布し、山沿いの沢、あるいは山地の湿った斜面、林の中に自生。

特徴　白い4弁花が咲く。枝分かれが多く、何十という花を咲かせる。花後は、細い棒状の実がつく。その実は、初めは緑色だが、次第に茶黒色に変化する。葉は楕円形で、鋭い鋸歯の切れ込みがある。葉は互い違いにつく。

仲間　ミツバコンロンソウ、ヒロハコンロンソウ、マルバコンロンソウなど。

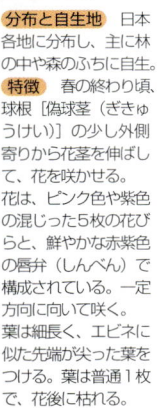

▲山地の林内で見かける。花茎の高さは 30～50センチ

◀上：珍しい緑花　下：葉は普通1枚で花後に枯れる

サイハイラン

采配蘭

Cremastra appendiculata
ラン科サイハイラン属
多年草／花期4～5月

"采配"という言葉がある。これは、戦いの時、進めとか止まれ、かかれとか、陣中で武将が命令を出す時に使う武具である。紙を細く切って、木や竹の柄につけたもので、はたきのような形をしている。

この采配に似た花をつけるのがサイハイラン。サイハイランには、地下の里芋状の球根［偽球茎］がある。新しい球茎から花茎を出し、花茎の上の方に、紙を切ったような細長い花が、一定方向に多数つく。花は半開き状である。この花の形を"采配"に見立てて名前がついた。

なお、同じように指揮をするものには軍配がある。これは皮や鉄板で作った団扇で、軍扇ともいう。

分布と自生地　日本各地に分布し、主に林の中や森のふちに自生。
特徴　春の終わり頃、球根［偽球茎（ぎきゅうけい）］の少し外側寄りから花茎を伸ばして、花を咲かせる。花は、ピンク色や紫色の混じった5枚の花びらと、鮮やかな赤紫色の唇弁（しんべん）で構成されている。一定方向に向いて咲く。葉は細長く、エビネに似た先端が尖った葉をつける。葉は普通1枚で、花後に枯れる。
仲間　ない。

陣中において、大将が軍を指揮する時に使うのが、"采配"。この采配によく似た花をつけるのがサイハイラン。

武将が兵を指揮する武具［采配］に花が似る

▲川岸や山麓の湿ったところで見かける。高さは15〜40センチくらい

サクラソウ
桜草

別名／ニホンサクラソウ

Primula sieboldii
サクラソウ科サクラソウ属
多年草／花期4〜5月

花がサクラ[ヤマザクラ]に似るのでサクラソウと。花びらは5枚に見えても基部は"1つ"になる合弁花。

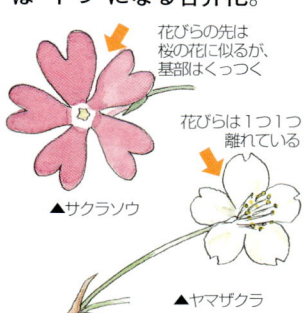

花びらの先は桜の花に似るが、基部はくっつく

花びらは1つ1つ離れている

▲サクラソウ

▲ヤマザクラ

▲サクラソウは江戸時代から栽培されてきた

▲白花のサクラソウ。花に紅色の色素などのないタイプ。突然変異で出現

　サクラソウの名前は、サクラ〔ヤマザクラ〕の花に似ているので、その名前がついた。しかし、本当に似ているのだろうか。そこで、江戸時代初期から知られていたヤマザクラとサクラソウを比べてみる。

　サクラソウの花びらは5枚に見え、花弁の先が切れ込んでいる。しかし、後方は筒形になり、1つにくっついている合弁花(ごうべんか)である。

　一方、ヤマザクラの花びらも5枚だが、それぞれが離れている。これは離弁花(りべんか)である。このように見た目は似ているが、構造は大きく違う。

　また、雄しべ、雌しべの構成もだいぶ違う。サクラの仲間は、雌しべは1つ、雄しべは多数ある。一方、サクラソウ科の場合は、雌しべが1つ、雄しべが5つ。

　なお、サクラソウには2つの花型がある。その1つは、中心の喉部を見ると、雌しべがのぞき、後ろの方の見えないところに雄しべがあるピン型。もう1つは、雄しべが見え、雌しべは後ろの方に隠れているブラシ型である。

　このサクラソウは、江戸初期に荒川中流で大群生していた。花見に行くことや摘みに行くということが、江戸の人たちの娯楽の1つであった。

▲"楊貴妃"と呼ばれる園芸品種のサクラソウ

▲"駅路の鈴"と呼ばれる園芸品種のサクラソウ

▲"人丸"(のとぶ)と呼ばれる園芸品種のサクラソウ

分布と自生地　北海道南部、本州の広い地域、九州とかなり広い地域に分布している。標高の高い高原にもあり、平野の川岸にも自生が見られる。一般的には、湿った日当たりのいいところに自生している。

特徴　花弁は5枚のように見えるが、基部は筒形でつながっている。花色はだいたいピンク色で、白色、濃色のピンク、赤、吹っかけ、しぼり花、裏紅花、緑斑入り花というのもある。
花形も、大輪、小輪、切れ込み弁、抱き咲き、玉咲きなど、多彩な花変わりがある。
花茎も葉も、根元から飛び出る。葉柄(ようへい)がある葉は、卵形で先端に丸みがある。周りに激しい鋸歯がある。花茎、葉柄に毛がある。花茎を含めた高さは20〜40㌢。

仲間　イワザクラ、コイワザクラ、オオサクラソウ、ミチノクコザクラなどのほか、多くのサクラソウの仲間がある。サクラソウという名前がついていないカッコソウやクリンソウ、ユキワリソウもこの仲間である。

151　サク

▲山野の林内で見かける。高さは30～50センチ

▲花穂よりも長い葉状の包がある

▶ギンラン　高さは10～30センチくらい

ササバギンラン
笹葉銀蘭

Cephalanthera longibracteata
ラン科キンラン属
多年草／花期5～6月

まずキンランの名前があり、つぎにギンラン、そして葉が笹の葉に似るので、ササバギンランの名前になった。

花は白いので銀色とみなした

葉は笹の葉に似る

　ササバギンランの名前の由来を考えた場合、次のようなステップがあったと思う。一番早く見つかったのが、雑木林などでよく見かける"キンラン"。遠くからもよく目立つこの草は、花が黄色いから、また花びらが丸っこいことから"キン"になったのであろう。

　続いて、白い花が咲く小形のランが"ギンラン"になった。この後にササバギンランが見つかり、これをギンランと区別するために、葉の形がより細長くて笹の葉に似ていることから、"ササバギンラン"の名前をつけた。

　三段論法のような名前のつけかたである。キンランがギンランに、ギンランがササバギンランというふうになったのだろう。

●分布と自生地　北海道から本州、九州まで分布し、山地や丘の雑木林に自生している。
●特徴　同じ形の花びらが5枚あり、これらの花びらとは形が違った唇弁（しんべん）がある。
花の中心にずい柱という鼻のような突起が入っており、そこに雄しべと雌しべがある。唇弁の下の方には細みの突起があり、これを距（きょ）という。
キンランやギンランと違い、花のつけ根に花穂より長い包があるのが特徴である。高さは30～50ギ。
●仲間　キンランは高さ30～70ギ、小さいギンランは10～30ギ。

ササ　152

ザゼンソウ

座禅草

別名／ダルマソウ

Symplocarpus renifolius
サトイモ科ザゼンソウ属
多年草／花期3〜5月

僧が岩穴で座禅を組んでいるような花である。頭巾形の花びらに見える部分を、仏炎包という。仏炎包の中に花の集団がある。

花の中で僧が座禅を組む

▲山地の湿地で見かける。撮影／村山

分布と自生地 北海道、本州の比較的標高の高いところや寒冷地に分布し、湿地帯や、夏は日陰になるような場所に自生する。

特徴 仏炎包は、頭巾形で暗紫褐色。よく似たミズバショウの仏炎包は白い。

仲間 北海道と本州の限られた地域に咲く小形のヒメザゼンソウ。

岩穴で僧侶が座禅を組んでいるように見える。それでザゼンソウという名前がついた。

岩穴に当たるのは、暗紫褐色の仏炎包という器官。仏炎包は、仏像の背後にある炎形の飾り［光背］に似ていることから名前がついている。中の丸みのある棍棒のようなものは、たくさんの花の集まりである。話はそれるが、花には悪臭がある。

サルメンエビネ

猿面蝦根、猿面海老根

Calanthe tricarinata
ラン科エビネ属
多年草／花期4〜6月

花の中央にある赤茶色の唇弁が、猿の赤い顔に似る。それで、"猿面"という。地下の球根が"海老"の背中に似るので、海老根とつく。

▲名前の由来はこの花の形からきた

分布と自生地 日本各地に分布し、夏は涼しい林の中に自生する。

特徴 花を正面から見ると、緑色の花びらが5枚ある。そのうち幅の広い3枚ががく片。左右に伸びている細い2枚が花弁。一番下側にある赤茶色の複雑な形をしているのが、唇弁（しんべん）。

仲間 エビネ（ジエビネ）、キエビネ、ニオイエビネ、キリシマエビネなど多数ある。

▲寒冷地の山地で見かける。高さ30〜60センチ

サルメンエビネの唇弁の下側部分［中裂片という］は赤色で、形がなにやらニホンザルの顔に似ているというところから、サルメンエビネの名前がついている。"エビネ"という言葉は、この仲間には偽球茎という球根があり、その形が海老の背中に見えるからである。

唇弁が猿の面に似る

猿

▲山間の日当たりのいい湿地や休耕田などに自生

▲花の形が名前の由来

▲オカオグルマ

サワオグルマ
沢小車

Senecio pierotii
キク科キオン属
多年草／花期4〜6月

沢沿いなどに自生するので、"サワ"、花びらが牛車の車輪を思わせるので、"オグルマ"がつく

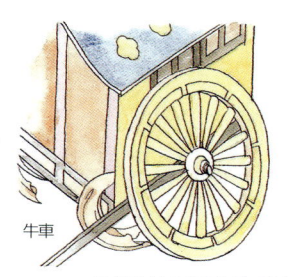

牛車

花びらが車の輪のように整然

このサワオグルマは、だいたい沢沿いや水辺などの湿った場所に自生する。それで"サワ"がついた。オグルマの花びらを見ると、平安時代に登場する牛車(ぎっしゃ)が想い浮かび、天子、皇族、公家たちが乗った車輪の部分がイメージできる。それで"オグルマ"という名前がついたと思う。

サワオグルマは、平安初期の『本草和名(ほんぞうわみょう)』という本をはじめ、江戸時代には『草木図説(そうもくずせつ)』のほか7書に掲載されている。このことから、昔から身近な草として人々に親しまれていたことがよく分かる。

なお、オグルマという言葉がつく草には、オカオグルマがある。サワオグルマに対して、乾いた草原に自生する草で、花の形がよく似ている。

◀サワオグルマ
湿地に多い

草原に多い
▲オカオグルマ

分布と自生地 本州から四国、九州に分布。主に湿地や日当たりのいいところに自生する。

特徴 花は黄色。花の外側の花びらをバラすと、舌状花(ぜつじょうか)と分かる。真ん中の半球形に盛り上がった部分は筒状花(とうじょうか)。茎は柔らかく白い毛がある。茎葉は細長く尖っていて互い違いにつく。根生葉はロゼット状。草の高さ50〜80㌢。

仲間 草地に自生するオカオグルマは、途中の葉が少なく、下の方で葉が集中している。

▲山地の林内で見かける。高さは30〜60センチ
◀果実は甘酸っぱくて食べられる

サンカヨウ
山荷葉

Diphylleia grayi
メギ科サンカヨウ属
多年草／花期5〜7月

ハスの葉のことを荷葉（かよう）という。平地のハスに対し、山のハスなのでサンカヨウ(山荷葉)という。

小さい葉に花がつく

大きい葉には花がつかない

◀ハスの葉 [荷葉という]

分布と自生地 北海道、東北北部、中部までの比較的標高の高いところに分布。また、夏でも涼しい場所の林や森の中に自生する。

特徴 小さめの葉に、花柄のあるいくつかの花を咲かせる。
白い花びらが6枚。雄しべが6本、中心に雌しべが1本つく。
葉は大小2枚つく。上の小さい葉には葉柄（ようへい）はない。大きめの葉には葉柄がある。
葉はどちらも中央に切れ込みがある。

仲間 特にない。

ハスの葉は、ちょうど葉裏の中心に葉柄がついている。
この形を楯形（たて形）といい、西洋の騎士が楯を持った姿に似ているので、楯着（じゅんちゃく）という用語を使う学者もいる。

平地のハスに対して、同じような葉つきをするサンカヨウは、山の荷（ハス）という意味である。

この草は地下から太い茎が伸びて、途中で2本に枝分かれして、大小の2葉が出る。葉は、丸いというよりは、カニコウモリの葉に似ているが、いずれも葉の真ん中に葉柄がつく。いわゆる楯着である。

なお、ハスを"蓮""荷葉"と書くが、"蓮"は花や植物全体をいう時、"荷葉"は葉をいい表わす場合に使う。

▲山地の林内で見かける。高さは15～30センチ。葉や花柄に毛あり

サンリンソウ
三輪草

Anemone stolonifera
キンポウゲ科イチリンソウ属
多年草／花期5～7月

1輪だけ咲くのが、イチリンソウ、2～5輪咲く草をニリンソウ、3輪咲くこともあるので、サンリンソウ。

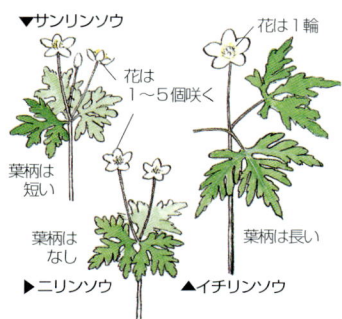

▼サンリンソウ
花は1輪
花は1～5個咲く
葉柄は短い
葉柄はなし
葉柄は長い
▶ニリンソウ　▲イチリンソウ

▶上：ランナー（走出枝）を出して群生　下：茎の先に花

イチリンソウは、平地の雑木林などに見られ、1輪だけ咲く。そして、平地の湿った場所に群生するのがニリンソウ。ニリンソウの場合は、2輪咲いたり、4輪、なかには5輪ぐらい咲くものもある。サンリンソウは、3輪咲くこともあり、この名前があるが、普通は1輪か2輪咲きが多い。

サンリンソウは、標高の高い場所、高山帯やブナ帯に自生しており、晩春に芽を出し、初夏の頃に花を咲かせる。しかし、夏になっても葉は枯れることがなく、秋も地上部は健全。そして秋の終わり頃には枯れる。

イチリンソウ、ニリンソウは、夏に地上部が休眠するが、サンリンソウは夏に休眠しないという相違点がある。

分布と自生地　北海道と本州、中部以北に分布し、ブナ帯、亜高山帯の林や森のふちに自生している。

特徴　白い5枚の花びらがある。これはがく片が花弁状に変化したもので、花弁はない。花柄（かへい）の基部に3枚セットのキクの葉状の葉が3組ある。よく見ると短い葉柄が確認できる。

仲間　イチリンソウの花は1輪だけで、3枚セットの葉に長い葉柄がつく。ニリンソウは、丘とか低山のやや湿った場所に群生している。これには葉柄はない。葉柄の有無や長さがサンリンソウとの違いの1つ。

▲花茎の高さは10〜20センチ。よく見ると雌しべが出っぱっているピン型花

◀上：白花の変種。全体に毛が多い　下：雄しべが出るタイプ

シコクカッコソウ

四国勝紅草、四国羯鼓草

Primura kisoana var. shikokiana
サクラソウ科サクラソウ属
多年草／花期4〜5月

四国の愛媛などに自生するので、"シコク"とつく。カッコソウは"羯鼓草"説かもしれない。

分布と自生地　愛媛中心に分布し、徳島でも見られる。山地の雑木林や森の中に自生。

特徴　茎から枝分かれして、5〜6花から10花くらい咲く。
花は、ハート形の花びらが5枚。その基部は筒形で、花は1つになっている。真ん中の喉部（のどぶ）に小さな棒の先が見えるものをピン型花という。ピン型の花は、雌しべが飛び出して、雄しべは奥の方にある。ブラシ型は花粉が見えており、雄しべが先に出て、雌しべが後ろに隠れている。葉柄、葉の表面には毛がある。

仲間　群馬の一部に自生するカッコソウ。

"シコク"というのは、文字通り四国。自生地のことで、愛媛を中心に徳島などに分布しているカッコソウである。"カッコソウ"の名前の由来は、非常に難しく、確信はもてないが、2つの考え方を述べたい。

第1の説は、"勝紅草"。花色が鮮やかな紅色なので、すぐれた紅色の草、これがなまってカッコソウになった。

もう1つは、"羯鼓"が名前の由来であること。台に据えたものもあるが、胸につけ、両手に棒を持って叩く、小さな鼓のこと。田楽や百済人が伝えた舞楽などに使われている。この羯鼓の片側［棒で打つ面］が、カッコソウの花の上部に似ている。そこからきているのではないか。これが第2の説である。

喉部に紅紫色の輪　　喉部に赤黒い輪

葉や茎に毛が多い

▲シコクカッコソウ　▲カッコソウ

シコクスミレ

四国菫

Viola shikokiana
スミレ科スミレ属
多年草／花期4～5月

四国で最初に発見されたか、四国に多いスミレという理由で、"シコク"。"スミレ"は墨入れ壺に由来する。

▲ブナ林内で見かける。

▲花は白色で、直径1～1.5センチくらい。距は短い

四国で発見されたか、四国に一番多く咲く、という理由で"シコク"という名前がついた。

"スミレ"は、大工さんが木材に線を引く時に使う墨壺［墨入れ壺］説を支持したい。墨壺の一部が、スミレの距（きょ）に似ているから、という説である。正倉院の御物にも墨壺があるので、由来として適切だと思う。

分布と自生地 ブナ帯の林の中に自生している。特に関東地方、箱根から西、四国までに分布。ブナ帯の林の中や森のふちに群生。

特徴 花の背後にがくがあるが、がくの後尾にごく小さな切れ込みがある。これがシコクスミレの特徴。
花は、白い花びらが5枚、上部に2枚、両側に2枚。中心の下側に唇弁（しんべん）が1枚ある。唇弁には紫の筋が入っている。
横から見ると、花の後ろに丸くて短い尻尾がある。これが距（きょ）である。
葉はハート形で先が尖るが、ふちの鋸歯は尖らない。花茎も葉も、根際から出る。
高さは5㌢ほどで、必ず群生する。

仲間 スミレの仲間は多数ある。

ジシバリ

地縛り
別名／イワニガナ、ハイジシバリ

Ixeris stolonifera
キク科ニガナ属
多年草／花期4～7月

茎が横に伸び、伸びた茎から葉や根を出して苗になる。まるで、地面を縛るかのように増えるので、"地縛り"。

▲石垣や岩の間などにも生え、細長い茎が地面をはうようにのびる

▲畑や庭、道端で見かける。直立する茎とハート形の葉はホタルブクロ

この植物は、根元の方から細いつるを横に伸ばして、所々に葉を展開する。その展開した葉から根を出し、1つの苗になる。これを繰り返して増えていき、まるで地面を縛るようになる。ということで、"地縛り"という名前がある。この兄貴分にオオジシバリがある。なお、"ジシバリ"の名前は兄貴分にも使われていた。

分布と自生地 各地に分布。野原、丘、市街地など、日当たりのいい場所に自生する。

特徴 直径2㌢くらいの花は黄色で、タンポポに似た舌状花（ぜつじょうか）。葉は薄くハート形。

仲間 葉がへら形のオオジシバリや浜辺に咲くハマニガナがある。

シコ　158

▲山地の岩壁や老木の幹に着生しているシダ

◀上：○○シノブの名前の基本葉　下：根茎

シノブ
忍

Davallia mariesii
シノブ科シノブ属
シダの仲間

岩や樹幹に着生するシダ。雨が降らなくても、乾燥に耐えるので、"シノブ"の名前がある。

葉
太い根茎

分布と自生地　本州、四国、九州、沖縄に分布。山地の太い樹木や岩場に着生している。

特徴　葉は3段階で羽状に分かれる。非常に切れ込みが細かく、全体は長い三角形状。まず、根元から伸びた葉柄（ようへい）から、1段目の枝分かれをする。左右に分かれた葉（羽片）は長い三角状に見える。2段目の枝分かれをした葉（小羽片）も細長い三角形をしている。ただし、葉全体の先端はそれほどはっきりした形をとっていない。
地上の太い根茎は、鱗片で覆われ黒っぽい茶色をしている。

仲間　仲間はない。

このシダは、比較的乾いた岩場や太い樹木などに着生する。これらの場所は、雨が降らない限り、非常に乾燥する。それでも、このシノブは枯れることがない。たとえ葉の一部が枯れても、太い根茎から次から次へと新葉が展開し、水切れに耐え忍ぶ（しの）ことができる。

そんなところから"シノブ"という名前がある。この葉の形が似ていることで、○○シノブと名付けられる植物が多い。

このシノブは、夏になると風鈴と組み合わせて売られる。また、シノブの太い根を丸く細工して、中に芯（しん）になる水ゴケやワイヤーを入れて形よく加工し、夏の涼しさを呼ぶ観葉植物としても売られる。

▲人里近くの林や林道沿いなどに群生している

シャガ
射干

Iris japonica
アヤメ科アヤメ属
多年草／花期4〜5月

シャガをヒオウギと間違え、ヒオウギの漢名の"射干"をシャガにつけ、射干をシャカンと読み、シャガに。

▲花は朝に咲いて、夕方にはしぼむ。直径5センチくらいで淡紫色

シャガは、ヒオウギと葉のつき方や形が似た植物である。ヒオウギの中国名［漢名］は、"射干"と書く。

シャガにこの名前がつけられた起こりは、命名者がヒオウギとシャガを同じものと勘違いしたことから始まる。まず、"射干"という中国名を、シャガに当てはめてしまったわけである。

そして、これはもともと"ヤカン"という発音だったが、いつの間にか"シャカン"になり、やがて"シャガ"になった。

ところで、ヒオウギという植物は、葉がちょうど檜(ひのき)の薄い板を糸で閉じて扇形にした檜扇(ひおうぎ)に似ている。

これは、朝廷に上がっている公卿(くぎょう)が、衣冠束帯(いかんそくたい)の時に持っていた扇である。この檜扇を広げた形によく似ていることから、"ヒオウギ"という名前がつけられている。

分布と自生地　本州、四国、九州などに広く分布。もともとは中国から渡来してきた種。だから、山奥にはなく、農家の裏山や人里近い沢沿いで見る。

特徴　花は淡い紫色で、外側の大きな花びらに青紫と黄色の斑紋がある。3枚の外側の大きな花びら［外花被(がいかひ)］はふちに細かく切れ込みがある。外花被の上に、ちょうど乗るようにあるのが雌しべ。雌しべは3つに分かれて先がひげ状。外花被の横には、小さな花びら［内花被(ないかひ)］が3枚ある。これはやや細く、先端は浅く切れ込む。朝に開き、夕方しぼむ。高さは30〜70㌢。

仲間　シャガより小形のヒメシャガ。日本在来種で、山の林の中の斜面などに生える。

▲山野の湿地や沢沿いで見かける。高さは80～140センチ
◀上：枝先に白い花
　下：若葉は食べられる

シャク

杓

Anthriscus sylvestris
セリ科シャク属
多年草／花期5～6月

北海道や東北では、オオハナウドのことを"シャク"。シャクを"コシャク"といっていた。

▼オオハナウド
実は米（さく米）に似る
オオハナウドはシャクと呼ばれていた
▲シャク

分布と自生地 日本各地に広く分布している。雑木林の中とか森の陰に自生している。湿ったところを好む。

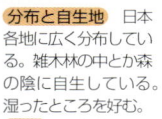

特徴 花柄（かへい）が笠状に伸び、白い5弁の花が固まって咲く。よく見ると、花の2弁が大きい。
茎は太く、所々から葉柄（ようへい）を伸ばし、枝分かれする。葉はシダに似て、非常に細かく、先が少し尖って展開する。
高さは約80ボから1㍍になる。
全体に強い香りがあり、若葉は食べることができる。

仲間 セリ科の草は多くあるが、仲間は特にない。

2説がある。
第1の説は、北海道の一部と東北で使われている方言が名前の由来になったという説。
これらの地域では、大形のセリ科植物のオオハナウドを"シャク"といい、シャクを"コシャク"といっていた。その後、オオハナウドは、オオハナウドと名付けられ、同時に"コシャク"といっていた本種は、"コ"を取って、シャクと呼ぶようになったと。
第2説は、実の形が米粒によく似ていることから、という説。古代、神事に使われていた"さく米"によく似ているということから、さく米の"サク"がシャクになったという説である。私は、第1の説の方が正しいのではないかと思っている。

▲1つの花の形が名前の由来

▲丘陵や林、農道の脇などで自生。花を横から見ると筒形。高さは10〜25センチ

ジュウニヒトエ
十二単

Ajuga nipponensis
シソ科キランソウ属
多年草／花期4〜5月

花が重なるように群がるから"十二単"と名付けた説を否定する。大きな下唇を十二単を着た女性のシルエットと見る新説を紹介する。

花の形

十二単を着た女性

▶セイヨウジュウニヒトエ ジュウニヒトエとは花色が違う

　本来の説は、花が群がり、幾重にも重なっている姿を"十二単"にたとえたもの。これが定説になっている。しかし、十二単の女性と多数の花が咲いている花穂の形とがどうしても結びつかない。

　そこで、私説を紹介したい。

　私は、ジュウニヒトエの花の下側にある発達した下唇が、名前の由来のヒントではないかと気付いた。この下唇は、ラン科の唇弁のような形をしている。

　これをじっと見ていると、十二単を着た婦人が両手を広げて立っている、そんな姿に見えてくる。ジュウニヒトエの花の下唇、花の一部であるが、その下唇そのもののシルエットが、十二単の女性に似ている、と思えるのである。

分布と自生地 本州と四国に分布している。丘、低山、山里近くの雑木林の中、あるいは森のふちなどに自生している。

特徴 白〜淡紫色の筒形の花。ラン科の唇弁（しんべん）のような形である。下側の花びらの形がよく発達しており、十二単の女性の足元のようになる。基部にはがくがある。花茎には楕円形の葉が向かい合ってついている。葉にはゆるい波形の切れ込みがある。全体に長くて白い毛が多い。

仲間 つるを出し株を増やす青紫色のセイヨウジュウニヒトエがある。

▲乾燥した林内に生える。別名は唇弁の斑点をほくろと見立てて"ホクロ"ともいわれる

分布と自生地 北海道から四国、九州まで、広い地域に分布している。丘や低い山、野原などの比較的乾燥した林の中や森のふちなどに自生している。

特徴 花には、後ろ側にがく片が変化した3枚の大きな花びらがある。いずれも、緑黄色を帯びている。中心には、左右から抱えるような花弁がある。これが側花弁（そくかべん）である。中央下には白色で濃赤紫色の斑点がある唇弁（しんべん）があり、その上に、雄しべと雌しべが入っているずい柱がある。葉は細長くて堅く、ふちにギザギザがある。葉は、地下の球根［偽球茎という］から何枚も出ている。

仲間 冬に咲くカンラン、10～11月に咲くヘツカランなど。

寒蘭（カンラン）は冬に咲く。春蘭（シュンラン）は、春に咲く。それで"シュンラン"という名前がついたと思う。"春蘭"という言葉は、江戸時代以前の文献には出ていない。名前が知られるのは近代、明治以降。

このシュンランには、"ホクロ"という別名がある。唇弁のところに紫色の斑紋があり、それを体にできるホクロに見立てて名付けた。また、シュンランの花びらを全部取ってしまうと、弓形のずい柱が残る。その形を腰が曲がったおじいさん、おばあさんにたとえ、"ジジババ"という名前もつけられている。

ところで、日本家屋の天井と鴨居（かもい）の間にある"欄間（らんま）"は、採光や通風、装飾を考えて作られたものだが、これはランの香りが隣の部屋にもとどくように、ということから名付けられたともいわれる。

シュンラン

春蘭

別名／ジジババ、ホクロ

Cymbidium goeringii
ラン科シュンラン属
多年草／花期3月

冬に咲く寒蘭（かんらん）に対し、春に咲くのでシュンラン。

▲葉幅は約2センチ、長さ30～50センチ

▲やや湿ったところで生える。高さは10～30センチ

▲中央は咲き始め

▲白花。花茎は紫色を帯びない

ショウジョウバカマ
猩々袴

Heloniopsis orientalis
ユリ科ショウジョウバカマ属
多年草／花期3～4月

花後、一時的に花が赤くなるのを能の猩々の赤頭に、葉を袴に見立てて、この名前がある。

赤頭

花後、一時的に花が赤くなる

猩々

葉を袴に見立てた

▲花後は一時的に赤くなる

▲ロゼット状の葉

▲左は実に移行中。右は花が赤色化

▲オオシロショウジョウバカマ　沖縄・石垣島と西表島の沢沿いが自生地。葉は大きく長さが20センチくらいになる

　この植物の名前の"ショウジョウ"は、花後に一時的に赤くなる花の状態を、想像上の動物"猩々"に見立ててつけられた。

　ちょっと妙な名前だが、花後の紅色の細い花びらと、棒状に伸びる紅色の雌しべが、すーっと伸びた茎上にある。これらが能楽に出てくる"猩々"の赤い髪［赤頭］を連想させるのでつけられた。

　一方、"バカマ"は葉姿からきている。約30枚のササの葉状の葉がタンポポのように地面に伏せ、放射状に広がっている。こうした草姿を"袴"に見立てた。

　由来についてはほかにも多い。秋に赤く紅葉した葉姿を緋色の袴に見立てたとか、紅色の花がオランウータン［漢字で猩々と書く］の赤い顔に似ているなどの説である。

　なお、中国でいう"猩々"とは、猿に似た、顔は赤くて酒好きの想像上の動物を指し、格調高い姿をして、舞い戯れる無邪気な霊獣とされている。その"猩々"が不老長寿の福酒を人間に授けるという中国の伝説をもとにして能楽の"猩々"が作られた。

　また、玩具には、この姿をした小さな人形があり、"猩々小僧"と呼ばれている。

▲コショウジョウバカマ

▲シロバナショウジョウバカマ

▲ツクシショウジョウバカマ

分布と自生地　日本各地に分布している。低山や丘、野原の湿った場所に生える。また、日当たりのいい場所や、林の中のような日陰でも自生する。

特徴　花茎の頂上に花柄をいくつか分けて咲く。花びらは6枚あり、ピンク色。雄しべが6本、中心に1本の雌しべがある。花は数個から10個くらいつくこともある。
下側の花茎には、包(ほう)という小さい葉がつくが、大きい葉はつかない。根には、へら形の葉が、20～30枚つく。
草の高さは、花の咲いている時には20～30㌢ほどになる。花後はさらに高く50㌢になる。

仲間　シロバナショウジョウバカマは紫色を帯びているが、小形で高さが20㌢ほど。ツクシショウジョウバカマは九州で見られ、10㌢ほど。コショウジョウバカマは5～10㌢で、秋咲き。ほかは、だいたい春咲きである。オオシロショウジョウバカマは、冬から早春にかけて白い花を咲かせる。なお、高さは花期の状態を基準にしてある。

▲山地の林内や草地で見かける。高さは20～40センチ

▶上：タネで増殖し、群生する
　下：咲き始め

シライトソウ
白糸草

Chionographis japonica
ユリ科シライトソウ属
多年草／花期5～6月

白い花びらがブラシ状になって集まっている。この細い花びらを白糸にたとえたことで、この草の名前がある。

◀花は4本の長い花びらと2本の短い花びらで構成

　花を見ると、高さ15～50㌢ほどの先に花びらがブラシ状に固まっている。その白い花びらの形を白糸に見立てて"白糸草"という名前がつけられた。

　このシライトソウの花は、6枚編成の花びらが多数集まってブラシ状になっているのが特徴である。花びらは、一見すると4枚に見える。しかし、シライトソウは花びらが6枚あるはずのユリ科の植物なので、ほかの2枚はごく短いか退化していることになる。

　よく似たヒトリシズカも、これと同じように白いブラシ状の花が咲くが、形態は根本的に違っている。ヒトリシズカはセンリョウ科なので花弁はない。3つに分かれた雄しべが花弁状になり、花びらに見えている。

(分布と自生地)　秋田から四国、九州まで、広い地域に分布している。森や林の中などに自生がある。

(特徴)　花びらに最も大きな特徴がある。長い花びらが4枚と、ごく短い花びらが2枚で、1組の花になっている。その1つの組が穂状に、あるいはブラシ状に多数つく。これらの花は下から咲く。
　花の下には小さく細長い葉があり、これが包(ほう)。さらに下には、楕円形の葉が放射状についている。

(仲間)　花弁が短いアズマシライトソウ、葉に光沢があるミノシライトソウ、小形のチャボシライトソウなど。

▲雪の多い山地で見かける。高さは15〜30センチ

◀上：芽出し 中：果実 下：2枚の大きな葉が互い違いにつく

シラネアオイ
白根葵

Glaucidium palmatum
シラネアオイ科シラネアオイ属
多年草／花期4〜6月

日光の白根山で初めて発見されたので、"シラネ"。葉がフユアオイに少し似るので、"アオイ"がつく。

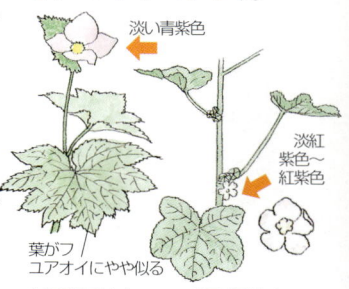

"シラネ"というのは、日光の白根山を指す。ここで初めてシラネアオイが発見されたのではないかと思う。

"アオイ"の言葉は、なぜつけられたかが分からない。

"アオイ"がつく植物に、ウマノスズクサ科のフタバアオイ、アオイ科のフユアオイなどがある。フタバアオイは、京都賀茂神社の神紋であり、徳川家の紋章のモデルになっている草であるが、シラネアオイの葉はこれには似ていない。

アオイ科のフユアオイの葉は、切れ込みが少なく、切れ込みが多いシラネアオイとはあまり似ていない。しかし、アオイ科のタチアオイに少し花や葉が似るので"アオイ"の名前がつけられた。

分布と自生地 北海道、中部から東北までの各地に分布する。特に標高の高い地域。夏でも涼しい地域、林の中や森陰などに自生している。

特徴 花はとても大きくて直径5〜10㌢、丸みを帯びた菱形の花びら状のがく片が4枚つく。真ん中には雄しべと雌しべが多数つく。花びらはない。
この花の下の方に、モミジ形の大きな葉が互い違いについている。上部の葉は小さい。
茎は比較的太く、地下には太い根茎がある。花期の高さは15〜30㌢くらいになる。

仲間 1属1種で、日本が世界に誇れる種。

淡い青紫色

淡紅紫色〜紅紫色

葉がフユアオイにやや似る

▲シラネアオイ　▲フユアオイ

167 シラ

シラユキゲシ
白雪芥子、白雪罌粟

Eomecon chionantha
ケシ科シラユキゲシ属
多年草／花期4月

花が白色なので、"シラユキ"とつけた。この草は中国産のケシ科なので、それで"ケシ"がついた。

▲ケシ科の花は4弁が標準。この花は5弁で、変化花

▲庭の落葉樹の下に地植えのシラユキゲシ

"シラユキ"、これは4枚の花びらが真っ白であることから、雪にたとえてつけられた。"ケシ"は、ケシの仲間ということからきている。しかし、葉はハート形の波打った形なので、ケシとは全く違っている。

この花は茶席や切り花などにも使われている。ただし、庭に植えると根が横に広がっていき、どんどん増えていく。

分布と自生地 中国から渡来し、日本では市街地の空き地などで見られる。

特徴 花びらは4枚。雄しべや雌しべは、多数固まっている。
花茎は中途で枝分かれし、その先に1つずつ花を咲かせる。葉は波打ったハート形で、根際から何枚か出ている。地下茎が広がり増える。

シラン
紫蘭

Bletilla striata
ラン科シラン属
多年草／花期5〜6月

花びらと唇弁は紅紫色、花茎は暗紅紫色と、紫色系統の花といえる。そして、ラン科なので、"シラン"。

▲花は直径4〜5センチくらいで、紅紫色。数個つける

▲日当たりのいい湿った斜面で見かける。高さは30〜70センチ

花色が紅紫色なので、"紫蘭"とつけたと思う。このような名前のつけ方はほかにも多い。花色が黒っぽい黒蘭がそうである。実際には暗い赤紫色だが、黒っぽいイメージから黒蘭と名付けられた。また、九州南部で見られる、黒蘭に似て大形の幽谷蘭［大黒蘭］というのもあり、これも同じような名前のつけ方である。

分布と自生地 関東北部以西に分布。比較的暖かい地方で、湿った日当たりのいい場所に自生する。

特徴 花茎の先に何個かの花がつく。花びらは5枚、下の方に濃い紅紫色を帯びた複雑な唇弁（しんべん）が1枚ある。葉は細長い楕円形で、先が尖る。

▲葉3枚が普通で、長さは2センチくらい

分布と自生地 ヨーロッパ原産。日本各地の市街地の空き地、あぜ道に野生化している。

特徴 花は豆科特有の蝶形花。地際に這う茎からは花茎だけでなく、葉も伸びる。葉は、楕円形で3枚セット。中には4枚の葉もある。

仲間 少し大形で赤い紫の花を咲かせるムラサキツメクサ。小さなコメツブツメクサやクスダマツメクサなどがある。

▲クローバーの名前で親しまれている

シロツメクサというのは、白い花を咲かせるから"シロ"。"ツメクサ"は緩衝材として荷物に詰められたことからきている。アカツメクサの項を参考にしてほしい。

なお、シロツメクサはクローバーの名前で親しまれているが、緑肥としても利用されており、オランダゲンゲとか、オランダウマゴヤシなどという名前で呼ばれている。

シロツメクサ

白詰草

Trifolium repens
マメ科シャジクソウ属
多年草／花期5〜10月

江戸時代、ガラスや陶器を欧州などから送る際、箱にクッション材として詰めたので、花の白い"ツメクサ"。

▲白い蝶のような花をたくさんつけて、1つの球のように見える

▲山地のやや湿ったところで見かける。高さは20〜40センチ

分布と自生地 日本各地に広く分布し、標高が高い林に自生。

特徴 地下に太い根茎。楕円形の葉が3枚輪性状につく。緑のがくが3枚、さらに白い花びらが3枚、その上に小さな雄しべが6本と雌しべが1本。雌しべの先は3つに分かれている。

"シロバナ"は白花をいい表わす。エンレイソウの名前の由来については、アイヌ語の"エマウル"という言葉が変化して"エンレイ"になったという説もあるが、この花の根は江戸時代から薬草として知られており、漢方名の延齢草根あるいは延齢根をエンレイソウの名前に当てたのではないかと思う。

シロバナエンレイソウ

白花延齢草

別名／ミヤマエンレイソウ

Trillium tschonoskii
ユリ科エンレイソウ属
多年草／花期4〜5月

エンレイソウは薬効があり、薬草名"延齢草(えんれいそう)"の名前がある。その仲間で、白花であるからこの名前がある。

▲白い花弁が3枚、がく片が3枚、葉も3枚

シロバナショウジョウバカマ
白花猩々袴

Heloniopsis orientalis var. flavida
ユリ科ショウジョウバカマ属
多年草／花期3〜4月

ショウジョウバカマの仲間。淡紫色を帯びる部分もあるが、全体の花色は白花。それで、この名前に。

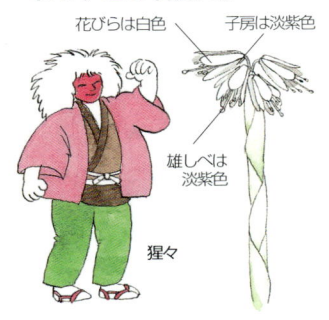

花びらは白色　子房は淡紫色
雄しべは淡紫色
猩々

▲本州の関東以西や四国に見られる

花のつけ根や花柄に淡紫色が多少入るが、全体に花色が白っぽいので、シロバナショウジョウバカマといわれる。なお、ショウジョウバカマのなかには、全てが緑色か白色で、淡紫の部分は全くない大変珍しい白花タイプがある。ショウジョウバカマの名前の由来はP164参照。

▲花後の姿。花後に花茎は伸びる

分布と自生地　関東以西の林に広く自生。

特徴　1組の花びらは6枚、中に雄しべ6本と中心に雌しべ1本。何組かの花が茎先につく。地際にへら形の葉が放射状にある。

仲間　ショウジョウバカマは日本各地、九州にツクシショウジョウバカマ、沖縄には花が真っ白なオオシロショウジョウバカマ、八重山諸島にコショウジョウバカマがある。

シロバナタンポポ
白花蒲公英

Taraxacum albidum
キク科タンポポ属
多年草／花期3〜4月

タンポポの多くは、黄色花。しかし、九州を中心に花びらが白いタンポポがあり、それを"シロバナ"という。

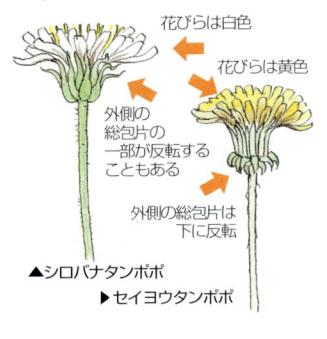

花びらは白色
花びらは黄色
外側の総苞片の一部が反転することもある
外側の総苞片は下に反転
▲シロバナタンポポ
▶セイヨウタンポポ

▲関東にも見られるが、西日本では普通

花びらが白いタンポポである。関西以西に多いが、九州では、タンポポといえば白花が咲く。そこで、タンポポは白色と思っている人が多い。タンポポの名前の由来はエゾタンポポの項でも紹介したが、タンポンタンポンと打つ鼓が蕾に似ており、この音が、タンポポに変化した説あり。

▲花をつつむ総苞片はやや外側に開き気味

分布と自生地　関西以西の本州、四国、九州に分布。日当たりのいい道端や空き地、山道などに自生する。

特徴　花びらはすべて白い舌状花（ぜつじょうか）。がくのような総苞片（そうほうへん）は、一部下方にめくれる場合もあるが、ほとんどめくれない。地際には、切れ込みのある葉が放射状にある。

仲間　タンポポの名前の項P210参照。

▲山地の林の中で見られる。白色の5弁花を咲かす
◀ランナーで増え、柄の先に葉を3枚つける

シロバナノヘビイチゴ
白花の蛇苺

Fragaria nipponica
バラ科オランダイチゴ属
多年草／花期5～7月

ヘビイチゴに草姿が似ている。ヘビイチゴの花の黄色に対し、この花は白色である。それで、この名前に。

▲花後に成熟した果実は甘くて食べられる

分布と自生地 東北、中部、関東、屋久島に分布。山地や深山の林に自生する。

特徴 白い丸い花びらが5弁つく。花の中心に雄しべと雌しべが多数ある。外側にがく5枚。地際に太い根茎があり、そこから花茎を伸ばし、いくつか枝分かれして花が咲く。根茎からは、楕円形の葉が3枚セットになって出て、いずれもふちには鋸歯状の切れ込みがある。葉脈のへこみははっきりしている。花後に赤い実がなる。つるを出し、増える。

仲間 ノウゴウイチゴも同じように高山、深山の林の中に自生していて、食べられる。

花が白色なので"シロバナ"。これは、低地や平野に見られるヘビイチゴや、ヤブヘビイチゴの花が黄色であるのに対して、白花が強調されている。

シロバナノヘビイチゴは、標高の高い山地から深山などに生え、自生地はヤブヘビイチゴとは違うが、葉姿や草姿がよく似ていることから、ヘビイチゴの名前がついている。

ヘビイチゴの名前は、ヘビが出そうな場所に生えるから、人間にはまずいが、ヘビはこれを食べそう、などの意味合いでつけられている。

ところで、このシロバナノヘビイチゴはとても香りがよく、ヘビイチゴやヤブヘビイチゴよりも数段おいしい。

▲平地から山麓にかけての草地や土手で見かける。高さは10～20センチ

▲右下：タネが数個入ったさく果

ジロボウエンゴサク

次郎坊延胡索

Corydalis decumbens
ケシ科キケマン属
多年草／花期3～5月

スミレは"太郎坊"、この草は"次郎坊"と呼ぶ。また、この草は中国の生薬"延胡索"の仲間である。

草相撲
スミレの花の距
ジロボウエンゴサクの花の距

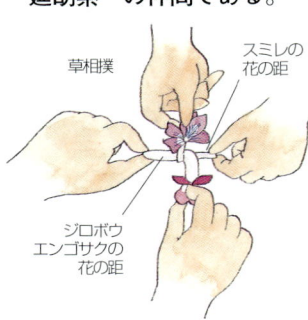

▲花は長さ2センチほどで、距(きょ)がある

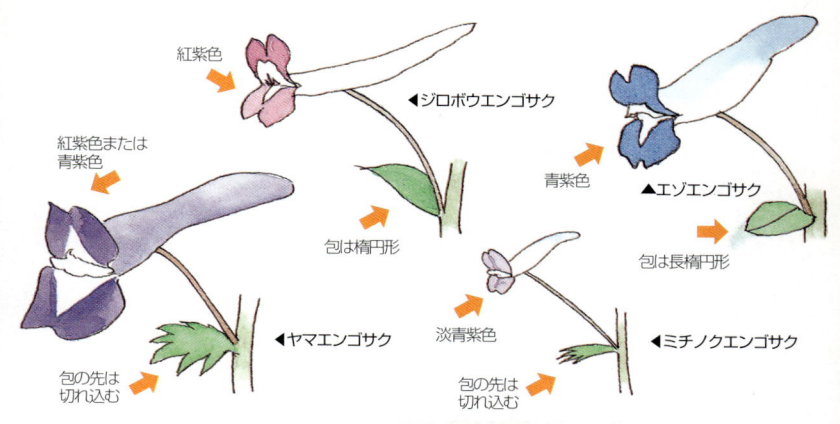

図中ラベル:
- 紅紫色 → ジロボウエンゴサク
- 紅紫色または青紫色 → （ヤマエンゴサク）
- 包は楕円形
- ▲エゾエンゴサク 青紫色
- 包は長楕円形
- ◀ヤマエンゴサク 包の先は切れ込む
- 淡青紫色 ▶ミチノクエンゴサク 包の先は切れ込む

　"ジロボウ"という言葉だけでは、なかなか名前の由来は引き出せない。が、スミレのことを俗名で"太郎坊"と呼び、それと対をなす呼び方であると考えられる。

　これは江戸時代の子供の遊びの中にヒントがあった。

　当時、子供の間ではスミレやエンゴサクなど、花の後ろに距のある花を使って、距を引っ掛け、引っ張り合う草相撲のような遊びが行なわれているところがあった。[距とは、スミレやエンゴサクの花の後ろにある尻尾のようなものをいう]

　そして、この時にスミレのことを"太郎坊"、エンゴサクの方を"次郎坊"と呼んで遊んだ地域があった。

　花の名前の命名者は、この子供遊びの中から生まれた呼び名を覚えていて、"太郎坊"のスミレの弟分に見えたこの草に"次郎坊"の名前を与えたのであろう。

　"エンゴサク"の名前の由来は、はっきりとしている。ジロボウエンゴサクの仲間は、根っこを乾燥させて漢方薬として使われていた。その漢方薬の名前が"延胡索"という。ここから"エンゴサク"という名前がついた。

▲エゾエンゴサク
▲ミチノクエンゴサク 
▲ヤマエンゴサク 

分布と自生地　関東から西、四国、九州までと、広く分布している。農村の山道や空き地、ちょっとした郊外の道端などに多く自生している。いずれも日当たりのいい草むら、あまり高い木の繁っていない場所に生える。

特徴　紅紫色の花の正面は唇形に開いている。シソ科の花に少し似ている。
後ろに長い筒形の尻尾が伸びている。これを距(きょ)という。このような花がいくつもつく。
葉は楕円形で、何枚かが集まって、1枚の大きな葉になる。花の下につく包は楕円形で、切れ込みがない。これがエンゴサクの仲間を見分けるポイントになる。地下には丸い球根[塊茎]がある。

仲間　花のつけ根に切れ込みの包があるヤマエンゴサクやミチノクエンゴサク、包が長楕円形のエゾエンゴサクなど、エンゴサクの名前がつく種類は3種ほどある。平地や道端で見るムラサキケマン、海辺に多く花の黄色いキケマン、山中の半日陰の岩の上に生えるヤマキケマンなども仲間。

173　ジロ

▲人家の周辺や田んぼのあぜで見かける

▲上：花穂　下：高さは30〜100センチ。スイバに似る

スイバ

酸い葉

別名／スカンポ

Rumex acetosa
タデ科ギシギシ属
多年草／花期5〜8月

葉や茎をかじると、酸っぱい味がする。それで、"スイバ"の名前がある。別名"スカンポ"ともいう。

▲根に近い葉の根生葉は柄をもっている。葉の基部は矢じり形

▶ギシギシ　葉の基部は矢じり形にならないのが特徴で、スイバは矢じり形

　"スイバ"というのは、酸っぱい葉という意味で、別名スカンポ。昔、といっても戦前とか、戦後間もない時代、子供たちがこの茎をしゃぶったり、食べたりした。ちょっと酸っぱいが、食べられた。

　酸っぱい茎、酸い茎ではちょっとごろが悪いので"酸い葉"（スイバ）となったのであろう。

　別名のスカンポは、タデ科のイタドリにもついている。これも同様に茎は酸っぱく、子供たちがおやつ代わりにかじっていた。

　スカンポという名前は、江戸時代の『三才図会』、『綱目啓蒙』そのほか２書で紹介されている。しかし、イタドリが先だったのか、スイバが先だったのかは定かでない。

分布と自生地　日本各地の丘、野原などの道端、あぜ道に自生。
特徴　雄株と雌株がある。雄株の方がやや大きい。花が下向きで、黄色い花粉が多数つく。雌株は、花の上側に、赤色の毛ばたきがある。上の葉は茎を抱え込んでいる。下側の葉は葉柄（ようへい）が出て、葉の基部は矢じり形に尖る。よく似たギシギシの下の葉の基部はハート形をしている。
仲間　小形のヒメスイバは、標高のやや高い場所にある。

▲道端や土手などに見られる。スギナの"ナ"は食べられることを意味する
◀栄養茎で、高さは20〜40センチになる。スギの葉に似ている

スギナ
杉菜
別名／ツクシ

Equisetum arvense
トクサ科トクサ属
多年草／花期3〜5月

スギナという草は、非常に細くて、杉の細い葉によく似ている。ということから、"スギ"という言葉がついた。さらに、このスギナの胞子茎であるツクシ（土筆）は、食用に適しているので、これを意味する"菜＝ナ"がついた。

"ツクシ"の名前の由来は面白い。ツクシの袴の部分を一度ちぎって、またつなぎ、どこの袴でつないでいるかを当てる"ツギクサ"という子供たちの遊びがある。この"ツギクサ"が"ツクシ"という言葉に変化したといわれている。

また、ツクシの形を筆にたとえ、地際に生えるので、"土筆"と書く。なお、ツクシは漢方薬としても利用され、中国では"接続草"と呼ばれている。

分布と自生地 日本各地。畑の隅、あぜ道、市街地の空き地などの日当たりのいい場所。
特徴 非常に細い緑の葉のような栄養茎が下から輪生状に段々になってつく。ツクシといわれる胞子茎は、上の方が筆の形で、茎の所々に袴のような鱗片（りんぺん）がある。
仲間 イヌスギナは、葉が栄養茎と胞子茎が一緒になっている。スギナのような状態の栄養茎の一番上を見ると、ツクシに似たものがついている。これが特徴。

葉が杉の葉に似ているので"スギ"。胞子茎（ツクシ）は食べられるので"菜"。

▲スギナの胞子茎で、ツクシの名前で知られている。胞子を出すと枯れる

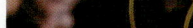

▲スズキスミレの花［濃色］と葉の切れ込み

▲葉には浅い切れ込みがある

▶上：ヒゴスミレの葉 切れ込みが細かい 下：スミレ

スズキスミレ
鈴木菫

スミレとヒゴスミレの交配種
スミレ科スミレ属
多年草／花期4月

ヒゴスミレとスミレとの人工交配種。山野草園芸に功労があった鈴木吉五郎氏作出のスミレ。

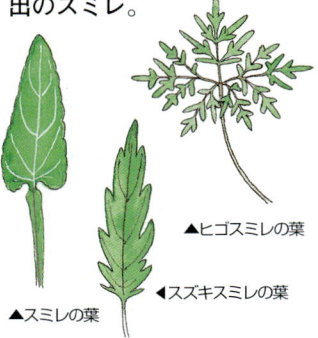

▲ヒゴスミレの葉
◀スズキスミレの葉
▲スミレの葉

スズキスミレというのは、園芸種である。

戦前戦後の園芸の世界では、鈴木吉五郎さんという大家がいた。その方が、だいぶ以前にヒゴスミレとスミレとを人工交配させて作出した古典的なスミレが、スズキスミレである。

花色が非常に濃く、黒っぽい赤紫色をしている。ヒゴスミレのように葉に切れ込みがある。今でも非常に人気の高い品種である。

スズキスミレという名前は、鈴木吉五郎氏のスズキとスミレとをとって名付けたもの。

なお、スズキスミレは交配種なのでタネはできない。実生（タネまきのこと）による苗作りができないので、葉挿しや根伏せで増殖している。

分布と自生地 園芸種なので、分布、自生地はない。栽培家の庭に生えている。

特徴 花の形は普通のスミレと同じだが、花いろが非常に濃く、黒っぽい赤紫色。
長い三角状の葉は、左右に浅い切れ込みが入っている。この切れ込みが、交配したヒゴスミレの特徴。
なお、花色が濃くなることは、かけ合わせによってよく出てくる。スズキスミレもその結果だと思う。

仲間 ない。

▲山地の林内で見かける。高さは10〜20センチ
◀茎は真っ直ぐ立ち、スズムシに似た淡暗紫色の花が10個ほどまばらにつく

スズムシソウ

鈴虫草

別名／スズムシラン

Liparis makinoana
ラン科クモキリソウ属
多年草／花期4〜5月

ラン科の花なので、唇弁、がく片、花弁などが展開している。そのうちの淡緑色地の唇弁は、赤紫を帯びた血管が通っているように見える。形は卵形をしている。

この唇弁の形をよく見ると、鈴虫の翅の形に少し似ている。そこからスズムシソウの名前がつけられたのだと思う。

このように、唇弁や花の形を昆虫や小動物の姿に見立て、その名前を借用した植物がいくつもある。スズムシソウの仲間のジガバチソウもそう。この場合も、唇弁が土蜂などに似ている。小動物に似る植物にはムカデランがある。これは、葉の出し方がムカデの手足に似ている。クモランも根が緑色をしており、蜘蛛が足を広げたような形をしている。

このラン科の草の唇弁が、鈴虫の翅の形に似ているということから、"スズムシ"の名前がつけられた。

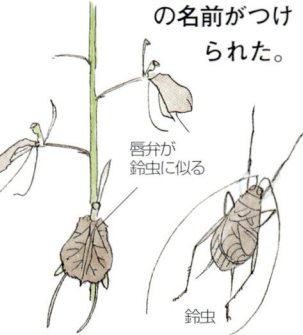

唇弁が鈴虫に似る

鈴虫

分布と自生地 沖縄以外の日本各地の標高が高い林や森で自生。

特徴 花は、2つの細い花びら状のがく片が唇弁（しんべん）を支えるように左右に広がる。大きく見える特徴的な花びらが唇弁。唇弁の基部にある小さな突起はずい柱で、雄しべや雌しべが入る。葉は球根［偽鱗茎（ぎりんけい）］から互い違いに2枚出て、花茎を抱きかかえる。

仲間 ジガバチソウ、クモキリソウ、ユウコクランやコクランなど。

スズメノエンドウ
雀の豌豆

Vicia hirsuta
マメ科ソラマメ属
1年草・越年草／花期4〜6月

エンドウ豆に実がよく似ているが、やや小形なら"カラス"。さらに、小さければ"スズメ"とつく。

▼スズメノエンドウ 
タネは2個

タネは5〜8個
▲カラスノエンドウ

▲道端や畑などに普通に見かける

エンドウ豆の実の大きさに比べて、カラスノエンドウの実は、少し小さいので、"カラス"。一番小さい実のスズメノエンドウに"スズメ"の名前がつく。名前を決める際に"スズメ""カラス"というふうに、動物の大小を植物の大きさに当てはめていい表わした。

▲豆果は小さくて1センチくらい。短い毛がある

分布と自生地 日本各地。道端、日当たりのいい草むらに自生。
特徴 つる状の茎に葉や花柄(かへい)がつく。花は淡紅紫色で、蝶形の花を2〜3個ずつつける。実の中には、タネがだいたい2個くらい入る。葉は、カラスノエンドウに比べると細かく多い。12枚以上つく。
仲間 カラスノエンドウ、カスマグサ、ナンテンハギなどがある。

スズメノカタビラ
雀の帷子

Poa annua
イネ科イチゴツナギ属
越年草／花期3〜11月

小さい草なので"スズメ"。穂先に、着物の合わせ目に見える部分がある。これを雀の帷子(かたびら)[一重の着物]に見立てた。

小穂の一部

帷子
(かたびらといい、一重の粗末な着物)

雀

▲畑や道端などにある。高さは10〜30センチ

右：小穂は3〜5ミリ

"スズメ"は、スズメノエンドウと同様に、大きさを表わす。"カタビラ"は、一重の着物の帷子(かたびら)。粗末な着物という意味も含んでいる。この草の小さな小穂を見ると、着物の合わせ目のような部分がある。そこから、小さくて一番粗末な一重の帷子、"スズメノカタビラ"とした。

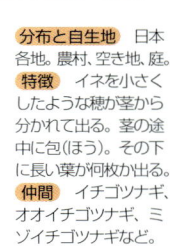

分布と自生地 日本各地。農村、空き地、庭。
特徴 イネを小さくしたような穂が茎から分かれて出る。茎の途中に包(ほう)。その下に長い葉が何枚か出る。
仲間 イチゴツナギ、オオイチゴツナギ、ミゾイチゴツナギなど。

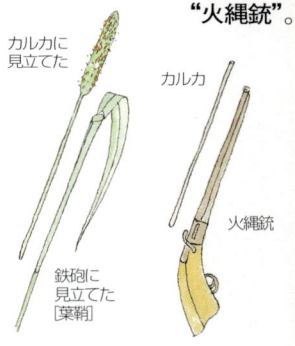

▲左：花がついている部分[花序]の長さ3〜8センチ

スズメノテッポウ

雀の鉄砲

Alopecurus aequalis
イネ科スズメノテッポウ属
1年草・越年草／花期4〜6月

小さいので"スズメ"。草の上部を引き抜くと"弾込め棒"、下側の丸い空洞は"火縄銃"。

分布と自生地 日本各地。あぜ道や休耕田。
特徴 穂状の花序（かじょ）には小穂がびっしりつき、小穂には短い芒（のぎ）がつく小花がある。葉は線形で、互い違いにつく。
仲間 芒が長いセトガヤがある。

小形なので頭に"スズメ"。"テッポウ"は、火縄銃からきている。草の上部にある円柱形の穂と茎を引き抜くと、下側の葉鞘（ようしょう）に空洞ができる。これを銃口あるいは銃身に見立てた。そして抜いた円柱形の穂と茎をカルカ[弾丸を詰める鉄の棒]に見立てて、後ろに"テッポウ"とつけた。

▲海岸、山地、草原などで見かける。高さは10〜30センチ

スズメノヤリ

雀の槍

Luzula capitata
イグサ科スズメノヤリ属
多年草／花期4〜5月

花の集合が大名行列の時の"毛槍"に似ている。著しく小さいので"スズメ"がついた。

分布と自生地 日本各地の草むらに自生。
特徴 まず黄色い毛ばたきのような雌花が現われ、ほかの葯と受粉してしなびる。その後に、雄花が黄色い花粉を出す。まず雌花の時代があり、次に雄花の時代がある草。

茎の頂部に花の集合ができる。花期から果期までほぼ同じ姿に見える。この姿は毛槍に似るので"ヤリ"。毛槍というのは、普通の槍に木製の鞘（さや）をはめ、その上から鳥の羽根や獣の毛皮、羅紗（らしゃ）などを長めにたらして飾りにしたもの。特に鳥の羽根を使ったものは毛槍という。

▲上下：花は葉より低く10個ほどつく

▲高原の草地で見かける。高さは20〜35センチくらい

スズラン
鈴蘭

別名／キミカゲソウ

Convallaria keiskei
ユリ科スズラン属
多年草／花期4〜6月

▶ドイツスズラン 花は葉より上につく

白い鈴を吊るしたように見える。ユリ科だが、ラン科植物に似ているので"ラン"をつけた。

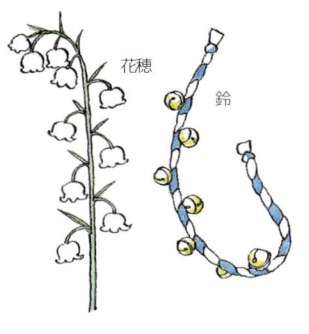

"スズ"は、お祭や神事で見られる紐（ひも）についた鈴のこと。スズランの花がついている状態によく似ている。そこからきていると思う。

"ラン"は、葉や花に、なんとなくどこかが蘭と似ているから、安易につけられたのだろう。

名前のつけ方としてこの手法はよくあることだ。ユリ科ヤブランの場合も、葉が東洋ランのカンランやシュンランに少し似ていたのでつけられている。

スズランの場合は、葉が広いので、東洋ランではなく、葉の広いエビネやサイハイラン、そういうものに似ていると誤認してつけたのだろう。

花穂　鈴

分布と自生地　北海道、本州、九州。比較的寒い地方、標高の高い草地に群生している。

特徴　壺形の花が穂状に花茎につながる。6本の雄しべと1本の雌しべで構成される。楕円形の葉が互い違いに2枚つく。花は、普通は葉に隠れるようにして葉より下側に咲く。ここから、君影草（きみかげそう）という別名がある。

仲間　外国産だが、ドイツスズランがある。これは、葉より上に花が咲く。

▲高さは10センチくらいで、葉の先が丸い
◀日当たりがいいところで見かける

スミレ
菫

Viola mandshurica
スミレ科スミレ属
多年草／花期4～5月

正倉院の御物に大工の墨入れ壺（奈良時代）があり、その一部はスミレの距[尻尾のような器官]に似る。それで"スミレ"の名前が。

名前の由来には諸説がある。大工が使う道具に、墨壺とか墨入れ壺というのがある。材木に、墨で線をつける道具で、この墨入れ壺の一部の出っ張りの形が、スミレの花の後ろにある距に似ていることから、"スミレ"という名前がついたといわれている。

しかし、"スミレ"の言葉は『万葉集』に出てくるが、この時代にはまだ墨入れ壺はなかったのではないかと、一時、この説を取りやめる動きがあった。

ところが、正倉院の御物の中に、奈良時代の墨入れ壺が現存しており、スミレの距に似た部分もあることが分かったので、この説を支持したい。

分布と自生地 日本各地の市街地、山道、空き地などに自生する。
特徴 濃い青紫の花色で、下側の花びらだけが白く浮き出ている。上の花びら2枚を上弁といい、左右2枚の花びらは側弁。下側につく白い部分のある花びらが唇弁（しんべん）。花の後ろに尻尾のような距（きょ）がある。中で蜜を分泌している。距のそばにがくが5枚。葉は卵を長くしたような形で、葉と葉柄のところで少しくびれている。葉柄に翼がある。

大工道具の墨壺

スミレの名前がつく植物

万葉の時代からスミレの名前は定まっていた。名前の由来を別項で述べたものの、謎が多い。

　数十種ものスミレが自生し、そのすべてが多年草である。主花期は3～4月。

　以下、主なスミレを紹介する。黄花のスミレは、よく目立つ。このうち、**キスミレ**だけは、西日本の野原や丘など平地に自生する。深山には、オオバキスミレ、高山には**キバナノコマノツメ**などが見られる。

　次は、茎が立ち上がり、茎から花や葉を出すスミレ。地上茎のあるスミレともいう。タチツボスミレの仲間やニョイスミレが該当。

　細葉は、エイザンスミレ、ヒゴスミレ、ベニバナナンザンスミレの3種。それ以外のスミレは、アリアケスミレ、ノジスミレなど多数。

　最後は外国産。ソロリア、ラブラドリカなど。

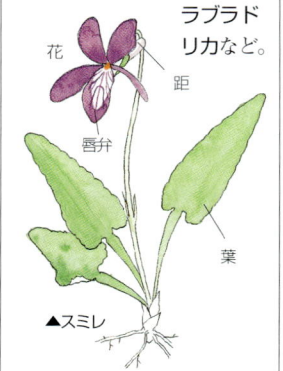

花／距／唇弁／葉
▲スミレ

黄花のスミレ

▲オオバキスミレ p61 　　▲キスミレ p106

地上茎あり

▲オオタチツボスミレ p205 　　▲タチツボスミレ p204

▲ニョイスミレ［ツボスミレ］p243

| 地 上 茎 な し | 細 葉 の ス ミ レ |

▲アリアケスミレ

▲エイザンスミレ p42

▲エイザンスミレの夏葉が出はじめ

▲ヒゴスミレ p273

▲上：スミレ　下：タネ p181

実が斜め上を向く
（この期の
タネは早く発芽）

実が上を
向く

実の頭を
もたげる

タネは1～2
メートル
飛ぶ

初めは
下向き

実は上を向いてから
2日くらい後に破裂して、
中のタネが飛ぶ
▲スミレの実とタネ

| 外　国　産 |

▲ビオラ・ソロリア p199

▲ビオラ・ラブラドリカ

▲日本海側の雪の多い山地の林内で見かける。花期に葉が巻いているのが特徴。高さ5〜10センチ

スミレサイシン
菫細辛

Viola vaginata
スミレ科スミレ属
多年草／花期3〜4月

カンアオイの仲間にウスバサイシンがある。これに似たスミレなのでスミレサイシン。

▶ウスバサイシン 葉がよく似ている

　江戸時代に流行した植物にカンアオイの類があった。これは、葉に斑や模様が入り、とても美しく、それが園芸種として愛されていたようだ。さらにこの植物の根を舐めると非常に辛く、葉柄（ようへい）が細いということで、細くて辛いという言葉を縮めて"細辛（さいしん）"とも呼ばれていた。

　カンアオイの仲間に、冬季落葉性のウスバサイシンがある。

　スミレサイシンは、このウスバサイシンの葉によく似ていることから"スミレ"に"サイシン"の名前がが加わって名前がつけられた。スミレサイシンの場合は、根は辛くない。

葉のへりが内側にめくれる

分布と自生地 北海道から山口までの、日本海側の山地に自生。
特徴 花は淡青紫色で、花びらが5枚。一番目立つのは唇弁（しんべん）。花茎の先に花が1つずつ咲く。先端が尖るハート形の葉を何枚か地際から出す。花期は、葉のふちが内側に巻き込み、花が終わる頃に開く。根茎という太い根がある。
仲間 葉の長いナガバノスミレサイシン。

▲ "菜の花"と呼ばれている。茎や葉は粉っぽい白さがある。タネから油をとるために栽培された

◀セイヨウカラシナ よく似ているが、葉の基部は茎を抱かない

セイヨウアブラナ
西洋油菜
別名／ナノハナ、アブラナ

Brassica napus
アブラナ科アブラナ属
越年草／花期4～5月

明治以降に渡来。油をとることで知られている"アブラナ"と区別するために、"セイヨウ"がつく。

最近は見かけないが、中国経由で日本に渡来してきたアブラナがある。セイヨウアブラナと比べると葉が緑色。タネを絞って灯油などの油にしたのはこのアブラナを指し、名前の由来である。セイヨウアブラナも外国から渡来した種で、頭に"セイヨウ"をつけ、ほかのアブラナの仲間と区別させている。この種は"菜の花"とも呼ぶが、"菜の花"にはアブラナを含め3種類ある。一番多く見られるのは、セイヨウアブラナ。葉が黒っぽい緑色をしている。このことで、この種がアブラナとキャベツとの交配種と分かる。ほかに、チリメンハクサイとアブラナとを交配したチリメンアブラナがある。

分布と自生地 明治時代より栽培され、日本各地で野生化する。

特徴 黄色い花弁が4枚。花びらは丸い形をしている。花後に細長い棒のような実がつく。その中に小さいタネが入る。
葉は、いずれも茎を抱いている。それが特徴。タネから油をとる。

仲間 川の土手などに見るセイヨウカラシナは葉が細くくさび形。茎を抱くことはない。

花つきが多い / 花つきは少ない
葉の基部は茎を抱く / 葉柄は茎を抱かない
▲セイヨウアブラナ ▲セイヨウカラシナ

▲河原や土手わきに群生する

▲葉の基部は茎を抱かない。高さは1メートルくらい

▶セイヨウアブラナ よく似ているが、葉の基部は茎を抱く

セイヨウカラシナ
西洋芥子菜

Brassica juncea
アブラナ科アブラナ属
越年草／花期4〜5月

戦後に渡来した"カラシナ"で、食べると辛みがある。古い種と区別するために"セイヨウ"とつけた。

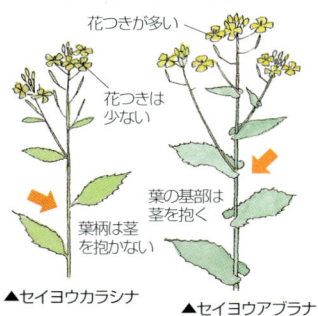

▲セイヨウカラシナ（花つきが多い／葉柄は茎を抱かない）
▲セイヨウアブラナ（花つきは少ない／葉の基部は茎を抱く）

"セイヨウ"という言葉は、戦後、この植物が新しく外国から入ってきた際に、中国から入ってきた昔からの"カラシナ"と区別するためにつけられた。"カラシナ"の名前は、葉やタネに辛みがあり、タネを粉末にして辛子、芥子という名前で利用されていたことに由来する。

セイヨウカラシナは、ロシアで広く栽培され、北米やヨーロッパ各地でも野生化している。日本では、土手や線路沿いに群生している。

セイヨウアブラナなどの"菜の花"と混同されるが、セイヨウカラシナの方が花つきが少しまばらで、葉の基部がくさび形になっている。茎を抱くことはない。"菜の花"は、葉の基部は茎を抱きかかえている。

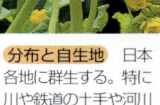

分布と自生地 日本各地に群生する。特に川や鉄道の土手や河川敷には、たいてい群生している。

特徴 黄色い花びらが4枚ある。がくは緑色で4枚ある。上の方ほど密集している。途中に楕円形の葉があり、下の葉は大きく、左右から切れ込んだ羽根状に。葉の基部はくさび形で、茎を抱くことはない。

仲間 セイヨウカラシナより花つきが多い感じのセイヨウアブラナなどの"菜の花"。

▲上:花は青紫色 下:つるを伸ばして広がっていく

▲日なたの空き地で増える。高さは10～25センチ

◀ジュウニヒトエ セイヨウジュウニヒトエとの違いは花色

"セイヨウ"は、外国から来たという意味。"ジュウニヒトエ"というのは、日本産の白花のジュウニヒトエとよく似た草を表わす。

"ジュウニヒトエ"の名前の由来は、花が幾重にも重なって、十二単のように見えるということから、ついたといわれている。しかし、1つの花を見ると、両種とも、十二単を着た女性が手を広げて歩いているシルエットに見える。私はそこからきているのではないかと思う。

日本産ジュウニヒトエとの大きな違いは、つるが伸びてきて、所々の節から葉を展開し、根を出す。独立した株がいくつもでき、どんどん増えていく。一方、日本産ジュウニヒトエは、そのような増え方はしない。

分布と自生地 庭に植えられるが、空き地に野生化している。

特徴 花は青紫色。イワチドリなどのランの花に似る。花が群がって、茎の周りに多数つき、その間にスペード形の小さい葉が、花のすぐ下につく。花と葉が密集している。花後は、つるが出て、途中に葉が展開する。葉の下に根を伸ばし、子株をどんどん増やしていく。

仲間 ジュウニヒトエ、ケブカツルカノコソウとがある。

セイヨウジュウニヒトエ
西洋十二単

別名/アジュガ、ツルジュウニヒトエ

Ajuga reptans
シソ科キランソウ属
多年草/花期4～5月

在来種のジュウニヒトエによく似た種。欧州原産で、花は青紫色。花後はつるでよく増える。在来種と区別するため"セイヨウ"がつく。

花後につるが伸び、花の下に根が生える

187 セイ

▲畑や道端などで見かける。花期の高さは10〜20センチ

▲総包は外側に反り返る（左右）

セイヨウタンポポ
西洋蒲公英

Taraxacum officinale
キク科タンポポ属
多年草／9〜6月

▶上：セイヨウタンポポの綿毛
下：アカミタンポポで、タネが赤い

欧州原産のタンポポ。総包（そうほう）の外側が下へめくれるのが特徴。日本在来種と区別するため"セイヨウ"がつく。

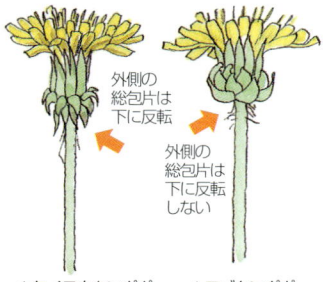

▲セイヨウタンポポ
外側の総包片は下に反転

▲エゾタンポポ
外側の総包片は下に反転しない

明治時代、北海道で食用・牧草として輸入したのが始まりのこの植物は、外来種ということで、"セイヨウ"の名前がついた。

日本在来のタンポポとはいろいろ違いがある。花の下側のがくに相当する総包の小さな葉のような外片が、セイヨウタンポポはめくれているが、在来種はめくれていない。ほかの花の花粉なしでもタネができるが、日本在来のタンポポの多くはほかの花の花粉がないと結実しない。綿毛は、在来種より小さく飛びやすい。セイヨウタンポポは1年中花が咲き、花が咲くと1株だけでも必ず結実して綿毛を飛ばし、増えていく。日本在来のタンポポに比べて、繁殖力が強く、日本各地に増えてしまった。

分布と自生地 日本各地の道端や空き地などどこでも見かける。

特徴 在来種よりも、全体的に小形。花は舌状花（ぜつじょうか）という花びらだけで構成。がくに相当する総包（そうほう）の外側の部分が下にめくれている。葉は、在来種よりも小形の切れ込みがあり、放射状に出る。

仲間 日本在来種には、カントウタンポポ、エゾタンポポ、トウカイタンポポ、カンサイタンポポ、シロバナタンポポなどがある。

▲花穂の長さは5～10センチ

▲水辺に生える。葉は脈が目立たない

◀ショウブ 花は茎の中間辺りにつくのがセキショウとの違い

漢字で書くと、"石菖"。中国ではこのセキショウを"菖蒲"と書き、よく似たショウブのことを"白菖"と書いて分けている。

"石菖"は、渓谷や渓流のふちに自生し、岩場や岩石があるような場所で、半ば水に浸かるように草姿を見かける。そのことから、"菖"の前に自生地を表わす"石"をつけて"石菖"という名前をつけたのだろう。

セキショウは、とても香りがいい。葉に傷つけると、芳香が漂う。

ロウソクを立てて行なう夜咄(よばなし)の茶事にセキショウが使われている。ロウソクには特有の臭いがある。セキショウの鉢植えを茶席に飾ることで、ロウソクのいやな臭いを打ち消すのだそうだ。

分布と自生地 本州、四国、九州などに広く分布。だいたい沢沿いの岩場に半ば水に浸かるようにして自生する。

特徴 細くて線形の葉が2枚ずつ出ている。葉の長さは30～50㌢。揉んだりすると、芳香が感じられる。
春に花茎を伸ばし、ツクシよりも細長い花の集合体を伸ばす。花が出たところから先は包(ほう)。包の長さと、包が出るまでの地上との長さはほぼ同じ。

仲間 セキショウより大形のショウブ。

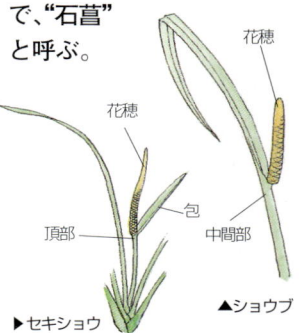

セキショウ

石菖

Acorus gramineus
サトイモ科ショウブ属
多年草／花期3～5月

この草は、中国では"菖蒲"。自生する場所は渓谷や沢の岩や石の多いところ。それで、"石菖"と呼ぶ。

▶セキショウ　▲ショウブ

頂部／包／中間部／花穂／花穂

189 セキ

▲湿度の高い谷間の岩や木に着生する

セッコク
石斛

Dendrobium moniliforme
ラン科セッコク属
多年草／花期4〜5月

中国名の"石斛"をそのまま音読みにし、太い茎を、石のような堅い水がめ[斛]に見立てて"石斛"という。

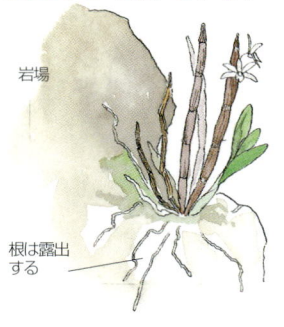

岩場
根は露出する

"石斛"は漢名。音読みして"セッコク"と呼んだ。
"斛"という字は、1石などと同様の、単位や水がめのような入れ物を表わす。セッコクの偽鱗茎の太い茎がこの水がめの形に似ており、しかも水分を含んで石のように堅い。そんな姿を見立てて"セッコク"と呼んだのではないかというのが、私の推測である。
平安時代の『本草和名』などでは、"岩薬"あるいは"少名彦薬根"の名前で出ている。"少彦名神"という医薬の神の名前をそのまま借用し、さらに、根が薬になるので"薬根"という名前をつけたと考えられる。これらの古名は、"石斛"が登場するとすたれてしまった。
昔は、棍棒の茎[偽鱗茎]といっているが、それを乾燥させて、滋養強壮に用いたようだ。

分布と自生地 東北北部から本州の西、四国、九州、南西諸島の一部まで広く分布し、苔むした樹木や沢沿いの岩場に着生する。

特徴 花は同じような花びらが5枚。内側の2枚は側花弁。外側は花弁状に変化した3枚のがく片。下側にはほかの花びらと形が違う唇弁(しんべん)がある。花柄(かへい)の先に1個ずつつき、根元の方からたくさん咲く。太い棒状の先に楕円形の堅くて小さい葉が2〜3枚出る。今年出た葉には、花が咲かない。翌年に上部の節のところに尖った花芽ができ、3年目の春に花が咲く。根は石や樹木に着生し、空気中の水分を吸うために露出している。

仲間 キバナノセッコク、オキナワセッコクなどがある。

▲芳香のある白色の花

▲ピンク色をした花　　　▲淡黄白花　　　▲キバナノセッコク

セッ

▲石灰岩地の木陰に多く群生する

セツブンソウ
節分草

Eranthis pinnatifida
キンポウゲ科セツブンソウ属
多年草／花期3月

▶上：高さは5〜15センチ
中：下側中央は青軸　下：実

旧暦の節分の頃に咲くので、この名前がついた。関東周辺では秩父地方に多く自生し、旧暦の節分の頃に花期。

節分は、新暦の2月4日頃だが、旧暦では立春の前日で、今でいう3月半ば。この頃になるとちょうどセツブンソウの花の時期を迎え、江戸の町中にこの花が出回る。そこで"セツブンソウ"という名前がついた。

節分では、昔も"鬼やらい"という豆まきを各家でやり、年の数だけ豆を食べると病気はしないといわれていた。鬼を除けるという意味で、ヒイラギの枝にイワシの頭を刺し玄関の戸に飾っていた。

江戸時代、自生地の秩父では農家の人々が現金収入になるこのセツブンソウを掘って、竹筒などに植え込み、かけ声をかけながら江戸の町中で売り歩いていたのであろう。

がく

分布と自生地　関東以西、中部の石灰岩の出るような地域に自生。
特徴　がくが変化した白い花びらが5枚。中心に花弁が変化した黄色いY字形のものの先から蜜を出す。
花の下の細い切れ込みは総包葉[総包（そうほう）]。これが襟巻き状にぐるっと巻く。
茎の下側に丸い球根がある。球根からは葉だけ、あるいは花の出る茎が1〜2本出ることもある。
仲間　外国にキバナセツブンソウがある。

▲ハナウド p259 　▲ハマウド p263
▲ヤブニンジン p197 　▲シャク p161 
▲セントウソウ p196 　▲オヤブジラミ p75 日陰は紫化せず 

セリ科の植物たち

セリ科植物の多くは白花で地味だが、草姿が大きいので目立つ。ところが、似た花が多い。

▶オヤブジラミ

どんな環境に自生しているか、によってその種類は限られる。

①郊外の丘か低山の麓、②山地、③深山や高山、④海辺、⑤湿地など。さらに日なたか林の中か、岩場か草原かなど。また花期で違う。ハナウドとハマウドは、ともに春咲きだが、前者の自生地は①と②で、後者の自生地は④である。ヤブニンジンは①と②の林の中。シャクと、似ているヤブジラミは、ともに①と②であるが、前者は春咲き、後者は夏咲き。オヤブジラミは、春咲きで紫色を帯びる。セントウソウとイワセントウソウは、前者は①と②で、後者は③。

▶ハナウド

▲山野の林内で見かける。上部の小葉に切れ込みがあるのが特徴

セリバヤマブキソウ
芹葉山吹草

Cheridonium japonicum f. dissectum
ケシ科クサノオウ属
多年草／花期4〜5月

葉が細かく分裂し、セリの葉にも似るので"セリバ"。ヤマブキに似た黄色い花を咲かすので、ヤマブキソウ。

▲黄色い鮮やかな花がヤマブキの花に似るが、花弁は4枚

▲左：ヤマブキソウの花弁は4枚　右：ヤマブキは5枚

茎の上部の葉の小葉は、ヤマブキソウの葉に比べ、深く羽根状に裂けている。裂けた部分がさらに細かく裂けていて、この形態がセリの葉を思わせるので"セリバ"という名前がついている。ヤマブキソウの名前は、ヤマブキの花と同じような黄色い花が咲くということからついた。

ところで、バラ科のヤマブキは5弁の花。ケシ科のこの花は4弁である。花色が似ているというだけでヤマブキという名前をつけてしまった。

分布と自生地　本州、四国、九州に分布し、比較的浅い山地の森や林の中に群生する。
特徴　丸い花びら4枚、がくは2枚。花は、だいたい2〜3個咲く。花のそばに基本的に切れ込んだ葉が3枚つく。上側の葉は、ほとんど3枚セット、下側の葉は7枚セットが多く、それぞれの小葉は細かく切れ込んでいる。
仲間　ヤマブキソウ、野原や人家の近くに咲くクサノオウなど。

▲北国の海岸に見られ、大群生しているところもある。花は黄色、蝶形
◀葉の表面は無毛、裏は柔らかい毛が生えている

センダイハギ

先代萩、船台萩

Thermopsis lupinoides
マメ科センダイハギ属
多年草／花期5〜7月

歌舞伎の演目に伊達騒動を題材にした『伽羅先代萩』がある。

この『伽羅先代萩』から"センダイハギ"の名前がついたといわれている。

しかし、騒動のあった舞台の場所は宮城県だが、海辺に自生するというこの"センダイハギ"とは、どうも環境的に結びつかない。

センダイハギというのは北へ行くほど自生が多くなる。宮城県よりも岩手県や青森県、北海道の方に多い植物である。しかも、そういった地域の船を休ませておく船台脇で見かけた。

"先代"ではなく"船台"から"センダイハギ"という名前がついたとする方が実情に合っている。

歌舞伎の『伽羅先代萩』と関係があると多くの書に出ているが、北国の寂れた漁港の船台のそばに咲くことが名前の由来と思う。

北国の海岸

船台

分布と自生地 北海道、本州に分布し、北へ行けば行くほど、自生数が多くなる。海辺の日当たりのいい、砂浜、草むらなどに自生。
特徴 高さは40〜80㌢と大形。黄色い蝶形の花が、下の方から続いて咲いていく。
葉は互い違いに出て、小葉は3枚。裏側に毛がある。葉柄（ようへい）の基部に大きな托葉（たくよう）がある。
花後はインゲン豆のような黒い実がなる。
仲間 特にない。

▲別名オウレンダマシとも呼ばれる。キンポウゲ科のオウレンに似た葉。林の下で多く見られる

セントウソウ
仙洞草

Chamaele decumbens
セリ科セントウソウ属
多年草／花期4～5月

人里離れた仙人の住まいは、"仙洞(せんとう)"という。諸説があるが、これが最も妥当な見解と思う。

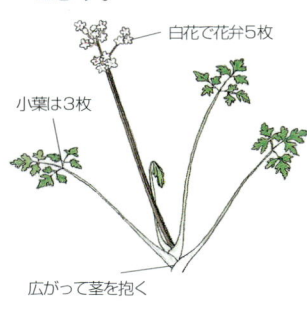

白花で花弁5枚
小葉は3枚
広がって茎を抱く

▲高さは10～30センチ

▲左：葉には紫色の柄がある　右：葉の脇から花茎が伸びる

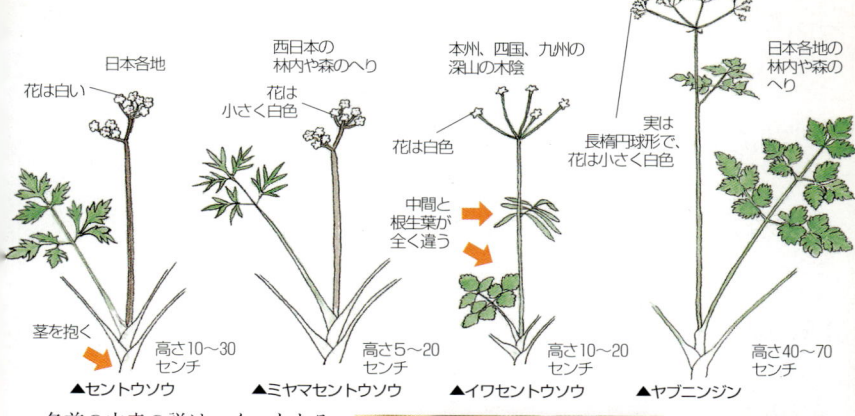

図の説明（上部イラスト）:
- ▲セントウソウ：日本各地／花は白い／茎を抱く／高さ10〜30センチ
- ▲ミヤマセントウソウ：西日本の林内や森のへり／花は小さく白色／高さ5〜20センチ
- ▲イワセントウソウ：本州、四国、九州の深山の木陰／花は白色／中間と根生葉が全く違う／高さ10〜20センチ
- ▲ヤブニンジン：日本各地の林内や森のへり／実は長楕円球形で、花は小さく白色／高さ40〜70センチ

名前の由来の説はいくつもある。まず最初の説。この植物は真冬の終わり頃から白い小さな花を咲かせる。最初に咲かせるという意味合いの"先頭（せんとう）"。先頭をきって咲くというのが第1の説。

第2の説は、頭が尖るという意味の"尖頭（せんとう）"。葉の先がさほど鋭く尖っているわけではないが、尖っているように見えるので、"尖頭"。

第3の説は、"仙洞（せんとう）"。これは、太上天皇の仙洞御所や仙人の住まいなどのことをいう。しかし、この第3の説の場合は、太上天皇の御所ではなく、人里離れた"仙人の住まい"を指している。そのような場所に自生しているという意味で"仙洞草"。

この仙人の住まい説が一番妥当な考え方ではないかと思う。

なお、セントウソウの別名はオウレンダマシ。これはセリバオウレンやバイカオウレンなどの葉に似ていることから"黄蓮だまし"。もう1つの別名クサニンジンは、赤い根の生えるセリ科のニンジンに似るが、利用価値はなく、"クサ"とつく。

セントウソウは、『物品識名（ぶっぴんしきめい）』という文化6年発行の本にも出ており、江戸時代にはすでにつけられていた名前である。

▲イワセントウソウ

▲ミヤマセントウソウ

▲ヤブニンジン

分布と自生地 北海道から九州まで、日本各地に広く分布している。森のふちや林の中などに自生している。

特徴 花は小さな白い花びら5枚と、雄しべ5本、雌しべ1本。花は、花茎から長さは一定ではない不ぞろいの花柄（かへい）を伸ばし、その上に白い5弁の花をいくつも咲かせている。

葉は、地際から出る。大きく3枚セットになっており、1つがさらに3枚くらいに分裂している。

この葉の形は、キンポウゲ科の黄色い根があるセリバオウレンやコセリバオウレンの葉に似ている。

花後に米粒に似たタネができる。

仲間 西日本に分布するミヤマセントウソウは葉の裂片が非常に細い変種。属は違うがよく似ている草にイワセントウソウ属のイワセントウソウがある。これは上部の葉と下部の葉の形が違っている。ヤブニンジン属のヤブニンジンは、背が40〜70㌢と高く、茎や葉に毛がある。小葉は卵形で、ふちは深い切れ込みがある。

ゼンマイ
銭巻

Osmunda japonica
ゼンマイ科ゼンマイ属
シダの仲間

このシダの若芽の円形部を見ると、銭[通貨]を巻いているように見える。これが名前の由来である。

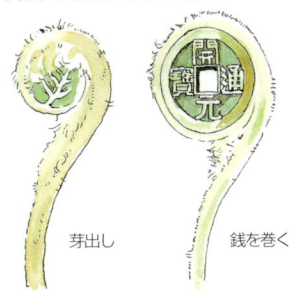

芽出し　　　銭を巻く

▲林内で普通に見られる若芽

▲これは栄養葉で、胞子葉は淡褐色をしている

ゼンマイは"ゼニマキ"からくる。芽出しの渦巻き形の若葉は、銭を巻き込むような格好をしている。この"銭を巻く"という言葉がなまって、"ゼンマイ"となった。時計やからくり人形に使われるスプリング状の発条（ゼンマイ）も、銭を巻くというこの植物名からつけられたと思う。

分布と自生地 日本各地の山地の道沿い、丘の藪などに自生。
特徴 胞子葉は細い葉の集まり。そこに、タネのようなものが多くついた胞子葉を初めに出す。その後、渦巻形の若葉が出て、葉が展開する。それぞれの葉は卵形を少し斜めにした形で、9〜10枚で構成される。それがいくつも集まり、1つの大きな葉になる。
仲間 ヤシャゼンマイ

ソロリア・パピリオナケア

正式名／ビオラ・ソロリア

Viola sororia
スミレ科スミレ属
多年草／花期3〜4月

近年、庭や道端で多く見かけるスミレで、和名はなく学名はビオラ・ソロリア。

▲パピリオナケアの根　プリケアナの根と同じ

▲花は濃青紫色で、花の中心が白く抜ける

このスミレは、由来はないが、市街地の庭、空き地、道端などで急増しているので紹介した。特徴は、根。根茎が太くて、小さなワサビの根のように見える。日本海側に多く自生するスミレサイシンにもこのような根があるが、この根があれば、まずソロリアと思っていい。次頁のプリケアナとは同種だが、花が全く違う。

分布と自生地 北米原産。市街地の庭、空き地、道端などで見る。
特徴 花はほかのスミレより大きめ。花びらは濃青紫色で、基部に白く青紫色の筋が入った唇弁（しんべん）がある。距（きょ）は白い。
仲間 プリケアナ、真っ白なスノー・プリンセスなどがある。

ソロリア・プリケアナ

正式名／ビオラ・ソロリア

Viola sororia
スミレ科スミレ属
多年草／花期3〜4月

本種も庭や道端でよく見かけるスミレ。ソロリア・パピリオナケアと同種。

▲花の中心に円形状に濃い青紫色の筋が入る

▲プリケアナの根 小さなワサビの根に似る

分布と自生地 パピリオナケアと同じ。

特徴 花の上弁が白色で、中心に濃い青紫色の筋がある。側弁と唇弁(しんべん)も白地に青紫色の筋がある。短めの白い距(きょ)がある。葉はハート形で、開花期よりも夏場の方が大きくなる。

由来はないが、これも急増しているので紹介する。前ページのパピリオナケアと花は全く違うが同種であると近年認められた。プリケアナは、白花に濃い青紫色の筋が固まって、ぼかし状に見える。ソロリア種の決め手は、根茎が太くてワサビの根を思わせる根をもっていること。

タイリントキソウ

大輪朱鷺草、大輪鴇草

別名／タイワントキソウ

Pleione formosana
ラン科プレオネ属
多年草／花期3〜4月

日本在来の"トキソウ"の花色と似ているが、花が著しく大きいので、"タイリン"がつく。

▲トキソウ 日本在来種

▲トキソウに比べて巨大花

分布と自生地 台湾の、標高1000mくらいの苔むした岩場や樹木に着生。日本では栽培種として出回る。

特徴 花は細長い楕円形の花びらが5枚ある。中心の下側にはいろんな色にふちどられ、オレンジの斑紋がたくさん入る唇弁(しんべん)がある。
葉は楕円形で、花後に出てくる。地際には球根[偽鱗茎(ぎりんけい)]がある。

山地の湿った場所に自生し、白色を帯びたピンク色の花を咲かせる日本在来の野生ランに"トキソウ"というのがある。花がトキ色に似ていることからこの名前があるが、そのトキソウに比べて、非常に大きい花を咲かせるということで、"大輪(タイリン)"の名前がついている。

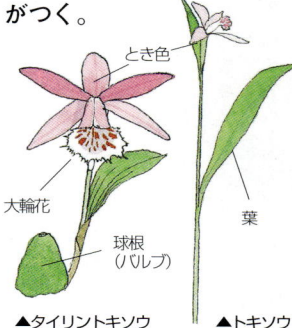

▲タイリントキソウ ▲トキソウ
（とき色／大輪花／球根(バルブ)／葉）

▲クマガイソウよりやや小ぶりで、花びらや唇弁が白っぽい。高さ20〜30センチ

▶クマガイソウ 高さは20〜40センチほどになる

タイワンクマガイソウ
台湾熊谷草

Cypripedium formosanum
ラン科アツモリソウ属
多年草／花期4月

台湾の山地に自生する。日本のクマガイソウと同じく、唇弁（しんべん）が球形。熊谷直実の背負った母衣に似る。

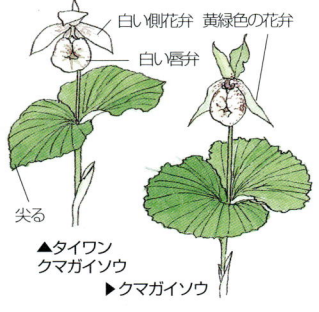

▲タイワンクマガイソウ
▶クマガイソウ

白い側花弁　黄緑色の花弁
白い唇弁
尖る

　タイワンクマガイソウは台湾産の植物である。名前は、自生地とクマガイソウの仲間であることを表わしている。

　花は特異な形で、丸い袋状の器官が中心にあり目立っている。とても面白い格好をしているが、この器官を唇弁（しんべん）といい、ランの仲間を観賞する際に一番注目する部分である。

　ところで、クマガイソウの名前は、この唇弁の形を昔の武具に見立て、歴史上の人物の名前を借用して名付けられた。

　源平時代の源氏方の武将、平 敦盛（たいらのあつもり）を討ったことで有名な熊谷直実（くまがいなおざね）の名前と、彼が後方からの流れ矢を防ぐために背負っていた武具の"母衣"に見立てて名付けられた。母衣は戦時の流れ矢を避けるもの。p14参照。

分布と自生地　台湾の標高2200〜2900㍍の山地の腐植土に富む森林に自生。日本では栽培されている種。

特徴　花の中心に丸い袋状の白い唇弁[しんべん]がある。花びらは4枚あり、上側にがく片が1枚、左右に側花弁が2枚、下側にがく片が1枚垂れている。下のがく片は先端が少し割れていて、2つのがく片がくっついた痕跡を表わしている。茎の中程に先端が少し尖った扇形の葉が向かい合って2枚つく。草の高さは20−30㌢。

仲間　花がやや大きめで、がく片や側花弁が淡黄緑色のクマガイソウなど。

タイ　200

▲花弁状のがくが落下しないタイプ

▲花弁状のがくが落下するタイプ

◀白梅 梅花という花弁のモデル

タカサゴカラマツ
高砂唐松
別名／タイワンバイカカラマツ

Thalictrum urbainii
キンポウゲ科カラマツソウ属
多年草／花期3〜4月

台湾の高砂族とは無関係だが、台湾産を示すため"タカサゴ"の名前がついた。

分布と自生地 台湾の標高の高い地域に自生し、乾いた岩場や草原に見られる。

特徴 白いがくがすぐに落ち、残った雄しべが花弁状になる。白く淡緑色の葉がとても可愛らしい。茎は細くて針金状である。高さは20〜30㌢の小形で、鉢植えなどに向いている。

仲間 山地の林に自生するミヤマカラマツ、深山の森や林で見られるモミジカラマツ、山野の日当たりのいい場所に咲くアキカラマツ、湿った草地のシキンカラマツ、人気のアメリカ産のバイカカラマツなどのほか、仲間は多くある。

　高砂族とは、台湾の先住民族で、日本統治時代の呼称。"カラマツ"という名前は、この花の咲き始めに、花弁状のがくが落ち、雄しべだけが残る。その細くて花びら状の雄しべの形が、カラマツの葉によく似ていることから"カラマツ"という名前がつけられている。

　ところで、タカサゴカラマツには2タイプがある。花弁状のがくが落ちるタイプと落ちないタイプで、この落ちないタイプを別名タイワンバイカカラマツといって区別している。"カラマツ"の名前がつく植物にミヤマカラマツ、モミジカラマツ、ツクシカラマツなどがあるが、それらも、がくが落ちて花びら状の雄しべを残すので、"カラマツ"がつく。

糸状の雄しべ　花弁のような雄しべ

がく

（花弁状のがくがあるタイプ）　（花弁状のがくがないタイプ）　▲ミヤマカラマツ

▲タカサゴカラマツ

▲道端や石垣で見かける　左：実　右上：茎が立つ姿　右下：花は小さくて葉に隠れている

タチイヌノフグリ
立犬の陰嚢

Veronica arvensis
ゴマノハグサ科クワガタソウ属
越年草／花期4～6月

茎は立ち上がり、茎のそばに実がつく。その実は真ん中が窪み、雄犬の陰嚢(いんのう)に似る。それでこの名前がつく。

実の形が犬のふぐり(陰嚢)に似る

▶オオイヌノフグリ
花はルリ色

タチイヌノフグリは、茎がすっと立ち上がり、早春に咲くオオイヌノフグリよりもずっと小さな可愛いコバルトブルーの花を咲かせる。花が咲いた後をよく見ると、雄犬の"陰嚢(いんのう)"によく似た形の実ができる。そこから"イヌノフグリ"という名前がついている。

国産のイヌノフグリの名前は、江戸時代中期の『物品識名(ぶっぴんしきめい)』という本に出ている。その後、明治初期に茎が立ち上がっていて、イヌノフグリに似ている本種が渡来し、"タチ"をつけ区別した。なお、花はオオイヌノフグリが最も大きくタチイヌノフグリが最も小さい。

分布と自生地　ヨーロッパ、アフリカ、アジアなどに分布。日本各地の道端、畑、荒地などに増えている。

特徴　10～20㌢ほどに立ち上がり、上部の葉の脇にコバルトブルーの花を1つ咲かせる。初夏に枯れ、夏の間は休眠状態に入る。秋にまき散らかしたタネから発芽し、苗が育ち、春に再び咲く。

仲間　青紫色花のオオイヌノフグリ、ピンク色花のイヌノフグリなど。p56参照。

▲山地の木陰などで見かける。高さは30〜60センチくらい
◀上：葉は茎の上部で対生する
下：しわがある葉

タチガシワ
立柏、太刀柏

Cynanchum magnificum
ガガイモ科カモメヅル属
多年草／花期4〜6月

分布と自生地 本州、四国に分布。落葉・広葉樹林の山地に自生。
特徴 花は、茶と黒が混ざったような渋い色。花びらは星形のような5弁に見えるが、ツツジや朝顔と同じで、基部で1つにつながっている。それが茎の先端に固まって咲く。
葉は、高さ30〜50㌢の茎の上側で固まって対生につく。
花後に比較的大きな細長い棒状の実ができる。
仲間 イケマ、イヨカズラ、クサタチバナなど。

　タチガシワの茎は、つる状ではなく立ち上がっている。仲間のツルガシワはつる状になっているので、"ツル"がつき、それに対抗した名前である。また、実が細く"太刀"のように見えることからという説もあるが、形はそのように見えないこともない程度で無理がある。
　大昔の人は、木の葉を食器代わりに、トウダイグサ科のアカメガシワ、カシワ、ホオノキ、サルトリイバラなどを使った。"カシワ"という言葉は、その中のアカメガシワの葉とタチガシワの葉の形が比較的似ているので、"カシワ"の名前がついたと思われる。なお、アカメガシワは"五菜葉""菜盛葉"と呼ばれていた。

つるではなく、真っ直ぐに立つので、"タチ"がついた。かつて皿代わりにしたアカメガシワの葉に似ているので、"ガシワ"がつく。

葉は堅く大きいので
皿代わりにして使用していた

▲道端でよく見かけるスミレ。花が終わると茎が伸びる　右：葉のつけ根の托葉は櫛歯状

タチツボスミレ
立坪菫、立壺菫

Viola grypoceras
スミレ科スミレ属
多年草／花期2〜4月

開花の盛りを過ぎる頃、茎が立ち上がる。このスミレは、身近な道端や庭などの"坪"で見られるので"ツボ"がつく。

開花後に茎が右上の写真のように伸びる

細長く切れ込んだ托葉がある

▲花の直径は1.5〜2.5センチ。細い距がある。葉はハート形

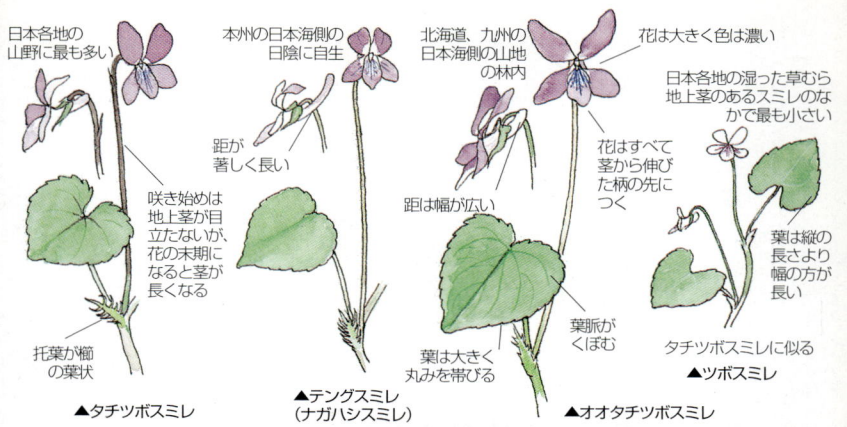

日本各地の山野に最も多い

本州の日本海側の日陰に自生

北海道、九州の日本海側の山地の林内

花は大きく色は濃い

日本各地の湿った草むら地上茎のあるスミレのなかで最も小さい

距が著しく長い

咲き始めは地上茎が目立たないが、花の末期になると茎が長くなる

距は幅が広い

花はすべて茎から伸びた柄の先につく

葉脈がくぼむ

葉は縦の長さより幅の方が長い

葉は大きく丸みを帯びる

タチツボスミレに似る

托葉が櫛の葉状

▲タチツボスミレ

▲テングスミレ（ナガハシスミレ）

▲オオタチツボスミレ

▲ツボスミレ

咲き始めは普通のスミレと変わらないが、花が初期から中期ぐらいになると茎が次第に立ち上がってきて高くなる。そのことから"タチ"という言葉がついた。

"ツボ"は"坪"の文字を当てている。この"坪"には、建物や塀で囲まれた狭い庭や、古くは宮中に向かう途中の道端などの意味がある。

このスミレが、庭とか道端、自然が残っているところならどこでも育ち、茎が立ち上がる性質をもっていることから、"タチツボ"の名前がつけられた。

"スミレ"の語源には諸説があるがそのなかの有力説を紹介する。

スミレの花の背後には、正面の中心部の穴から筒状に伸びている距がある。距は尻尾のような器官で、中に昆虫を誘う蜜がある。

その距の形が、木材に線を引く大工道具の墨壺に端側の出っ張り部分が似ているので、"墨入れ壺""墨壺"という言葉が"スミレ"となったという説である。

もう1つは、『万葉集』で山部赤人の「春の野に須美禮摘みにと…」の歌で、須美禮は美しい女性を抽象的に暗示している。名前の由来に美しい女性と関係がありそうだ。

▲葉が斑入りのタチツボスミレ

▲オオタチツボスミレ

▲テングスミレ

分布と自生地 日本各地に分布。山地や野原、道端に広く自生している。

特徴 青紫色の花が咲き、5枚の花で構成されている。上側の2枚が上弁で、中間の左右2枚が側弁である。一番下の目立つ部分が唇弁（しんべん）。横から見ると尻尾のような形をしているのが距（きょ）。距の中には蜜を出す腺があり、昆虫を誘う役目がある。スミレの花にやってきた花蜂は、唇弁の奥の穴からくちばしを入れて蜜を吸う。この時、頭に花粉をつけた花蜂が穴の入り口にある柱頭[雌しべの一部]に受粉させる。
葉は葉柄（ようへい）があり、スペード形。重要なこの種の特徴は、葉柄のつけ根に櫛の歯形の托葉（たくよう）があること。
初期は茎の長さが数㌢と低いが、次第に立ち上がり花の末期には長さが20〜25㌢になる。

仲間 スミレの仲間は多い。そのなかに、タチツボスミレのように茎が立ち上がる種類と、スミレやノジスミレのように茎が立ち上がらない種類がある。

▲早春に花と葉が同時に展開。花期の高さは10～20センチ

タツタソウ

竜田草

別名／イトマキソウ、イトクリソウ

Jeffersonia dubia
メギ科タツタソウ属
多年草／花期3～4月

日露戦争の時の軍艦"竜田"の乗組員が中国で採集し、植物学者の兄に送ったことから、この名前がついた。

葉の形が糸巻きに似る。花期は葉は小さく赤紫色だが、その後、大きく緑色になる

葉柄

糸巻き

▶上：青紫色の花びら5～6枚
　下：葉は糸巻き形で、緑色に変化

タツタソウという名前は、日露戦争の時の軍艦"竜田"の乗組員であった木下邦道氏が黄河のどこかで採集して、植物学者であった兄の木下友三郎氏に送ったところから"タツタ"という名前がついた。

植物の草姿や花の形、自生地とは何の関連性もなく、ただ発見者の乗っていた軍艦の名前がつき、そのまま戦前から現代まで、栽培家の間で親しまれていることに、不思議な気がする。

ところで、別名に"イトマキソウ"という名前がある。

葉を見ると、ちょうど糸巻きの形に似ている。こちらの方が、植物の特徴を表わしている名前ではないかと思う。

分布と自生地 中国の東北部とロシア、朝鮮半島北部、ロシアのカムチャツカから日本に近い極東地域、中国は旧満州あたりに分布する。日本には自生しない。当初、木下邦道氏は黄河の周辺で採集したといっているが、ひょっとしたら間違いかもしれない。

特徴 花は、淡い青紫色の5～6弁花が開き、気品があって美しい姿を見せる。
葉は糸巻き形のくびれがある。花の咲く頃は赤紫色でやがて緑色に変化する。葉柄（ようへい）は、針金のように細い。高さは20～40㌢になる。

仲間 日本産はない。

▲丘陵や土手に多く見られ、高さは20〜40センチ。花は長さ2センチほど

◀上：茎には毛が多い　下：葉は表裏に柔らかい毛

タツナミソウ
立浪草

Scutellaria indica
シソ科タツナミソウ属
多年草／花期6月

分布と自生地　本州、四国、九州などの低い山や丘などの草むらに自生している。

特徴　花は唇形で、正面から見ると下唇に当たる部分に濃い紫色の斑紋が入っている。葉は卵形で、向かい合って何段かにつく。ふちには鋸歯があり、表裏に毛もある。
茎は赤っぽく毛があり、高さは30〜40㌢。ひょろっとしたものが多い。

仲間　花が淡紫色のオカタツナミソウ、海岸の岩場に群生しやすい小形のコバノタツナミ、葉にくっきりとした線があるトウゴクシソバタツナミなど。

　このタツナミソウは、花がちょうど茎の上部に群がって咲く。胴長の花が一定方向を向いて咲く姿に、海の波頭が立つイメージがある。
　名前の由来は、葛飾北斎が江戸時代に描いた『富嶽三十六景』の中の『神奈川沖浪裏』の波しぶきを、タツナミソウが咲く花姿に似ていると考えたのが第1の説。
　もう1つの説は、文机や違い棚のへりに、物が滑って落ちないように木枠がついている。この木枠のことを"筆返し"と呼ぶが、この筆返しを"立波模様"ともいう。そのことに命名者が気付いて、タツナミソウという名前をつけたという説である。
　この説でも、実際の海を見ないで命名したと思える。

茎の上部で重なり合うように咲く花の姿が、葛飾北斎が描く波しぶき"立浪"に似ているから。

花が一定方向を向き、波がしらに似る

▲田や水辺のほか、道端にも多く見られ、高さは10〜30センチ

タネツケバナ
種漬花、種付花

▶実は2センチほどで細長い円柱形

Cardamine flexuosa
アブラナ科タネツケバナ属
越年草／花期4〜6月

種籾(たねもみ)を水につける頃に咲くからという由来ではなく、タネがやたらと飛び、あちこちでやたらと繁殖することからこの名前がある。

これまでの由来説では、苗床を作る準備の種籾(たねもみ)を水に浸ける頃に、この花が咲くということから、この名前があるといわれている。そうだろうか。早春に咲く花は何種もあり、由来としては根拠に欠けると思う。

このタネツケバナは、実が熟すと、実を覆っていた皮が2つに分かれて勢いよく反転する。それと同時に中のタネが四方八方へ飛び散り、いたるところで発芽させる。この繁殖力の強さから〝種付け馬〟の意味合いを借用し、名前がついたと思う。

▲左はタネを飛ばす前、右は飛ばした後

分布と自生地 日本各地に広く分布。低山、丘、野原、道端、庭、鉢植えの隅などにやたらと見られる。

特徴 先が丸い、白い4弁の花がいくつもつく。葉は、互い違いにつき、細かく切れ込んでいる。小葉は3〜17枚で円形〜長楕円形。茎は10〜30㌢の長さに伸び、株立ちになる。実は長さ約2㌢の細い円柱形。実に触れるとパチパチとタネを威勢よく飛ばす。

仲間 湿ったところで見かけるオオバタネツケバナがある。高さ20〜40㌢の大形で、小葉は短い柄があり卵形〜長楕円形。

タネ 208

▲白い花は上向きに咲く。花茎の高さは20〜30センチ

◀葉はヤツデのような形で、多数深く切れ込む

タンチョウソウ
丹頂草
別名／イワヤツデ

Mukdenia rossii
ユキノシタ科イワヤツデ属
多年草／花期3〜4月

赤い雄しべつきの花が咲き、花茎が長く、羽根を思わせるような葉がある。これらを"丹頂鶴"に見立てた。

花が頭
茎が首
葉が翼
丹頂鶴

分布と自生地 中国東北部、朝鮮半島の北部・中部に分布。低山の渓谷や岩場などの湿った場所に自生する。栽培されている。

特徴 長い花茎の頂上部分に花がいくつか咲く。花は白っぽい5弁。雄しべの花粉が赤く見え、この部分を見て丹頂鶴をイメージしたと思われる。茎の高さは20㌢ほど。
葉は、ヤツデの葉を小さくしたような手のひら形の葉で、これに切れ込みが浅く入ったものと切れ込みがない種類がある。
根の部分は、太い根茎がずっと横に伸びて露出していることが多い。

仲間 仲間はない。

"タンチョウ"という言葉は、丹頂鶴の頭を花、首を茎、羽根を葉姿に見立てて、名前がつけられた。

ところで、丹頂鶴は、越冬地の釧路湿原で見られる鳥で、繁殖地は中国東北部の湖の周囲、湿原、沼などにある。一方、タンチョウソウは山の湿った岩場などに生える。この草と丹頂鶴を一緒に見比べることはできないので、名前をつけた人はたまたま丹頂鶴を見慣れていたのだろう。

この草には"イワヤツデ"の別名がある。イワヤツデとは、岩場に生えてヤツデの葉に似ているという意味だが、ヤツデを小さくしたような葉があり、的を射た名前であろうと思う。ただし、浪漫のない名前ともいえる。

タンポポの名前がつく植物

古くは"鼓草"といわれた。蕾が似ていたためであろう。鼓をたたく音が"タンポポ"に。

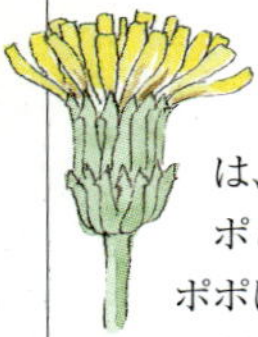

　タンポポの仲間（タンポポ属）は、セイヨウタンポポと日本在来のタンポポに分けられる。

　日本在来種は、平地型と高山型に分けられる。**セイヨウタンポポ**は、欧州原産。野菜や牧草として輸入したが、全国に広まった。花の下側のがくの部分を総包というが、総包の外側が反転しているのが特徴。

　在来種のうち平地型には、**エゾタンポポ、カントウタンポポ、トウカイタンポポ、カンサイタンポポ**のほか、九州などに分布の**シロバナタンポポ**がある。高山型は**ミヤマタンポポ**など。いずれも、外側の総包片は反転しない。次に、属が異なるがタンポポ似は、**チシマタンポポ、コウリンタンポポ、ブタナ**がある。

▶カントウタンポポ

セ イ ヨ ウ タ ン ポ ポ

▲セイヨウタンポポ p188

▲セイヨウタンポポ p188 　　▲セイヨウタンポポ（綿毛）p188

外側の総包片が下に反転　　BはAのほぼ1/2　　外側の総包片が下に反転しない

▲セイヨウタンポポ 　　▲エゾタンポポ

BはAの1/2以下　　BはAの1/2以上

▲カントウタンポポ 　　▲トウカイタンポポ

日 本 タ ン ポ ポ		ほかの外国産のタンポポ
▲カントウタンポポ p96	▲エゾタンポポ p45	▲チシマタンポポ p213
▲トウカイタンポポ p225	▲ミヤマタンポポ	▲コウリンタンポポ p134[夏編]
▲カンサイタンポポ p94	▲シロバナタンポポ p170	▲ブタナ p134[夏編]

▲日のよく当たる草地や土手に群生して、大きなものは高さ80センチにもなる

▶花穂は10〜20センチくらい。銀白色の長い毛に覆われている

チガヤ
血茅
別名／ツバナ

Imperata cylindrica var. koenigii
イネ科チガヤ属
多年草／花期5〜6月

穂が出たばかりでは、雄しべも雌しべも赤くなる。これを血染めと思い、カヤの仲間なので"血茅"とつけた。

▶5〜6月の花の時期には赤紫色の雌しべと雄しべが出る

チガヤの名前の由来にはいくつかの説がある。まず、穂が出たばかりの頃は血液のように赤っぽいので、血の茅で"血茅"。第2の説は、チガヤは草原に大群生することが多く、千株もたくさん群生するということで、千の株の茅で"千茅"。さらに、穂が隠れている状態の時に穂を開いて噛むと甘みを感じる。この味が乳の甘みに似ていることから、"乳の茅"でチガヤ。私は一番最初の血のように見えるチガヤという説を、採用したい。

なお、チガヤの別名には、"ツバナ"が知られている。火打ち石で火をおこす時、炎をとるためにチガヤの綿毛を利用していたようで、この火をつける"ツケバナ"が"ツバナ"になったという説である。

分布と自生地 日本各地に広く分布。日のよく当たる乾いた草原に大群生している。

特徴 花はススキを小さくした形で、銀白色の長い毛がたくさんついている。白い筆のように見える。葉は幅約1㌢、長さ30〜50㌢ほど。葉形[葉身]は基部にいくほど狭くなっている。茎の高さは約40〜70㌢。
根茎は利尿や止血などの薬効がある。
花の若い時期には、雄しべと雌しべが観察できる。細長くて赤い赤粉が葯［雄しべ］で、赤く染まり、ひげが密集したものが雌しべ。

仲間 ない。

▲実の大きさは約1センチで、黒く熟す

分布と自生地 日本各地のある程度標高の高い林内に自生する。

特徴 白い花びらが6枚ある。内側に3枚、外側に3枚。雄しべは6本、雌しべは1本。葉は楕円形で、互い違いについている。
茎は枝分かれすることはない。球形の実は黒く熟す。
高さは15～30㌢。

仲間 大形のオオチゴユリと花柄が角張っているキバナチゴユリ。

▲花弁は長さ1～1.5センチ

"稚児"という言葉は、神社・寺院の祭礼などに天童[護法の鬼神が子供姿になって人間界に現われたもの]に扮して行列に出ている子供を指す。命名者は、"小さい"という意味で"チゴ"をつけ、あまりユリには似ていないが、花の構造が同じなので、"ユリ"とつけた。

チゴユリ

稚児百合

Disporum smilacinum
ユリ科チゴユリ属
多年草／花期4～5月

小さな花なので"稚児(ちご)"、ユリ科なので"ユリ"。

▲林の下で多く見られ、花びらは6枚。花は下向きに咲く

分布と自生地 ヨーロッパ・アルプス、アペニン山脈の標高2000～3000㍍くらいの岩場、砂礫混じりの草地に自生している。日本では栽培種。

特徴 花は黄色。舌のような花びらだけの舌状花(ぜつじょうか)が集まり、1つの大きな花になっている。中心の黄色い盛り上がりも舌状花である。花はこれらの舌状花で構成されている。
花のすぐ下にがくに似たものがある。キク科の場合は、がくといわずに総包(そうほう)と呼ぶ。細い小さな葉状になって、上の花を支えている。
その下に長さ10㌢ほどの花茎がある。花茎や葉には毛がよく目立つ。葉は長い楕円形。

仲間 コウリンタンポポやブタナがある。

▲花はタンポポに似るが、葉に毛が目立つ

ヒエラキウム・アルピニウムという学名だけだったが、この名前では販売しづらいので、気の利いた和名をと園芸業者が考えたのが、"チシマ"。自生地とは無関係である。なお、花が咲いている状態は、タンポポに似ているが、ヤナギタンポポ属という近縁の植物である。

チシマタンポポ

千島蒲公英

Hieracium alpinum
キク科 ヤナギタンポポ属
多年草／花期5～6月

花がタンポポに似ているので"タンポポ"、"チシマ"は園芸業者がつけた根拠のない名前。

タンポポと同じ舌状花の集団

葉にも毛が目立つ

▲乾燥した丘陵などに生え、根元のランナーで増える

▲高さは10〜20センチになる

▲ウラジロチチコグサ

▶ハハコグサ　チチコグサより
ふくよかな感じがする

チチコグサ

父子草

Gnaphalium japonicum
キク科/ハハコグサ属
多年草／花期5〜10月

ハハコグサに対して、細身の葉で、地味な花なのでチチコグサ。

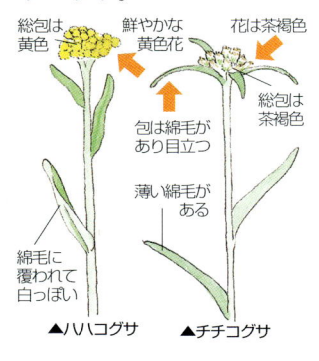

総包は黄色　鮮やかな黄色花　花は茶褐色
総包は茶褐色
包は綿毛があり目立つ
薄い綿毛がある
綿毛に覆われて白っぽい

▲ハハコグサ　▲チチコグサ

　このチチコグサという名前は、江戸時代に発刊された『物品識名』という本に登場する。江戸時代にはチチコグサという言葉が使われていたことが分かる。

　チチコグサは、どちらかというと細身で地味な花だ。葉の裏側に毛が生えた貧弱な草といえる。

　葉の両面が白っぽい綿毛につつまれ、非常に優しい感じがするハハコグサという草がある。それとよく似たチチコグサは、対比させるために名前がつけられた。

　次に"ゴ"だが、これは、"ふなっこ"や"どじょっこ"、"嫁っこ"など、下に"ゴ"をつけて親しみを込めた呼び方。なお、"クサ"については、チチコソウというよりも、チチコグサの方が呼びやすいからだろう。

分布と自生地　本州、四国、九州に分布。道端、丘、低山など広く自生している。

特徴　草の一番上部に、先端がつぼまった円錐形の小さな花が固まってつく。先端は、鼠色に茶色を混ぜたような色。茎はだいたい20〜30㌢伸びるが、細い葉がまばらに互い違いにつく。下の方には、もっと長くて細い葉が放射状に多く並ぶ。葉裏に綿毛がある。

仲間　チチコグサモドキがある。よく似ているが、葉の表裏に綿毛がある。ウラジロチチコグサは、葉の表側は緑色で、裏側だけが綿毛に覆われて白くなっている。

▲上下ともチャボシライトソウ

▲最も小さなシライトソウの仲間。高さ5〜10センチ

◀シライトソウ　チャボシライトソウより大形で、高さ50センチになる

チャボシライトソウ

矮鶏白糸草

Chionographis Koidzumiana
ユリ科 シライトソウ属
多年草／花期5月

シライトソウより小形なので、大きさを表現する"チャボ"がつき、花びらが白く糸状なので、"シライト"の名前がある。

分布と自生地　愛知や紀伊半島、四国、九州などの限られた一部に分布。渓谷や沢沿いの苔むしたような湿った岩場に自生する。

特徴　白い糸状の花びらが1つの花を構成し、それらが多く集まって花穂のような1つの花序（かじょ）となる。ユリ科は、普通、花びらが6枚ある。この種は4枚ぐらい、時には3枚である。
葉は細長い線形で、茎から互い違いについている。高さは5〜10ゼ間隔に互い違いについている。一番下の根際には、楕円形の大きな葉が何枚か放射状に並んでいる。

仲間　シライトソウがある。

チャボシライトソウの"チャボ"は、鶏（にわとり）の一種で、小形の鶏を指す。"カラス""スズメ"などと同様に、大きさを表わす表現で、シライトソウより小さいので"チャボ"という名前がついた。

このように、何かと比較して小さいことをいい表わす言葉に"姫""子"などのほか、変わったところでは"屋久島"がある。

シライトソウの仲間は、名前の由来になる白い花びらが糸のように細く、これがまとまってブラシのように見える。チャボシライトソウはユリ科なので、花びらは6本なくてはならない。ところが、その内の2本か3本は退化していて、残りの3〜4本の花びらが細く長く伸びている、という特徴がある。

ここに6つの雄しべと雌しべがある

細い花びらが2〜4本（残りは消失）

包

▲チャボシライトソウ　　▲シライトソウ

チャルメルソウの名前がつく植物

夜泣き蕎麦屋のラッパのチャルメラに花か実が似るので、この名前がある草たち。

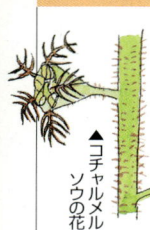

日本では、チャルメルとは、中国のラッパ似の楽器"唢吶(さのう)"、または朝鮮半島のラッパ似の楽器"太平簫(たいへいしょう)"をいう。"チャルメラ"は、正しくはcharamelaであるが、このなまった言葉は"音"で通用している。

▲コチャルメルソウの花

▲チャルメラ(唐人笛)

植物名には、さらになまった"チャルメル"が使われている。

チャルメルソウの花や実は、先が開いたラッパの形である。

チャルメルソウの仲間は日本に10種余り自生する。どれも花が小さく、葉が似ている。見分け方の難しい仲間である。しかし、花弁の切れ込み数と葉の形とで、ある程度は見分けられる。

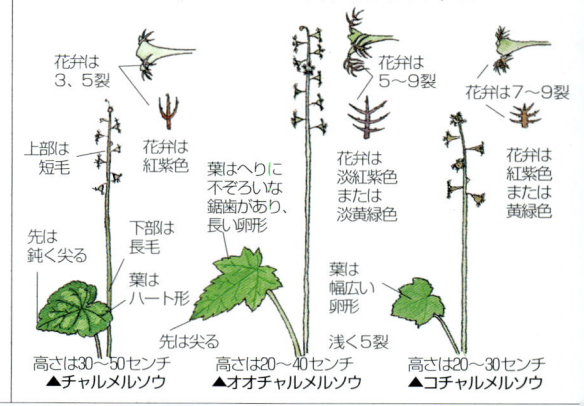

チャルメルソウ、オオチャルメルソウ、コチャルメルソウの識別は右のイラスト参照。これらの種は注意して野山を観察すると見かける草たちだ。

▲オオチャルメルソウ p138

▲オオチャルメルソウ p138 　　▲オオチャルメルソウ p138

チャルメルソウ
- 花弁は3、5裂
- 上部は短毛
- 下部は長毛
- 花弁は紅紫色
- 先は鈍く尖る
- 葉はハート形
- 高さは30～50センチ

オオチャルメルソウ
- 花弁は5～9裂
- 葉はへりに不ぞろいな鋸歯があり、長い卵形
- 花弁は淡紅紫色または淡黄緑色
- 先は尖る
- 高さは20～40センチ

コチャルメルソウ
- 花弁は7～9裂
- 花弁は紅紫色または黄緑色
- 葉は幅広い卵形
- 浅く5裂
- 高さは20～30センチ

▲コチャルメルソウ p138　　▲コチャルメルソウ p138

種　名	花	葉	分　布
チャルメルソウ	紅紫色の細い花弁が5つ。3〜5裂。雄しべは花弁の基部に5つ。	ハート形で、先は鈍く尖る。葉に淡緑色の斑紋が入るタイプがある。	福井、滋賀以西に分布。山地の沢沿いの苔むしたような場所に自生。
オオチャルメルソウ	淡紅紫色か淡黄緑色の細い花弁が5つ。花弁は細かく5〜9裂。	葉は大きく長め、先は鋭く尖る。緑色で、ほかの色の斑紋はない。	紀伊半島、四国、九州に分布。山地の沢沿いの苔むした岩に着生。
コチャルメルソウ	紅紫色か黄緑色の花弁が5つ。7〜9裂。花弁の基部に5つの花粉。	円形に近い卵形。へりは浅く5裂。表裏に毛。基部はハート形。	本州、四国、九州に分布。山地の湿った岩場に自生。
エゾノチャルメルソウ	紅紫色の花弁は5つ。線形で分岐しない。紅紫色のがくは幅広い。	五角形状卵形。へりに切れ込み。葉先は鈍く尖る。基部はハート形。	北海道と本州の北部に分布。山地の湿った森の中に自生。
シコクチャルメルソウ	紅紫色の花弁は5つで、5裂する。がくの裂片は外側へ開かずに立つ。	三角状の卵形。へりには鋸歯。葉先は鈍く尖る。基部はハート形。	四国、九州に分布。山地の渓谷沿いの苔むした岩場に自生。
ヒメチャルメルソウ	花弁は退化。がく裂片は、三角状で尖る。花粉の色は淡黄色。	三角状の卵形。3裂する。基部はハート形。	屋久島の森の中の苔むした、湿り気のある場所に自生。
マルバチャルメルソウ	淡緑色か淡紅紫色の花弁は細かく9裂。数個つく。がくの裂片5つ。	葉は丸みのあるハート形。葉の表裏と葉柄に毛がある。	北海道と南アルプスに分布。深山の苔むした森の中に自生する。
モミジチャルメルソウ	淡紫緑色の花弁は3〜5裂。雄しべは淡黄色で5つ。	卵形で、葉のへりは5〜7裂。葉先は鋭く尖る。葉の表に粗い毛。	京都、福井などの日本海側に分布。沢沿いの苔むした場所に自生。

▲川岸の草地に生え、高さは40〜80センチになる

チョウジソウ
丁字草、丁子草

Amsonia elliptica
キョウチクトウ科チョウジソウ属
多年草／花期5〜6月

▶花を横から見ると"丁"の字に見える

"チョウジ"の花に似ていることと、横から見ると"丁"の字に見える。

花を横から見ると丁の字に見える

胴長の花は香料の木のチョウジの花に似る

▲チョウジソウ　▲チョウジ

チョウジソウは、江戸時代の中期に発行された『大和本草(やまとほんぞう)』という本に登場している。名前をつけるポイントは、花の形にあったと思われる。

この花の下の部分は胴長で、この部分が、香料になるフトモモ科のチョウジの花に似ている。江戸時代には、このチョウジがオランダから輸入され、乾燥させた花からは油分を取り出し、それを万能薬として盛んに販売していた。よく知れ渡っていたのであろう、そのチョウジの名前を借用して名付けたと思う。

また、この花を横から見ると、T字形をしていて、"丁"という字に見える。その花形から"丁字草"の名前がついたという説もあるが、私は前者の方と考える。

分布と自生地　北海道、本州、九州などに分布。川沿いの日当たりのいい湿ったところに自生する。

特徴　花はコバルトブルーで5裂した星形に見える。横から見ると、胴形の筒状で、いくつかの花が茎の一番上部に群がってついている。
葉は細長い楕円形で、先が尖り、葉質はどちらかというと堅い感じがする。互い違いに生え、長さは6〜10㌢。高さは数十〜100㌢に成長する。

仲間　日本ではあまり見かけないが、葉が柳に似たヤナギバチョウジソウが切り花用に栽培されることがある。

▲シロバナショウジョウバカマより小形。花期の高さは5〜10センチ

◀花は下向きに咲き、葉はロゼット状になる

ツクシショウジョウバカマ
筑紫猩々袴

Heloniopsis orientalis var. breviscapa
ユリ科ショウジョウバカマ属
多年草／花期4月

"ツクシ"という言葉は九州の異称で、古くは、筑前の国と筑後の国の両国を指す言葉だった。筑前は福岡県の一部、筑後は佐賀県の一部である。ツクシショウジョウバカマは、筑前と筑後に自生するので、"ツクシ"がつく。

"ショウジョウバカマ"という言葉は、江戸時代までの書物には登場していない。比較的新しい言葉だといえる。

この言葉は、花が咲いた後、花の部分が一時的に赤くなり、その状態を、長い朱色の髪をした想像の動物"猩々"に見立て、"ショウジョウ"という名前がついた。"バカマ"とは、地際に放射状に並んでいる葉を袴に見立ててつけられた。p164参照。

分布と自生地 九州に分布。山地の林のやや湿った場所に自生。

特徴 白または薄いピンク色の花びらが6枚ある。内側に3枚、外側に3枚。雄しべが6本、中央に半円形の雌しべがある。地際は細長いへら形の葉が放射状に伸びる。

仲間 ショウジョウバカマは日本各地、シロバナショウジョウバカマは関東以西、沖縄には花が真っ白なオオシロショウジョウバカマ、八重山諸島にコショウジョウバカマがある。

筑紫地方［北九州］に自生するので、"ツクシ"。ショウジョウバカマの仲間なのでこの名前が。

花姿が猩々の髪

猩々

葉を袴に見立てた

▲山地の林の下に多く見られ、緑色の目立たない花が咲く

ツクバネソウ
衝羽根草

Paris tetraphylla
ユリ科ツクバネソウ属
多年草／花期5〜8月

実の姿が、羽根突きの羽子(はご)に似ているので、"ツクバネソウ"の名前がある。
追羽子(おいはご)は昔の遊び。

ツクバネの実に似る

実が羽子板の"羽子"に似る

▲先の尖った葉が4枚輪生し、茎の先に花が1つ咲く　上：実

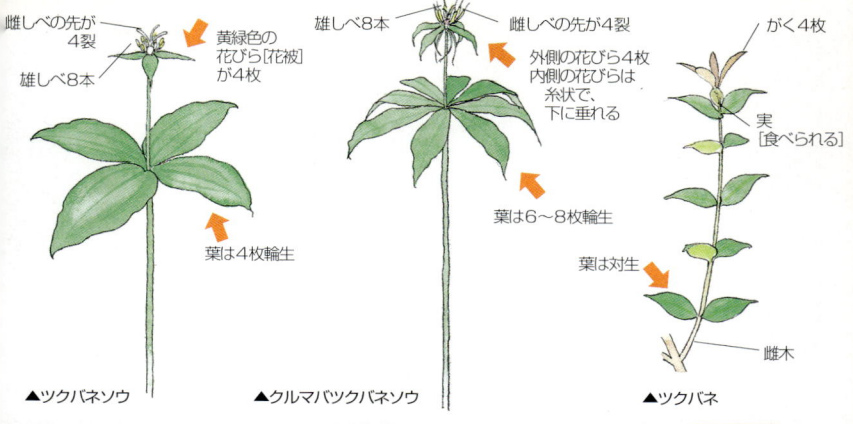

図中ラベル（左から）:
- ツクバネソウ: 雌しべの先が4裂／雄しべ8本／黄緑色の花びら[花被]が4枚／葉は4枚輪生
- クルマバツクバネソウ: 雄しべ8本／雌しべの先が4裂／外側の花びら4枚 内側の花びらは糸状で、下に垂れる／葉は6〜8枚輪生
- ツクバネ: がく4枚／実[食べられる]／葉は対生／雌木

▲ツクバネソウ　　▲クルマバツクバネソウ　　▲ツクバネ

▲左：クルマバツクバネソウ　右：ツクバネ

分布と自生地　北海道、本州、四国、九州に分布。山地の雑木林や草むらに自生する。

特徴　地味な花で、花びらは4枚。黄色味がかった緑色。雄しべが8本、花粉がついている。その中央に雌しべがある。雌しべの先は4つに分岐している。ユリ科は花びらや雄しべなどの数がだいたい3、6と3の倍数が基本だが、ツクバネソウは4が基本の非常にユニークな草である。高さは20〜40㌢。

仲間　葉が輪生するクルマバツクバネソウ。

　ツクバネソウという名前は、この植物の実の姿が、お正月に突く羽子板の羽子に似ていることから名前がついた。

　羽子板で突く羽子は、ムクロジという木のタネに穴をあけて、短い羽に色をつけて4〜5枚差し込んで接着剤で止めたもの。

　ツクバネソウの実はもちろん羽子板で突くことはできないが、びっくりするほど似た実になる。実がつく頃になると、鳥に食べられたり、何かの拍子に落ちてしまって、羽に相当する部分しか残っていないということがよくある。

▲ツクバネの実

ツバメオモト
燕万年青、鍔芽万年青

Clintonia udensis
ユリ科ツバメオモト属
多年草／花期5〜7月

通説の、イワツバメが飛び交う頃に咲くからではなく、葉が展開する時、刀の鍔に似る"鍔芽"万年青。

刀の"鍔"

芽出しの頃の葉の形が刀の"鍔"に似る

ツバメオモトの芽出し

▲亜高山の針葉樹林で見られる

　イワツバメが飛び交う頃に花が咲くので"ツバメ"、葉が"オモト（万年青）"に似る、というのが通説である。春、葉が展開し始めた時、一時的に葉の形が、刀の"ツバ"に見える。刀の"ツバ"と芽出しの"メ"、"オモト"の葉に似ることから、この名前がついたと思う。

▲やや厚めで柔らかい葉が、根元から出る

分布と自生地　近畿から北海道に分布する。針葉樹林に自生する。
特徴　花びらは6枚。初めは上向きに咲くことが多い。小さめの花は花茎にぶら下がるように変化して何個かが咲く。花柄（かへい）は1〜2㌢。
高さ20〜30㌢ほどの花茎の下には、オモトの葉に似たような葉が何枚かある。秋になると、青黒い実がつく。
仲間　ない。

ツメクサ
爪草

Sagina japonica
マメ科ツメクサ属
1年草・越年草／花期3〜7月

葉が細くて、先が尖っている。この葉が猛禽類の足の"爪"に似ていることから、この名前がある。

鳥の爪

葉の形が似る

▲道端や庭の隅など、どこでも見られる

　シロツメクサやアカツメクサのように、梱包用のクッションとして使われる"詰草"ではない。この"ツメ"は、足の爪を意味する。もちろん人間の爪ではなくて、鷲や鷹などの猛禽類の爪である。小さいツメクサの葉は、細長くて先が尖っていて、この形を猛禽類の爪に見立てた。

▲爪状の葉の形が由来になっている

分布と自生地　日本各地に分布。道端や荒れ地、丘の山道沿いなどに自生している。
特徴　白い小さな花は茎の頂上に咲く。丸みを帯びた楕円形の花びらが5枚。中央に5本の雄しべと雌しべが。がくは外側に5枚。葉は、段になってつく。普通は対生するのだが、少し固まって輪生状に見えるところもある。
仲間　海岸性のハマツメクサ。

ツルカノコソウ

蔓鹿の子草

Valeriana flaccidissima
オミナエシ科カノコソウ属
多年草／花期4〜5月

白い花を集め、淡紅色に着色したら"鹿の子絞り"に似る。花後に這う茎がつる状に広がり苗を作るので、"ツル"がつく。

ツルカノコソウの花

鹿の子模様

▲白い小さな花にはかすかに赤味がある

分布と自生地 本州、四国、九州に分布。山地の森や林の中の比較的湿った場所に自生。

特徴 花の正面は5つに分かれているが、基部はつながっている。小さな花が半円状に集まって咲く。オトコエシに似る。葉は対生。花が咲く頃に根元からつるを伸ばし、所々に葉をつけて根を下ろす。苗が完成するとつるは枯れる。

仲間 カノコソウ。

▲沢や木陰など湿ったところに多く見られる

仲間のカノコソウの名前が初めにある。"カノコ"とは鹿の子のことを指し、鹿の子の模様を表わした染物を"鹿の子絞り"という。淡いピンク色の花姿が鹿の子絞りに似ているので、名前がある。ツルカノコソウは白色花で、つるを伸ばして増える性質があるので"ツル"がついた。

ツルハナシノブ

蔓花忍

Phlox stronifera
ハナシノブ科クサキョウチクトウ属
多年草／花期4〜5月

花は"ハナシノブ"に似て、"ツル"で増える。シバザクラやオイランソウの近縁。

▲ハナシノブの名前があるが、シバザクラに似た花

分布と自生地 北米産。栽培種。

特徴 淡い青紫色の花が5枚の花びらのように見えるが、基部でつながっている。花の特徴は卍状の巴形で重なり合っていること。

仲間 北米にオイランソウ、シバザクラ類、フロックス、ドウグラシーなどもある。

名前が美しいハナシノブ科と科が一緒というだけで名前がついた。

花は、ハナシノブにちょっと似ているが、全体は似ていない。本種は、日本にまったく自生していないクサキョウチクトウ属のシバザクラやオイランソウの仲間。"ツル"はつる状に這うように増えるので、この名前がついている。

▲つるで横に広がり増える。栽培種として好まれている

▲日本海側の山地に多く咲き、一般的にナガハシスミレと呼ばれる

テングスミレ
天狗菫
別名／ナガハシスミレ

Viola rostrata
スミレ科スミレ属
多年草／花期4〜5月

▶花の後ろに1〜2.5センチの距が
ピンと立ち、天狗の鼻に見える

花の背後にある距[尻尾]が天狗の鼻を思わせるので、この名前がある。別名ナガハシスミレという。

天狗

距

距(きょ)が長く、
天狗の鼻に似る

　スミレの花を横から見ると、長い尻尾のようなものが伸びている。これを距(きょ)という。この距は、花の正面の穴から続いていて、中で蜜を分泌する。昆虫たちはこの距の中の蜜を吸いにやってくる。距というのは飾りではなくて、昆虫たちを惹きつける重要な役割をしているわけで、昆虫たちがやってくることで、受粉が容易になる。
　この長く伸びた距が、"天狗の鼻"に似ていることから、"テング"の名前がついた。
　また、このスミレには"ナガハシスミレ"という名前がある。こちらの方が一般的で、正式名として使われることが多い。ナガハシスミレも"長いくちばし"というような意味であろうか。

分布と自生地　北海道南部から本州の鳥取ぐらいまでの日本海側に分布。山地や丘などの道端、あるいは草があまり繁っていない斜面などで見かける。

特徴　花びらは5枚で、紫紅色〜淡紫色。花の中央は不明瞭なぼかしがあるものが多い。普通のタチツボスミレとあまり変わりはない。このスミレの特徴は、距(きょ)が長く、また反り返っていること。葉はハート形で、先が尖っている。葉柄のつけ根に小さな櫛の歯状の葉[托葉(たくよう)]がある。
高さは10㌢ほど。

仲間　スミレの仲間は多い。

トウカイタンポポ

東海蒲公英

別名／ヒロハタンポポ

Taraxacum longeappendiculatum
キク科タンポポ属
多年草／花期3〜5月

東海地方のタンポポ。花の下の総包に三角状の突起がある。その突起の位置は総包の2分の1より上。

▲蕾の状態の時の総包で、突起が上にある

分布と自生地 東海地方の日当たりのいい道端、草むらに自生。

特徴 花の下に小さな葉状の、がくに相当する総包（そうほう）が重なっている。総包にある小さな総包片の先に、三角形の突起がついていて、その突起が総包の中央よりも下側ならカントウタンポポ、中央よりも上側ならトウカイタンポポ。

仲間 タンポポの名前の項P210参照。

▲名前の通り東海地方に多く分布している

東海は、静岡、愛知、三重などの各県を指す。この地域に分布するので、"トウカイ"の名前がついた。
　総包の外側に三角形の小さな突起がある。この位置が総包全体の2分の1より上にあることが多い。現在ではほかのタンポポとの交雑が見られ、特徴が薄れているものも多い。

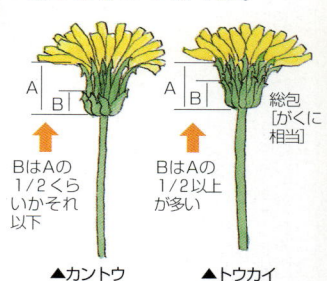

BはAの1/2くらいかそれ以下
▲カントウタンポポ

BはAの1/2以上が多い
▲トウカイタンポポ

総包〔がくに相当〕

トウゴクサバノオ

東国鯖の尾

Isopyrum trachyspermum
キンポウゲ科シロカネソウ属
多年草／花期4〜5月

和名をつける時に、見た個体が東国産であったかもしれない。花後につける実[袋果]が"鯖の尾"に似る

▲がくは白〜黄緑色の花びら状で、花弁は小さい。高さ10〜20センチ

分布と自生地 宮城以西、四国、九州に分布。山地の沢沿いなどに自生する。

特徴 花の中央には、三味線のばち形に変化した黄色い花弁が5枚ある。茎葉は対生。

仲間 サイコクサバノオ、アズマシロカネソウ、サンインシロカネソウなど。

東北の南部から西の本州、四国、九州などに分布していて、関東に多いというわけではない。この意味から"東国"の名前は適切ではない。和名をつけた際に、その個体がたまたま東国産であったのであろう。"サバノオ"は、花後にできるT字状の竹とんぼ形の実[袋果]を"鯖の尾"に見立ててつけた。

実の形を鯖の尾に見立てた

鯖

▲日のよく当たる道端や畑に咲き、茎や葉を切ると白い汁が出る

トウダイグサ
燈台草

Euphorbia helioscopia
トウダイグサ科トウダイグサ属
越年草／花期4〜6月

上部の葉は、淡黄色に染まり、夜に部屋を明るくする"燈台"に似る。花を燈台の燈芯に見立てた。

燈台

葉が燈台の皿に似て、花を燈芯（とうしん）に見立てた

▲3〜5月には、緑の玉のような形をした黄緑色の雌花がある

図の説明

▲トウダイグサ
- 小包は2枚
- 総包葉は円形で3枚、内側がくぼむ
- 葉は円形
- 花の壺のへりに楕円形の器官が4つ、壺から外へ伸びる球は実になる部分
- 花は壺形で、中に雄しべと雌しべがある。雌しべは花の外へ伸びて実になる

▲タカトウダイ
- 小包は2枚
- 総包葉は3枚
- 花柄が長い
- 葉は輪生する

▲ナツトウダイ
- 総包葉は2枚
- 小包は2枚
- 花のヘリに小さな三日月形が4つある（p236参照）
- 花から外へ伸びる球は実になる
- 花は壺形で、中に雄しべと雌しべがある。雌しべは花の外へ伸び出し実になる

▲ノウルシ
- 総包葉は3枚ずつ輪生する
- 葉は輪生する

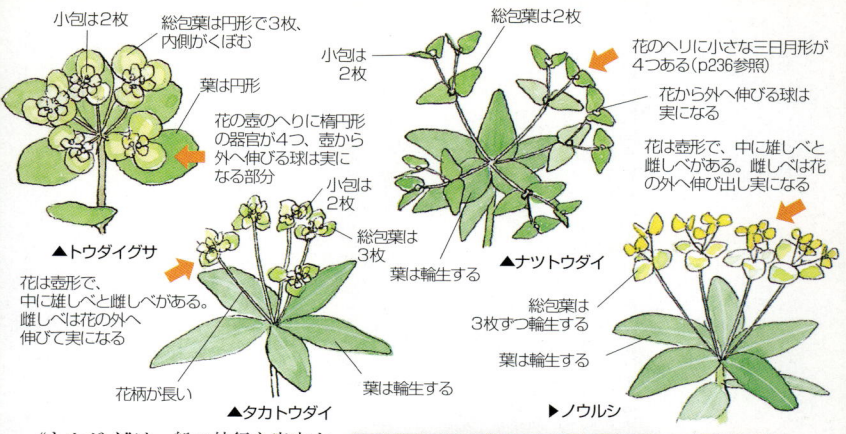

"トウダイ"は、船の航行を案内する"灯台"ではなくて、昔の室内照明器具の"燈台"のことをいっている。

燈台は、小さな土器の燈明皿に灯油を入れ、これに燈芯を浸して灯をともす。これを台に上げるわけだが、高い台の場合は長檠、低い方は短檠、そのほかに細い棒を3本組み合わせて倒れないように結び、その上に灯油を満たした皿を置くなど、色々な器具があった。

いずれにしても、トウダイグサの一番上の丸みを帯びて内側に囲むような形をした包葉周辺の葉と花の姿に、燈台の皿と燈芯のイメージがあるので、トウダイグサという名前がついている。

昔の油はアブラナから得ていた。アブラナは中国から渡来したもので、明治時代に渡来したセイヨウアブラナと異なり、葉が暗緑色の草。現在はセイヨウアブラナが河川敷きの土手や道端でよく見られるが、アブラナは少ない。

燈明皿に油を入れ、燈芯草（イグサの中芯）を使った燈芯に灯がともると、灯は燈明皿に遮られて、その下が暗くなる。このことから"燈台もと暗らし"という教訓的な言葉が生まれた。

▲タカトウダイ

▲ナツトウダイ

▲ノウルシ

分布と自生地 本州、四国、九州、沖縄の日当たりのいい、やや湿った場所に群生する。

特徴 花[本当は偽花]は壺形で、この中に雄しべと雌しべが入っている。花のへりには4つの楕円形の黄色い器官（腺体という）があり、蜜を出す。雌しべが交配すると、壺状の花から首を長く伸ばし、その先に丸い球が垂れる。
花のすぐ下で、花を抱くような小さな葉が総包葉（そうほうよう）。総包葉の下にある葉は、ハート形の大きな葉で5枚輪生する。
茎の中間の葉は、少し長いハート形で、互い違いについている。
高さは20〜40㌢。

仲間 夏に咲くのではなく、仲間のなかでは一番早く花を咲かせるナツトウダイ、丘陵や山地に咲く高さ30〜80㌢のタカトウダイ、山地の草原に多い高さ40〜50㌢のハクサンタイゲキ、海岸の岩地に咲く高さ30〜50㌢のイワタイゲキ、湿地だけに生える高さ約30㌢のノウルシなど、種類は多い。地域によって多少の特徴の変化が見られる。

▲湿った道端などでよく見られる。高さは15〜30センチ

トウバナ
塔花

Clinopodium gracile
シソ科トウバナ属
多年草／花期5〜8月

▶上：茎の基部は横に這う　中・下：花は長さ5ミリくらい

花が固まり、1段、2段、3段と段咲きする姿を、三層や四層の仏塔に見立て、"塔花"という。

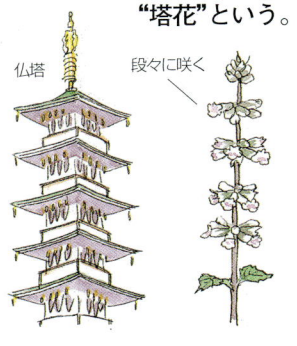

仏塔　段々に咲く

花が咲いている状態は、1つに固まって段々になっているように見える。仏塔の三重塔、あるいは五重塔のようなイメージがあり、仏塔の"塔"をとって、トウバナという名前がついた。

仏塔は、仏教信仰や寺の霊域を象徴する建物で、そこには宗派の高僧やお釈迦様の遺骨を安置してある。

仏塔には、三重塔と五重塔が知られているが、ほかに二重塔、多宝塔、十三重塔がある。

なお、お寺の建物や装飾からとって、花の名前に当てたものは多い。塔の屋根の上に9つの輪があり、それに見立ててクリンソウ、クリンユキフデ、屋根の軒に吊した宝鐸（ほうちゃく）に見立てたホウチャクソウなどがある。

分布と自生地　本州、四国、九州、沖縄と広く分布。山村の道端、山道、郊外の丘の草むらなどに自生する。

特徴　花は淡いピンク色で、唇形。基部がつながり、シソの花のような形。花の背後には、やはりシソと同じようながくがつく。葉はスペード形で、先端が尖る。葉は向かい合わせにつく。高さは15〜30㌢。

仲間　山間の木陰に咲くイヌトウバナがある。花期は8〜10月で、トウバナより遅い。

▲外側の花びらは反転する

▲湿地や湿原に多く、高さは10〜30センチになる

◀タイリントキソウ 台湾産で、日本では自生していない

トキソウ
朱鷺草 (とき)

Pogonia japonica
ラン科トキソウ属
多年草／花期5〜7月

日本ではほとんど絶滅に近い朱鷺が、翼を広げた際に、翼下面に薄いピンク色が見える。これを朱鷺色といっている。

トキソウの花の色が朱鷺色に似ていることから、"トキソウ"の名前がついた。

"トキソウ"の言葉がついた植物に、山草愛好家に人気のタイリントキソウがある。トキソウと花色がよく似ていて、それよりも大輪なのでこの名前がついたのであろう。

朱鷺の学名はニッポニア・ニッポン。日本が2つつながるほどの名前がつけられているが、トキソウもポゴニア・ジャポニカと、やはり日本に関係のある学名がつけられている。偶然であると思うが、面白いものだ。

分布と自生地 北海道から九州まで分布。湿地に群生する。

特徴 ラン科なので、花弁状の花びらが5枚。外側の花びら3枚ががく片。下には目立つ唇弁（しんべん）があり、唇弁の上には手を合わせたような形で側花弁（そくかべん）が2枚ある。
高さ10〜20㌢くらいの茎がずっと伸びて、途中に先が尖った細い楕円形の葉が1〜2枚。

仲間 山地や丘陵の日当たりのいい草地に生えるヤマトキソウ。

湿地に自生するトキソウの花は、淡いピンク色である。トキが翼を広げた時のピンク色と似るので、"トキソウ"。

花びらが淡いピンク

翼を広げた朱鷺。翼の下が淡いピンク色をしている

229 トキ

▲雪の多い地域に生え、高さ20～60センチの多年草。中央上部の茶色い葉は前年の葉

トキワイカリソウ
常盤碇草、常盤錨草

Epimedium sempervirens
メギ科イカリソウ属
多年草／花期4～5月

"常盤(ときわ)"は常に変わらないことをいい、常に緑色の葉を保つ木を"常緑"という。本種は常緑のイカリソウ。

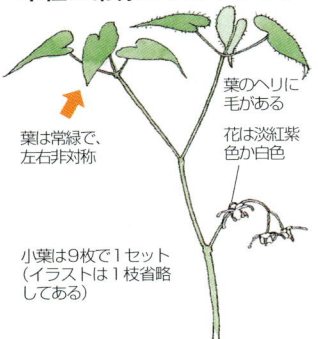

葉は常緑で、左右非対称
葉のヘリに毛がある
花は淡紅紫色か白色
小葉は9枚で1セット(イラストは1枝省略してある)

"トキワ"という言葉は、"常緑"ということを意味する。

本州の日本海側に自生しているので、冬は雪の下になる。しかし、葉は春まで枯れずに残り、花を咲かせる。普通のイカリソウは、冬は葉が枯れてしまうが、枯れない特徴を"トキワ"という名前で表わした。

"イカリソウ"は、花の形が船の錨に似ている。また、4つに尖った錨を図案化した家紋の錨紋にも似ているので、いずれかから名付けられた名前と考えられる。なお、錨紋には綱をつけた綱付き錨や、一錨や二錨などの数を示す紋、円になった錨丸といった紋がある。

ところで、錨形に見えるのは筒状に伸びた花弁の一部の距である。距の中では蜜を分泌していて、昆虫が穴からくちばしを差し込み、距の中の蜜を吸う行為が、受粉を助ける。

分布と自生地 東北から山陰までの日本海側に分布。雑木林などの木の下に自生している。

特徴 花は白色、あるいは淡紅紫色で、下向きに咲く。
距(きょ)が錨十字の形をしていて、後ろ側に同じ色のがくがついている。花柄は非常に細い。
葉は少しいびつに左右非対称のハート形。周りのふちに柔らかい刺状の毛がある。
葉は3つに分かれて、さらに3つに分かれる。合計で9枚ということになる。
高さ30～60㌢。

仲間 太平洋側の山地に生えるイカリソウ、花が淡い黄色のキバナイカリソウなど山地性のイカリソウが何種類かある。いずれも花びらが錨の形をしている。

▲上：下唇は無毛　下：葉ヘリは波状

▲ムラサキサギゴケに似た花色。花柄は短い
◀ムラサキサギゴケ　トキワハゼと似るが、春のみ咲く。花柄は長い

トキワハゼ

常盤爆ぜ

Mazus japonicus
ゴマノハグサ科サギゴケ属
1年草／花期4〜10月

分布と自生地　日本各地に分布。庭先や山里の空き地、山道沿い、都市の道路際など。

特徴　唇形の花で、下側の唇が大きい。唇弁(しんべん)のような部分に、黄色と紫色の斑点がついていて、下側が白っぽい。この斑点の部分はムラサキサギゴケにもあるが、ムラサキサギゴケの場合は、縦2列に盛り上がり、毛がある。高さは5〜10㌢。

仲間　ムラサキサギゴケ、白い花のサギゴケがある。

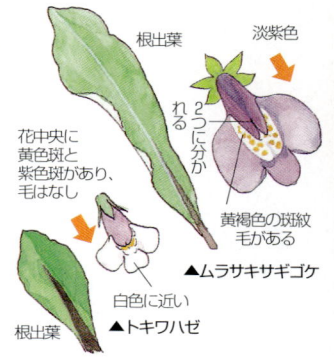

　1年中、葉は枯れずに残っていて、暖かい地域では、次から次へと花が咲いている。そういうことで、常に変わらないという意味をもつ"常盤"の文字を当て、"トキワ"の名前がついた。

　"ハゼ"という言葉は、タネが飛び散る時に、爆発というほどではないが、爆ぜる(飛散する)様子をいい表わしている。

　ところで、トキワハゼによく似た植物にムラサキサギゴケがある。見分け方は、花はどちらも淡紫色だが、唇弁(しんべん)に似た部分が大きく、花の中央に黄褐色の斑が目立つのはムラサキサギゴケ。その部分には毛があり、トキワハゼにはない。ムラサキサギゴケはつる状の茎で広がる。

1年中、花を咲かせるので、"トキワ"、タネは爆ぜるので、"ハゼ"がついた。

根出葉　淡紫色
2つに分かれる
花中央に黄色斑と紫色斑があり、毛はなし
黄褐色の斑紋毛がある
▲ムラサキサギゴケ

白色に近い
根出葉
▲トキワハゼ

▲道端や人家近くの石垣の間で見られる

トラノオシダ
虎の尾羊歯、虎の尾歯朶

Asplenium incisum
チャセンシダ科
シダの仲間

小さなシダであるが、葉先がだんだん細くなり、くるりと反り返る。これを"虎の尾"に見立てて、この名前がつけられた。

表面に浅い溝があり、裏側基部は暗紫色

葉裏には胞子がつく

虎の尾

▲左：葉は羽状に分裂　右：胞子は葉裏につく

"トラノオ"の言葉は、江戸時代中期に刊行された『大和本草（やまとほんぞう）』『三才図会（さんさいずえ）』『物品識名（ぶっぴんしきめい）』の3冊の本に出ている。夏に青紫色の花を咲かせるクガイソウの、穂状になった花穂の形を"トラノオ"とも呼んでいる。

"トラノオシダ"の名前は江戸時代後期の『綱目啓蒙（こうもくけいもう）』に出ている。身近なシダだったと思われる。小さいシダに"虎"の名前がついたのは、葉先がだんだん細くなりくるりと少し曲がっているところに、"虎の尾"のイメージを感じたのであろう。

分布と自生地 日本各地に広く分布。野山の道端、石垣の溝など、人家近くの岩場に自生。

特徴 葉の長さは10〜30㌢くらいの小さいシダで、1本の茎に羽状に分かれた葉が互い違いについている。中央部分が一番幅広くなっていて、先端にいくにつれて徐々に小さくなる。葉裏に濃い褐色の胞子がつく。茎の裏側の基部のみが暗紫色を帯びているのが、このシダの特徴。

仲間 チャセンシダ。

▲タカサゴカラマツ

▲バイカカラマツ

▲北海道の一部の河畔で見かける。高さは30センチほど

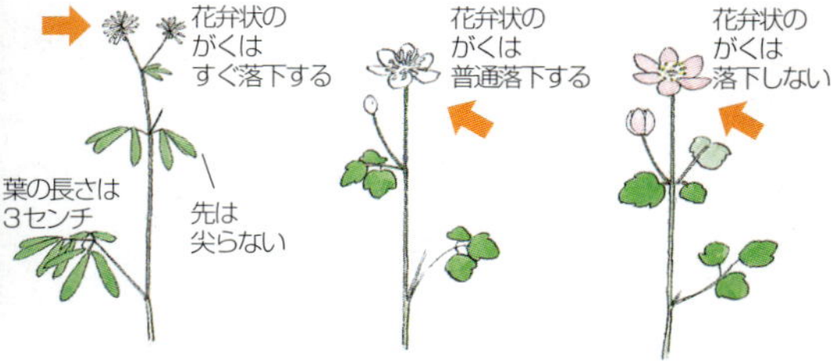

花弁状のがくはすぐ落下する
葉の長さは3センチ
先は尖らない
▲ナガバカラマツ

花弁状のがくは普通落下する
▲タカサゴカラマツ

花弁状のがくは落下しない
▲バイカカラマツ

ナガバカラマツ

長葉唐松

別名／ホソバカラマツ

Thalictrum integrilobum
キンポウゲ科カラマツソウ属
多年草／花期6〜8月

分布と自生地 北海道の日高地方の限られた地域に自生。
特徴 花は白色。花が咲くと、がくはすぐに落ち、カラマツの葉のような雄しべが残る。根出葉は細長く、3枚まとまっていて、それが何段かに組み合わさって出ている。
高さ30㌢ほどの茎は細くて針金状。
仲間 米国原産バイカカラマツ、台湾原産タカサゴカラマツなど。

　カラマツソウの仲間の葉は、楕円形で先が少し浅い切れ込みがあるとか、円形に前方の方に浅い切れ込みがあるとか、少しいびつな円形とかの形の葉が多い。細長いのは、特殊で珍しいということで、"ナガバ"がついている。

　"カラマツ"という言葉は、ほかのカラマツソウの仲間と同様に、花が咲くと花弁状のがくが落ち、残るのは糸状の雄しべで、この雄しべがカラマツの葉に似るから。

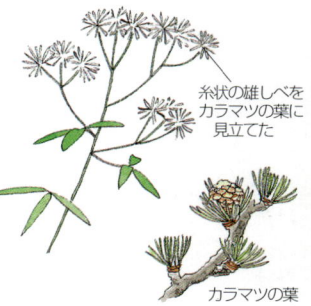

カラマツソウの仲間では、葉が細長いのは本種くらい。そこで名付けられた名前に"ナガバ"がある。

糸状の雄しべをカラマツの葉に見立てた

カラマツの葉

233 **ナガ**

▲空き地や道端など、どこでもよく目にする別名ペンペングサ。白い花が咲く。高さは10〜40センチになる

ナズナ

薺

別名／ペンペングサ

Capsella bursa-pastoris
アブラナ科ナズナ属
越年草／花期3〜6月

春の七草だけに、由来は諸説ある。"撫でる菜""夏無き葉"、別名に"ペンペングサ"もある。

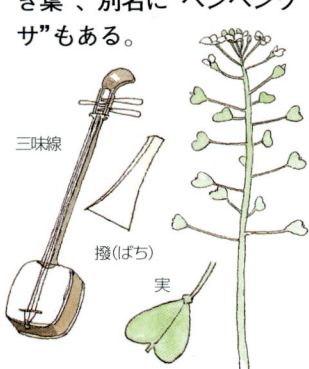

三味線
撥(ばち)
実

▲三角形の実の長さは約6ミリくらい

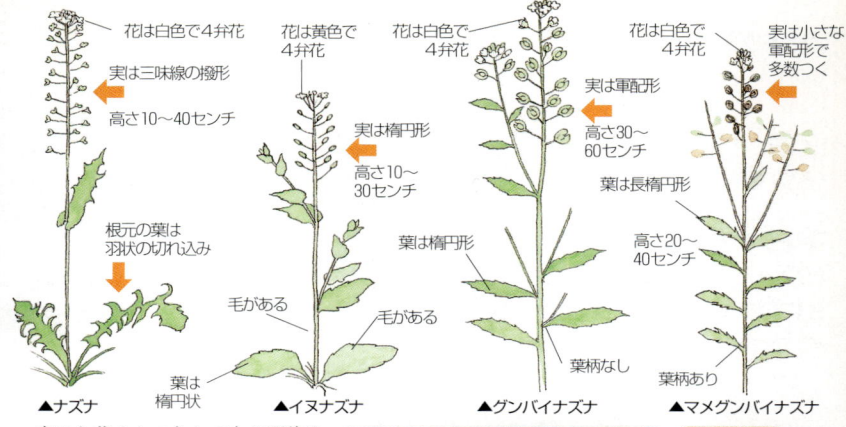

図の説明

▲ナズナ
- 花は白色で4弁花
- 実は三味線の撥形
- 高さ10〜40センチ
- 根元の葉は羽状の切れ込み
- 葉は楕円状

▲イヌナズナ
- 花は黄色で4弁花
- 実は楕円形
- 高さ10〜30センチ
- 毛がある

▲グンバイナズナ
- 花は白色で4弁花
- 実は軍配形
- 高さ30〜60センチ
- 葉は楕円形
- 葉柄なし

▲マメグンバイナズナ
- 花は白色で4弁花
- 実は小さな軍配形で多数つく
- 葉は長楕円形
- 高さ20〜40センチ
- 葉柄あり

春の七草の1つとしてもお馴染みの草だ。

ナズナの語源には色々な説がある。まず、"撫でる菜"。菜とは食べられるものを意味する。撫でるように愛らしいということだろうか。

第2の説。ナズナは冬から早春に、ロゼット形といって、葉が地際に放射状に広がって冬を越す。早春になると花茎が伸びて花を咲かせる。夏になると枯れてなくなる。夏になくなる菜ということで、"夏無き菜"。これが縮まって"ナズナ"となったという説。

第3の説。朝鮮語の方言では、"ナズナ"をナシ、ナシン、古い言葉でナジという。ちなみに、ナズナの古名がカラナズナ。"カラ"は唐のカラではなくて、朝鮮の"カラ"である。朝鮮半島では古くからお粥にナズナを入れる習慣があったそうで、この習慣が日本へ伝わった時に、ナシ、ナシン、ナジという言葉が"ナズナ"になったのではないかという説である。

また、ナズナには"ペンペングサ"という別名がある。実の形が三味線の撥に似ていて、三味線を弾く音をとって、ペンペングサの名前がついている。

▲イヌナズナ

▲グンバイナズナ 撮影／平野

▲マメグンバイナズナ

分布と自生地 日本各地に広く分布。道端、畑や田んぼのあぜ道、農村の空き地、山道沿いなど色々なところに自生が見られる。

特徴 白い花びらが4枚ある。がくも4枚。雄しべが6本、中央に雌しべが1本ある。葉はタンポポよりずっと小さく、羽状に切れ込んだ葉が地際に何枚かある。茎の中途には楕円形でふちがゆるく尖ったような葉が1枚くらいついている。実は長さは6〜7㍉の三角形で、三味線の撥（ばち）に似る。高さだいたい10〜40㌢。春の七草の1種としてお馴染みの草。江戸の町でも、庶民の食卓に載った。ナズナ売りもいたようで、「ナズナ売り、もとはただだと値切られる」といった江戸川柳もある。食べられるのは、早春までのもの。花が咲いては食べられない。利尿剤、解熱剤の薬としても利用される。

仲間 実が軍配状のグンバイナズナ、軍配の形がさらに小さくたくさんつくマメグンバイナズナ、そのほか、楕円形の実がつくイヌナズナなどがある。

ナツトウダイ
夏燈台

Euphorbia sieboldiana
トウダイグサ科トウダイグサ属
多年草／花期4～5月

春咲きなのに"ナツ"の名前がついた。草姿は照明の燈台に似ているので"トウダイ"がついた。

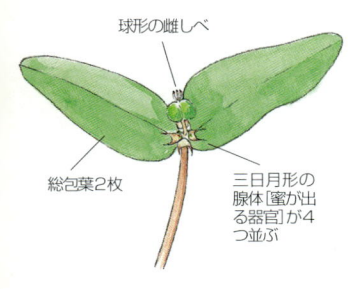

- 球形の雌しべ
- 総包葉2枚
- 三日月形の腺体［蜜が出る器官］が4つ並ぶ

▲丘陵地や山地に多く、高さ30～50センチ

▲赤く見える部分は三日月形の腺体

春に咲いて、夏に咲くことはない。命名者はたまたま遅咲きを見て、"ナツ"とつけてしまったと思われる。"トウダイ"は、家の中を明るくするかつての"燈台"のこと。トウダイグサの名前を仲間のナツトウダイにもつけた。花の特徴は、三日月形をした紫色の腺体が4つあること。トウダイグサの仲間では、この形が見られるものはほかにない。

分布と自生地 沖縄以外の各地に分布。山地や丘、道端や草むらに自生。

特徴 2枚の総包葉の上に花があり、三日月形をした紫色の4つの腺体が目立つ。雌しべは球形をして壺の中から伸びている。茎には互い違いに葉がつく。

仲間 p227参照。

ナベワリ
舐め割り、鍋破

Croomia heterosepala
ビャクブ科ナベワリ属
多年草／花期4～5月

花に毒成分があるので、舐めると舌が割れそうだという説あり。しかし、この毒成分がもとで、鍋が破れる説も。

▲林でよく見かける。高さは30～60センチ

▲黄緑色の花が下向きに咲き、片側の花弁が大きい

花を舐めると舌が割れるほど刺激が強いので"舐め割り"がなまって、"ナベワリ"になったと一般にいわれている。しかし、江戸時代には"鍋破"の名前があり、ドクウツギにもこの漢字を当てていた。実が有毒で、鍋に実を入れると割れるといった警鐘で"鍋破"の名前がついたと思う。

分布と自生地 関東以西、四国、九州までの太平洋側に分布する。山地の森の中の湿った斜面などに見かける。

特徴 花は茎の上部から長い花柄にぶら下がって下を向く。花びらは4枚あって、縦に2枚、左右に2枚。縦の1枚は非常に大きく、縦の反対側部分はその次に大きい。左右はそれよりちょっと小さくついている。葉は、ハート形で先端が細長く伸びている。縦筋の葉脈がはっきりとしている。

仲間 中国地方や四国、九州に分布しているヒメナベワリがあり、ナベワリよりも花が小さい。この両者の見分け方のポイントは、花びらの形態。ナベワリの花は4枚のうち1枚だけ大きいが、ヒメナベワリはみな同じ。

▲花のつけ根に緑色の突起がある

▲アマドコロ 花のつけ根に緑色の突起なし

▲丘陵地や山地で多く見られ、大きなものは1メートルにもなる

▼アマドコロ

葉はアマドコロ
よりやや細め
緑色の小さな
突起がある
茎は丸い

緑色の
突起がない
茎は
角張る

▲ナルコユリ

ナルコユリ
鳴子百合

Polygonatum falcatum
ユリ科アマドコロ属
多年草／花期4〜5月

分布と自生地 本州、四国、九州に分布。山地や丘の雑木林などの湿ったところに自生。

特徴 花は淡い緑色を帯びた白色で、胴長の筒形。花の先端は緑色が濃い。いくつかがまとまって垂れ下がる。花柄とつながる花の基部に緑色の突起がある。葉は長楕円形で、互い違いにつく。茎は丸い。高さは50〜80㌢。

仲間 少し小形で花の先がつぼみがちのミヤマナルコユリ、大形のオオナルコユリなどがある。p17参照。

"鳴子"は、秋に田んぼが実る頃、鳥を驚かして、実った稲を食べさせないようにする仕掛けで、風が吹くとカラカラと鳴る。色々な方法があるが、木板に、短く切った竹の筒をいくつか吊るし、その木板に紐を結びつけ、田んぼの端と端に張った綱などにぶら下げる。これが風に吹かれると、竹の筒が木板に当たり、空洞になっている竹の中が共鳴して、カラカラと大きな音がする。

ナルコユリは春に花柄を伸ばして、筒状になった花がいくつか並んでぶら下がる。その姿に、"鳴子"の竹筒のイメージが合って、ナルコユリという名前がついた。

茎から垂れる花姿は、"鳴子"に似る。鳴子は、竹筒が板にぶつかると音を出し、雀や鳥を追い払う仕掛け。

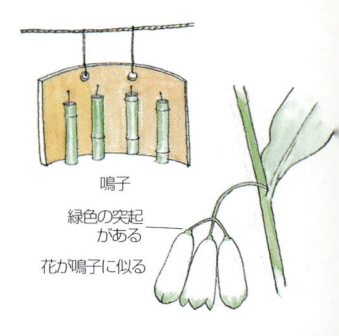

鳴子
緑色の突起がある
花が鳴子に似る

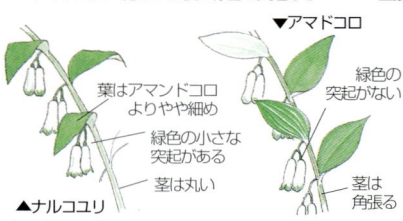

237 ナル

▲花びらのヘリが反転気味なのが特徴

ニオイエビネ
匂海老根、匂蝦根

Calanthe izu-insularis
ラン科エビネ属
多年草／花期4〜5月

花に甘い香りがあるので"ニオイ"。"エビネ"は、地上すれすれに並ぶ球根[偽球茎]が海老に似るから。

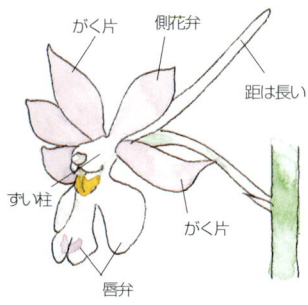

がく片　側花弁
距は長い
すい柱
がく片
唇弁

　この花はランで、甘い香りがすることから"ニオイ"という言葉がついた。"エビネ"という言葉は、地下の根と株の間にある里芋状の球根[偽球茎(ぎきゅうけい)]からきている。この球根は、1年で腐ってしまわないで何年か生きている。成長段階では、基の方は小さくて、だんだん成長するにつれて球根が大きくなる。その球根の並んだ姿が、海老の背中から尻尾にかけての部分に似ているので、"海老根"という名前がついた。
　なお、"エビネ"という名前は、ニオイエビネだけでなく、身近なところで見られるジエビネ、西日本でよく見られるキエビネ、九州、四国、紀伊半島の一部で見られるキリシマエビネ、山岳地帯で見られるサルメンエビネなどにもついている。いずれも球根が連なっている姿から"海老根"の名前がついている。

▶ **分布と自生地**　伊豆諸島の神津島、御蔵島、新島などの森の中に自生している。

▶ **特徴**　正面を見ると、一番目立つ白っぽい広がった花びらがある。これは唇弁(しんべん)。唇弁は大きく3つに分かれている。花の中央に鼻状の突起があり、そこをすい柱またはコラムといい、雄しべと雌しべがある。花の後ろには細長い尻尾のような距(きょ)がある。この尻尾の中で蜜を分泌する。
葉は、先が尖った楕円形の大きな葉で、長さは30〜50㌢。
高さは数十㌢で大形。

▶ **仲間**　紫や緑色の花が多くて、地味な感じのジエビネ[エビネ]、花がすべて黄色のキエビネ、下向きに咲いて白や淡いピンクが多いキリシマエビネなど。

▲日当たりのいいい山地に多く、高さは10〜15センチ

◀花の香りが高く、紫色の花で中心は白い

ニオイタチツボスミレ
匂立坪菫、匂立壺菫

Viola obtusa
スミレ科スミレ属
多年草／花期3〜4月

香りが強いので"ニオイ"。茎が立ち上がるので、"タチ"の名前がある。

唇弁は丸く中心部は白色

唇弁がやせ気味

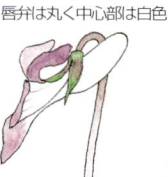

▲ニオイタチツボスミレ　　▲タチツボスミレ

分布と自生地　北海道、本州、四国、九州に分布。山地のよく日の当たる草むらや山道に自生する。

特徴　花を正面から見ると、青紫色の花びらに囲まれて中心部が白くよく目立つ。これが一番の特徴。
葉はハート形で、普通のタチツボスミレなどと差はない。葉のつけ根の部分に、小さな托葉があり、へりは櫛の歯状になっている。高さは30㌢になる。

仲間　タチツボスミレ、テングスミレ、オオタチツボスミレ、ナガバノタチツボスミレ、いずれもスミレの仲間のなかでもよく似たタイプの花だ。P182参照。

　このスミレはよく香る。それで"ニオイ"という名前がついた。"タチ"は、花が咲いている時にはほかのスミレと同じなのだが、花が終わると茎が伸び上がることから名付けられた。なお、茎が伸び上がると、伸びた茎にまた花がつくという性質をもっている。これらを地上茎といっている。

　"ツボ"は、"坪"である。中庭とか、かつては宮中へ行く途中の道端といった意味をもつ漢字を当てて、この種の自生地を示している。

　そして、スミレという言葉だが、大工が木材に墨の線を入れるために使う道具の墨壺に由来する。その墨壺の一部が、スミレの花の後ろにある尻尾のような距に似ているという理由でついた。

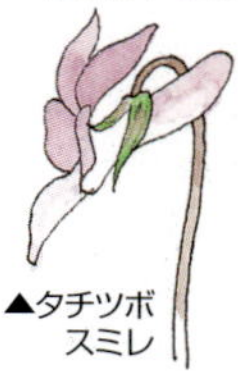

▲葉の基部中央にむかご[肉芽]がある。高さは10〜20センチ

▲横から見た仏炎包

▶上：オオハンゲの仏炎包　下：オオハンゲの3枚に切れない葉

ニオイハンゲ
匂半夏

Pinellia cordata
サトイモ科ハンゲ属
多年草／花期5〜6月

バナナの香りがするので、"ニオイ"。カラスビシャクの球茎の漢方名"半夏（はんげ）"を借用した名前。

▼ニオイハンゲ
付属体
仏炎包
付属体

▶オオハンゲ
基まで切れ込まない
仏炎包

花が咲くとバナナの香りのような、甘い香りを発することから、"ニオイ"という名前がついた。

"ハンゲ"という言葉は、この仲間のカラスビシャクという植物から由来する。

カラスビシャクは畑の害草として農民たちに嫌がられている草だが、地下に丸い球根（球茎）がある。これを乾燥させた漢方薬を"半夏（はんげ）"といい、この名前が通用していた。吐き気、咳を鎮めるといったような薬効があり、昔から知られていた。

"半夏"という名前のあるカラスビシャクとニオイハンゲは仲間同士[同じハンゲ属]なので、ニオイハンゲの方にも"ハンゲ"という名前がつけられたというわけだ。

分布と自生地　中国の広東省、福建省、浙江省などの地域に分布。村里近くの岩場に自生。

特徴　花は淡い緑色の頭巾形で、中から細長い紐のようなものを出している。この頭巾の中に雄しべや雌しべが入っている。雄しべ群は粉が目につくが、雌しべ群は小さな青いトウモロコシに見える。葉はハート形で、根元から1〜2枚出る。

仲間　小葉が3枚のカラスビシャク、葉に3つの切れ込みがあるオオハンゲなど。

▲上：葉の長さは3〜10センチ
下：黒葉ニガナ

▲山野でよく見かける。高さは30〜50センチ。花の直径は約1.5センチ

◀シロバナニガナ　ニガナよりも全体に大きい。舌状花の数も多い。

ニガナ

苦菜

Ixeris dentata
キク科ニガナ属
多年草／花期5〜7月

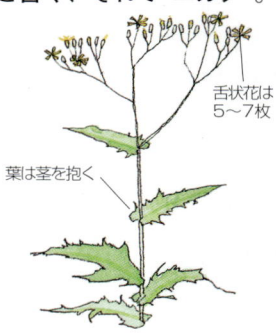

"苦い菜"というのが名前の由来である。この草の葉や茎を折ったりすると、白い乳液が出る。これを少し指につけて舐めると苦い。ところが、これを茹でて食べると、少し苦みは残るが、まずまずの美味しさがある。"菜"がつく場合は、原則として食べられることを表わす。昔は、今のように外来の野菜がない時代だったので、野山にある草を採って食材にしていた。食べられるか、そうでないのかを名前で表わしていたのだ。

　ニガナの名前は、江戸時代の、『大和本草』『三才図会』など、7〜8種類の書物に載っている。庶民にもよく知られていた山菜の1つだったといえる。

【分布と自生地】日本各地に分布する。丘、山地の道端、山道、農村の空き地に自生。
【特徴】花は普通黄色だが、白色もある。花びらだけの舌状花（ぜつじょうか）。花びらはだいたい5〜7枚。茎の途中の細長い葉は、茎を抱いている。根際の葉は、複雑な形に切れ込んで何枚かついている。いずれも葉は互い違いにつく。高さは20〜50㌢。
【仲間】ハナニガナ、ノニガナ、シロバナニガナなど10種ほど。

昔から食べていたので"ナ（菜）"がつく。葉や茎を傷つけると乳液が出て舐めると苦く、それで"ニガナ"。

舌状花は5〜7枚

葉は茎を抱く

241　ニガ

▲日本海側の山の中に見られる。高さは5～15センチになる

ニシキゴロモ
錦衣、二色衣

Ajuga yezoensis
シソ科キランソウ属
多年草／花期4～5月

▶上：花はジュウニヒトエに似る。中下：葉の中心の脈は紫色

葉は緑色で、葉脈に紫の筋が入る。これで、なぜ"錦衣"かと疑問。本当は2色、二色衣かも。

薄手の紫の衣をまとった僧

ニシキゴロモの花

"錦"というのは、もともと絹織物のことで、金糸と色々な色彩の糸を織り込んだ豪華な厚地の反物をいった。美しい物にたとえる言葉としても使っていた。この草の葉が、紫色を帯び葉脈が赤く、とても美しい色なので、"ニシキ"がつけられたと考えられる。

"コロモ"は豪華という"ニシキ"のもつ意味と連動して、高僧の紫地の衣服が思い浮かぶ。また、花の形からは薄手の紫の衣を着た僧姿が連想させられる。葉姿からくる高僧の衣服と花形からくる僧の着衣をイメージして"コロモ"はつけられたと思える。なお、こじつけだが、葉の緑と葉脈の紫色の2色だから、"錦衣"ではなく"二色衣"とも思える。

分布と自生地 北海道、本州、四国、九州に分布。草があまり繁っていないような森や林の中に自生している。

特徴 花はピンク色で、唇形をしている。下の唇は大きく、ランの唇弁（しんべん）のように広がっている。紫色の筋が入った葉は地際のところに集中して、高く伸びない。葉は小さくて長さ数㌢。高さは約5～15㌢

仲間 花も葉も紫色のツクバキンモンソウ、白い花のジュウニヒトエなどがある。

▲南西諸島を除く全国の、沢沿いの林内で見られる。高さは5〜25センチ

◀上：湿地に自生する　中：托葉に鋸歯あり　下：花に壺がある

ニョイスミレ

如意菫

別名／ツボスミレ（壺菫、坪菫）

Viola verecunda
スミレ科スミレ属
多年草／花期3〜5月

"如意"というのは、もともとは、知恵の神様で知られる文殊菩薩が、右手に持っていた長い棒のような物で、物事を忘れないための道具の1つといわれている。その後、高僧が法話や儀式を行なう際に持っているが、これは権威の象徴のように私は思う。

ところで、この"如意"の形に、花と花柄が似ているのがニョイスミレだ。花柄は非常に長く伸び、先端に花を咲かせる。花柄のカーブの仕方が"如意"のカーブとよく似ている。そこから"ニョイ"の名前がついた。

ニョイスミレは別名を"ツボスミレ"といっている。ツボスミレの"ツボ"は、庭や道端を指す"坪"で、そういったところで見られる。

分布と自生地　日本各地に広く分布。標高の高い高原地帯の湿ったところや平地の丘、道端にも見かける。

特徴　壺形をした唇弁（しんべん）の中心部に非常に濃い筋が入っている。茎は、初期は立っていないが、タチツボスミレと同様に次第に立ち上がってくる。葉のつけ根にある托葉（たくよう）にはふつう切れ込みはない。なお、唇弁が壺形だから別名を"壺菫"ともいう。

仲間　茎が立ち上がるタチツボスミレなど。

花柄は長く伸び、先端に花をつける。この草姿が、高僧が持つ"如意"に似るので、"ニョイ"の名前がある。

僧が説法の時に持つ如意

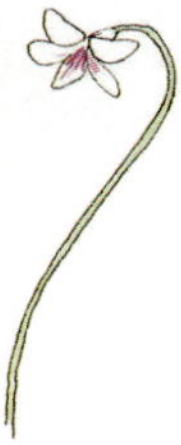

ニョイスミレの花

▲花は2輪とは限らない。全国の山野で見かける。高さは15〜25センチ

▲葉には白い斑点がある

ニリンソウ
二輪草

Anemone flaccida
キンポウゲ科イチリンソウ属
多年草／花期3〜4月

必ず1輪しか咲かないイチリンソウ、2輪咲きとはいえない兄弟のニリンソウ。

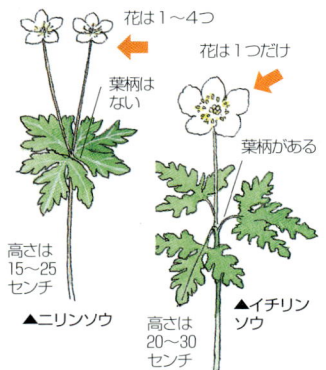

▶イチリンソウ 花の直径は約4センチある。1輪だけ咲く

　ニリンソウの名の由来については、この仲間のイチリンソウ、サンリンソウと一緒に考えてみる必要がある。イチリンソウの場合は、花が1輪しか咲かない。そしてニリンソウは2輪咲くから、と考えたいのだが、実際は1輪の場合も。3輪、あるいは4輪咲くこともある。しかしニリンソウという名前がついている。サンリンソウは、標高が高いところの森の中などに群生する草だが、この場合も1輪の場合もあれば、2輪咲いたり、名前の通り、3輪咲くこともある。

　このようにニリンソウとサンリンソウは、花数が定まっていないのに、2輪や3輪と決められて、都合のいい名前がつけられた。

花は1〜4つ
葉柄はない
高さは15〜25センチ
▲ニリンソウ

花は1つだけ
葉柄がある
高さは20〜30センチ
▲イチリンソウ

分布と自生地 日本各地に広く分布。雑木林、森陰などに群生。

特徴 がくが変化した花びらが5枚。花弁はない。中心に雌しべがあって、その周りを雄しべがとり巻いている。イチリンソウに比べてやや小形で、15〜25㌢くらいの高さである。
葉は葉柄がなく、切れ込んだ感じのものが3枚。これがニリンソウの特徴。

仲間 葉柄の長いイチリンソウ、短いが葉柄があるサンリンソウ。

▲オオニワゼキショウという学者もいる。日のよく当たる道端などで見られ、淡い紫色の小さな花が咲く

◀セキショウ　ニワゼキショウとは全く花の形が違う

ニワゼキショウ

庭石菖

Sisyrinchium atlanticum
アヤメ科ニワゼキショウ属
多年草／花期5〜6月

芝生がある家では、必ずといっていいほど出現する草。可愛らしい花が咲く小さな草だ。庭の芝生にニワゼキショウが群生するのは、なかなかいい風情である。

この草は、サトイモ科のセキショウという植物の葉に似ているので、"セキショウ"と名前がつけられた。セキショウの草姿を少し弱々しくして小さくしたような葉姿である。

セキショウというのは、花は地味で、ニワゼキショウのように可愛らしくもなく、ツクシのような花が咲く。ところが、よく似た葉を揉んでみると、すっきりとしたとてもいい香りがする。しかし、ニワゼキショウの葉には、このような香りはない。

分布と自生地　北米産で、明治時代の中期頃に渡来した。日本各地の芝生、道端、野原などで見られる。

特徴　淡紅紫色の花びらが6枚。中央部分が濃く彩られている。花が終わった後は、丸い球のような実がつく。高さは20〜30㌢。

仲間　大庭石菖。

"セキショウ"の葉に少しだけ似て、"庭"の芝生に現われるので、ニワゼキショウと名付けられた。

▲芝生の中に群生することもある

▲山野、野原、川岸で見られる。香りの高い白い花が咲く

ノイバラ
野薔薇

Rosa multiflora
バラ科バラ属
落葉低木／花期5〜6月

ほかの種の台木になり、実が薬になる野生のバラ。園芸種のバラと区別するため、この名前がある。

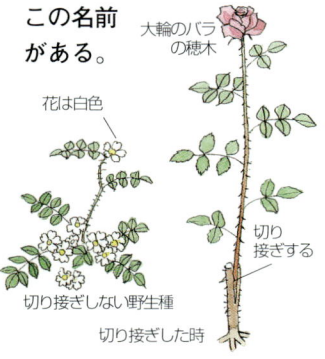

▶秋には直径5〜10ミリの赤い実がなる

大輪のバラの穂木
花は白色
切り接ぎする
切り接ぎしない野生種
切り接ぎした時

"ノ"というのは"野生の"という意味で、"イバラ"は植物のバラを指す。この植物は、平安時代に"ウバラ"という名前で呼ばれ、"茨"または"宇波良"という漢字が当てられていた。その後、中国でノイバラのことを"薔薇"と書いていることが伝わってきた。そこで"茨"が"薔薇"の漢字になり"イバラ"と読むように転化していった。現代では、イバラの"イ"がとれて、"バラ(薔薇)"と読むようになった。

ノイバラというのは、"ノ"は野生、イバラにも野性的な意味合いがあるので、"野生"が重複している。"ノ"はつけなくてよかったのだと思う。

分布と自生地 日本各地に分布。野原や低山、丘の草むらに自生。

特徴 花は白い花で5弁。中心に雄しべが多数見られ、花の後ろにはがくが5枚ついている。
葉は楕円形で、小さな葉が5〜7枚まとまってつく。所々に刺があるのが特徴。
ノイバラはとても丈夫で繁殖力があるので、大輪のバラなどの台木にも使われている。

仲間 海岸で見られ、葉に光沢があるテリハノイバラ。

▲湿気のある地に群生することが多い。高さは30～60センチになる

分布と自生地 日本各地に広く分布。川岸、湿地帯などの湿ったところに多い。上部が黄色く見える草が大群生しているのを見ると、だいたいノウルシであることが多い。

特徴 高さ40～60㌢の茎の一番上に、小さな複雑な花が咲く。壺形の花の中から小さなイボイボのようなものがある丸い球か柄で伸び、少し下向きかげんになる。これがノウルシの雌しべの特徴。花の咲いている周りには黄色い小包(しょうほう)がある。茎の上部には細長い葉が何枚も固まって輪生状につく。茎の下側の葉は、だいたい互い違いでついている。

仲間 トウダイグサ、ナツトウダイ、タカトウダイ、イワタイゲキなど。P227参照。

"ウルシ"は、幹を傷つけて漆液を採り、塗料に使われている。このウルシはとてもかぶれやすい。

ノウルシの葉や茎などを傷つけると乳液が出てくる。それが肌の弱いところにかかると、ウルシにかぶれたような状態になる。

"ウルシ"によく似た性質があるということで、"ノウルシ"という名前がつけられている。

別名に"サワウルシ"がある。これは沢沿いの湿ったところに自生することから、この名前がある。

サクラソウなどが群生している湿地へノウルシが入り込み、弱らせて減少させるということもよく目にする。とても丈夫だが、その場所が乾燥するといつの間にかノウルシは消えてしまう、という弱点がある。

なお、このノウルシは日本独特の植物で、中国にはなく漢名はない。

ノウルシ
野漆
別名／サワウルシ

Euphorbia adenochlora
トウダイグサ科トウダイグサ属
多年草／花期4～5月

湿地で葉が黄色い集団を見つけたら、ノウルシの可能性が大。草の乳液に触れるとかぶれるので注意。

▲咲きはじめの花の周囲。トウダイグサなどの違いはP227参照

▲道端や畑のふちで見かける。高さは1メートルになる

▲上：葉は柔らかくギザギザ　下：ロゼット状の根生葉

▲左・右：オニノゲシの葉と全草

ノゲシ

野罌粟、野芥子

別名／ハルノノゲシ

Sonchus oleraceus
キク科ノゲシ属
越年草／花期4〜7月

ケシの仲間の葉に似る。古名は"ツバヒラクサ"。茎を抱く形が、刀の鍔が開いた形なのでついた。

花はケシの仲間に似ない

葉がケシの仲間に似る

▲ノゲシ
▶アザミゲシ

江戸時代後期に日本に渡来してきたアザミゲシという植物がある。葉がアザミに似て、花色は違うが花形はケシに似ている。それでこの種に"ケシ"の名前がついている。このアザミゲシとノゲシは花形は似ていないが葉の形が似ている。そこで、アザミゲシの葉から"ケシ"の名前を借用してノゲシとついた。

ノゲシの古名に"ツバヒラクサ"がある。ノゲシの葉の基部が茎を抱いているが、両側が開いて、あたかも鍔が開いているように見えるので。

分布と自生地　日本各地に分布。街角の空き地や、山里の道端、野原などに自生。

特徴　花は舌状花（ぜつじょうか）だけで構成する。葉は茎を抱くようにつく。その先端は開いて尖っている。葉のふちは、鋸歯状に尖った刺があるが、痛くない。

仲間　よく似たオニノゲシがある。ノゲシとの違いは、草姿が大きいこと、葉の刺が痛いこと、茎を抱く葉の基部が丸みがあって開いていないこと。

ノボロギク

野襤褸菊

別名／ボロギク

Senecio vulgaris
キク科キオン属
1年草／花期1〜12月

花後の、タネのついた綿毛が綿の"ぼろ"のようで、野原で見かける草。それでノボロギク。

▲繁殖力が強く、暖かいところでは1年中見られる

分布と自生地 日本各地の街角の道端や農村の草むらで自生する。
特徴 花は円柱形で、黄色い花びらが先端部で少しすぼまってつく。切れ込みのある羽状の葉が互い違いにつく。
仲間 ベニバナボロギク、ダンドボロギク、サワギクなどがある。

野原の"ぼろ菊"、という意味の非常に可哀想な名前がついている。野原だけでなく、身近な道端や空き地などにもよく見かける草だ。花期には、花が咲ききらないような状態で、花の後に、綿毛のようなものが出る。それを綿の"ぼろ"と見なして、"ボロギク"という名前がついている。

▲ノボロギクの綿毛で、これが"ボロ"の由来になった

ノミノツヅリ

蚤の綴り

Arenaria serpyllifolia
ナデシコ科ノミノツヅリ属
越年草／花期4〜6月

小さな葉が枝先に重なり合う姿を"蚤(のみ)"に着せる服にたとえた。"綴(つづ)り"とは粗末な"着物"をいう。

▲湿地よりもやや乾燥地を好み、道端や空き地などどこでも見られる

分布と自生地 日本各地に分布。山地や郊外の日の当たる道端、土手、空き地に自生。
特徴 花は白色の5弁花。花弁に裂け目のないのが特徴。がくは5枚。楕円形の葉が向かい合わせにつく。
仲間 属は異なるがノミノフスマが似る。

名前の"ノミ"は、大きさを動物の名前"蚤(のみ)"を借用して表わしている。"綴り"は、僧の衣、法衣、つづり合わせた着物、つぎはぎの衣などの意味がある。ノミが着るものだから、粗末な着物であろう。茎の上部に小さな葉が向かい合っているあたりをノミの粗末な着物に見立てた。

開きかけた葉が蚤の着物

蚤

"綴り"は粗末な着物のこと

▲畑や田んぼのふちで見かける。高さは10〜30センチ

ノミノフスマ
蚤の衾

Stellaria alsine var. undulata
ナデシコ科ハコベ属
越年草／花期4〜10月

▶上：全草 中：葉は対生 下：由来になった葉が中央上にある

"衾"とは夜具のことをいう。小さな"蚤"が夜具に使えそうな葉を名前でいい表わしている。

蚤(のみ)の布団にたとえた

衾(ふすま)は布団などの夜具のことをいう

"蚤"とは、小さいという意味を表わす言葉。"衾"は、唐紙や障子の1種のようなものではない。綿と布で作った布団、寝るための夜具を"衾"という。この"ノミノ"は、蚤が寝られるほど小さいという意味である。蚤が実際に寝るわけではなくて、葉が小さく、しかも茎の上の方にある2枚の葉が向かい合ってついている葉姿が、その中に蚤が入って寝られそうで、葉に蚤が寝てもいいのではないか、蚤の布団ではないか、というのがこの植物の名前の由来である。

なお、動物などの名前を借用して、植物の大きさを表わす言葉には、"ノミ"が一番小さく、その次に"スズメ"、"カラス"、"鬼"が1番大きい。

● 分布と自生地　日本各地に分布。山地の道端、野や丘の草むらなどに自生する。

● 特徴　花は白色で、5弁。花びらが、深く半分に切れ込んでいて、10枚の花びらのように見える。
花の背後に5枚のがくがついている。
一番茎上の葉は、まだ開ききっていない時は、向かい合わせで接近している。そこを夜具に見立てた。茎につく葉は対生している。

● 仲間　属は違うが、ノミノツヅリがある。

▲上：梅の花に少し似る　下：花が淡紫色。葉はハート形で茎が細い

▲林内で見かける。高さは10〜20センチ

◀イカリソウ　バイカイカリソウとは花姿が違う

"バイカ"という名前は、花が梅の花姿に少し似ていることからついたが、実際はあまり似ていない。しかし、白花でほかに表現しようもなかったので、やむなく"バイカ"とつけたと思う。

仲間のイカリソウの名前は、家紋の錨紋、船の錨の2つに関連がある。どちらが由来の根拠になったかは分からないが、いずれにしても、花びらの先にある十字形に尖った4つの距の形がそれらに似ているので、名前を"イカリソウ"とつけた。

ところが、バイカイカリソウには、錨の距がない。にもかかわらず、"イカリソウ"の名前がついている。その理由は、イカリソウの仲間だからである。

分布と自生地　中国、四国、九州に分布。林の中、森のふちなどに自生する。

特徴　花は白または淡紫色で、数個つける。イカリソウでありながら、花びらに距(きょ)がない。花柄、茎ともに細くて針金状である。葉は特徴のあるいびつになったハート形をしている。高さは20〜30㌢。

仲間　イカリソウ、キバナノイカリソウ、トキワイカリソウなど。イカリソウのほかの仲間は尖った距をもつ。

バイカイカリソウ

梅花錨草

Epimedium diphyllum
メギ科イカリソウ属
多年草／花期4月

イカリソウの仲間なので、この名前があるが、錨形の距(きょ)がない。梅の花には少し似る。

筒状の尖った部分が距

花が梅の花に少し似るが、距がない

▲イカリソウ
▶バイカイカリソウ

251　バイ

▲針葉樹の林内に咲き、花が白梅のようで可愛らしい。高さは5〜15センチ

バイカオウレン

梅花黄蓮

別名／ゴカヨウオウレン

Coptis quinquefolia
キンポウゲ科オウレン属
多年草／花期2〜3月

花びらが白色で、丸みのある白梅に少し似た花が咲く。根の黄色いオウレンの仲間なので、バイカオウレン。

▲中心の黄色い小さな棒が花弁。背後に、花弁状の白いがくがある

▶葉は5つの小葉からなる。それで"五加葉黄蓮"という

"バイカ"は白梅の花に似るという意味だが、厳密にいうとぴったりとは似ていない。白い花びらが少し似ているだけで、バイカ（梅花）と命名してしまったのであろう。

"オウレン"は、黄色い根という意味。根を切断して見ると、黄色みがはっきりしている。そして、舐めると苦く、薬として胃薬、健胃整腸、下痢止め、結膜炎やただれ目、さらに中風などに薬効がある。

なお、薬として利用されているものに、葉がセリの葉に似るセリバオウレンがある。上記の薬の主材料として使われている。キクバオウレンも代用されているが、バイカオウレンは薬としては使われていない。この種は、鑑賞用として親しまれている。

分布と自生地 東北南部から本州、四国まで分布する。山地の雑木林、森のやや湿ったところに自生する。

特徴 花は5弁の真っ白な花。花びらに見えるのは、花弁ではなくて、花弁状にがく片が変化したもの。バイカオウレンの特徴は、根際から伸びた葉柄の先に、5枚の小さな葉がまとまってつくこと。そこで、ゴカヨウオウレンという別名がある。

仲間 キクバオウレン、セリバオウレン、コセリバオウレンなどがある。これらは、共通して花後にメリーゴーランドのような実がつく。

▲日本には自生していない種。鉢植えで育てられているのが見られる

◀上：千重咲きのバイカカラマツ 下：白花のバリエーション

バイカカラマツ
梅花唐松

別名／バイカカラマツソウ

Anemonella thalictroides
キンポウゲ科バイカカラマツソウ属
多年草／花期4月

"バイカ"は梅の花を意味する。梅の花とバイカカラマツの花を比べて見ると、あまり似てはいない。しかし、この草に和名をということで考えついたのが、梅の花だったと思われる。

なお、カラマツソウの場合は、花びらが落ち、細い糸状の雄しべだけが残り、その姿がカラマツの葉に似ていることから"カラマツ"の名前がついている。ところが、バイカカラマツは花弁状の花びらが落ちないので、カラマツには似ない。

それでも、なぜ"カラマツ"とついたのか、その理由は葉にある。ちょっと変わった感じの葉で、これがカラマツソウの葉とよく似ている。ということで、"カラマツ"の名前をつけたと思う。

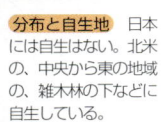

分布と自生地 日本には自生はない。北米の、中央から東の地域の、雑木林の下などに自生している。

特徴 花びらは、必ずしも梅の花のように5弁ではなくて、10枚や八重咲き、千重咲きなどいろいろな変化がある。白色からピンク色、緑色と、花色も多彩である。標準的な花色は淡紅色。
葉は緑白色で、楕円形にちょっと浅く切れ込みがあり、何枚かつく。茎は針金のように細い。高さは約10〜20㌢である。
この種は園芸家に人気がある。

仲間 仲間はなく、1属1種。

花びらに丸みがあり、花は梅の花から"バイカ"、葉がカラマツソウの葉に似るので"カラマツ"がつく。

▲梅の花と同じとはいえないが、感じが似る

▲中国から渡来の栽培種だったので、人里近くで見かける

バイモ
貝母
別名／アミガサユリ

Fritillaria verticillata var. thunbergii
ユリ科バイモ属
多年草／花期3月

▶花の長さ2〜3センチ 中：葉先は巻く 下：外側は貝のよう

地下の球根［偽鱗茎］が2つに割れ、中から子球が出てくる。親の球根は、貝の殻に見え、それで"貝母"。

球根が貝のようで、中にも新しい球根がある

このバイモという植物は、古い時代に中国から日本へ渡来した。すでに平安前期の『新撰字鏡』という本で、"ハハクリ"という名前で登場している。その名前は、クリのような球根［偽鱗茎］から新しい球根が現われ、その球根の中央から茎が伸び、葉や花が展開するこのことから、"母の栗"という意味で、呼ばれていたと思う。

その後、花姿が、虚無僧がかぶる深編笠に似ていて、花がユリに少し似ることから、"アミガサユリ"という名前がついた。江戸時代の文献では、その名前で登場している。

現在は、中国で"貝母"という漢字を当てていたので、音読みにして、"バイモ"と名前がつけられている。

分布と自生地 栽培種なので、山や野原にはない。人里近くの草藪に捨てられて、野生化することはある。

特徴 花は緑と黄色を少しくすませたような色。下向きに咲く。葉は対生しているものと、互い違いにつく葉がある。葉先は巻きひげのようになっている。ひょろ長いバイモは風から倒れるのを防ぐために、何かにからまる、という性質がある。

仲間 コバイモ、クロユリがある。

▲日本各地に分布し、道端、空き地など、どこでも見られる。春の七草の1つ。茎の長さは10〜40センチ

分布と自生地 日本各地の空き地など、どこにでも出てくる。

特徴 花は、深い切れ込みが入っている花びらが5枚。1つの花弁は指でVサインをしたような形になっている。ちょっと見ると10弁花のように見えるが、実際は5枚である。花柱は3つある。葉はハート形で、対生してつく。横に伸びて広がる。茎は緑色なので、別名を"ミドリハコベ"ともいう。

仲間 ハコベ、コハコベ、ミドリハコベ。これら3種の名前が混乱している。ハコベ（別名コハコベ）は雄しべ3〜5本。茎は淡紫色のもあり。タネにいぼあり。ミドリハコベは茎は淡緑色。雄しべ8〜10本。タネにいぼのような刺なし。

ハコベの古名"ハコベラ"に1つの説がある。

ハコベの茎を折ってみると、絹糸を紡ぐ時のような、薄い白い糸状の繊維が出る。このことから古名ハコベラの"ハコ"に"帛"の文字を当てている。"帛"とは美しい綿毛のことを意味する。"ベラ"は、繁っているという意味。そこで、ハコベは"たくさん繁る美しい白い糸を出す草"が由来となるが、この説は少し考えすぎのような気がしてならない。"ハコベラ"は、"はびこる"という意味の古い言葉の語源ではないかと思う。その後、中国の漢名の"繁縷"を当てて"ハコベラ"と読ませ、次第に"ラ"が取れて、繁縷を"ハコベ"というようになったと考える方が自然だと思う。ハコベの名前は多くの文献に登場しているが、名前の由来は非常に難解である。

ハコベ

繁縷

別名／ハコベラ、コハコベ、ミドリハコベ

Stellaria neglecta
ナデシコ科ハコベ属
1年草・越年草／花期3〜9月

古名はハコベラ。その後、中国の漢字"繁縷"が入り、初めはハコベラと読み、今は"ハコベ"となった。

▲茎の上の葉は大きい。草姿は広がる

▲湿地に多く見られる猛毒植物。葉のつけ根に釣り鐘状に花が咲く

▶上：全草　中上：楕円形の葉
中下：花芽　下：根

ハシリドコロ

走野老

別名／ロウト(莨菪)

Scopolia japonica
ナス科ハシリドコロ属
多年草／花期4～5月

地下の根茎が、トコロ[オニドコロ]の根茎と似ている。根茎に毒成分があり、食べると狂乱して走り回る。

トコロの根
ハシリドコロの根

　ハシリドコロには、地下に曲がった太い根がある。これはオニドコロの根によく似ていることから、名前の"トコロ"がついた。

　このハシリドコロは毒草として知られていて、食べたりすると中毒症状が出て、狂乱状態になって走り回る、そういうところから"ハシリ"がついた。

　この植物は、もともと"莨菪"という古くからの名前がついている。"莨菪"という名前は、中国の別の植物の名前である。これがハシリドコロと同じ名前で、そのまま現代まで使われている。この莨菪というのは、別のナス科の植物であり、ハシリドコロに相当する漢名はない。

分布と自生地　本州と四国に分布し、山地のやや湿った林の中、湿ったようなしっとりとした森陰などに自生している。

特徴　紫と茶色を混ぜたような筒形の花で、下向きに咲く。花の先は浅く5裂する。中が黄色い。葉は互い違いにつき、幅広い楕円形。葉が広がるので、花は目立ちにくい。
高さは30～50㌢。

仲間　なし。

▲上：花は小さい　下：茎を抱く葉

▲長さ4～6センチの棒形の実が茎に寄り添う。高さは50～80センチ

◀ヤマハタザオ　よく似ているが葉にギザギザがある

ハタザオ
旗竿

Arabis glabra
アブラナ科ハタザオ属
越年草／花期4～6月

枝分かれせず高く伸びる茎に、小さく目立たない葉がつく。"旗竿"のような草。

"旗竿"は、かつて戦争の時、どういう人間が部隊を率いているか、敵味方の識別をどうするかということで、とても重要だった。一番知られているのは、源平合戦の時代に、富士川を挟んで、西側には平家方の紅旗、源氏方が東方の白旗、紅と白ということで、はっきりとどちらが源氏か、どちらが平家か分かるために、旗竿がとても重要だった。

その"旗竿"という名前がついたのがハタザオという草である。旗竿のような草姿をしているところからついた。上部には小さく固まっていくつか花が咲く。茎についた小さな葉はあるが、全体として枝分かれしなくて、"旗竿"に見える。

旗竿

分布と自生地　日本各地に分布。山地の日当たりのいい草むらや山道沿いなどに自生。
特徴　一番上の花をよく見ると、4弁の淡黄色花がある。その花がいくつか固まって、茎の上部につく。小さい葉が茎のところにつくが、よく見ると長い三角形で、茎を抱いている。地際の葉は放射状に並んでいる。
仲間　ヤマハタザオ、ハマハタザオなど。

257　ハタ

▲花は吊り下がる。葉のへりに軟らかな刺が生えている

ハッカクレン
八角蓮
別名／ミヤオソウ

Dysosma versipellis
メギ科ハッカクレン属
多年草／花期5月

葉の形は八角形ではないが、8つの**角**があるので"八角"。葉中心に葉柄があり、ハスと同じなので"レン"がつく。

▲葉は8角形でなく、8つ前後の尖りがある

▶花は含み咲きで、緑色のがくはすぐに落ちてしまう

　ハッカクレンの葉は、八角形ではなくて、8つの突き出た"角"をもった葉であるということだ。それから"レン"というのは、ハスの葉の"蓮"である。というのは、葉は葉柄がつく。この葉柄のつき方が、葉の中心部についている。このつき方は、ハスの葉と似ていて、葉の中心部に葉柄がつく。ということで、ハスの葉の"蓮"という字がついたと思う。蛇足であるが、サンカヨウの葉のつき方もハスの葉[荷葉]と同じである。なお、ハスの葉のつき方が、西洋の騎士が楯を持つ際に、ちょうど楯の真ん中を持っているような形に似ている。そこから、用語として楯着という言葉が使われることもある。

分布と自生地　台湾の中北部の山地の森や林の中に自生。日本では栽培される。

特徴　暗い赤紫の花びらが数枚あり、下向きにつく。花はつぼんだような形になっている。緑色のがくはすぐ落下。花の中に雄しべと雌しべが入っている。茎の上部に葉が2枚ついている。葉のふちには、短くて柔らかい刺状の突起がある。葉は八角形ではなくて、7～8つの尖った部分がある形をしている。

仲間　日本産はない。

▲上：傘形の花　中：ウドに似た茎姿をしている

▲川岸や林のふちで見かける。高さは1メートルになる

◀ウド　ハナウドの葉姿に少し似るが、花のつき方も違う

ハナウド
花独活

Heracleum nipponicum
セリ科ハナウド属
多年草／花期5～6月

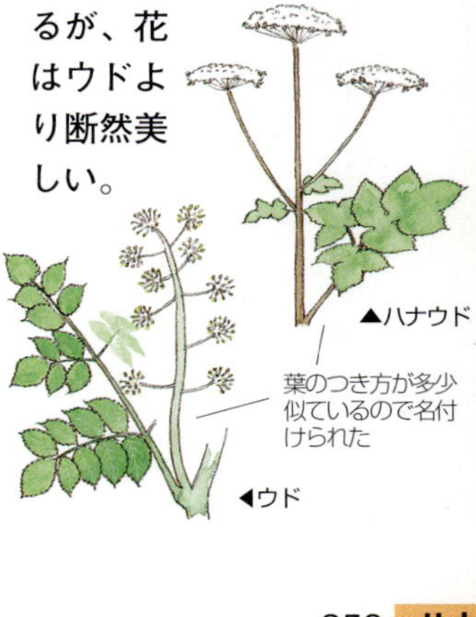

ウコギ科の"ウド"というのがある。"独活の大木"のウドである。この花は小さく丸い固まりとなってパラパラといった感じで咲き、よく見ると白い花びらが5枚、下へ反転するように咲く。それらが固まって円錐形になって地味な花姿を見せる。

一方、ハナウドの花時の姿は、小さな花がたくさん集まって傘形に美しく広がる。面白いことに、外側の花びらの方が大きく、内側の花びらが小さい。これがハナウドの特徴だ。

葉や葉姿はウドと似ているが、やはり花姿の美しさが随分違う。

ハナウドの名前の由来は、ウドによく似ているが、ウドよりも花がきれいなことから、"ハナ"がつき、ハナウドとなった。

分布と自生地 関東地方以西、四国、九州に分布。沢沿いの藪の中、やや湿った林や森に自生。日当たりのいい場所にも現われる。

特徴 2～30本の花柄に分かれて、その先に5枚の花びらがつく。これらが20～30個ついて傘形をつくる。外側の花が大きく、内側の花が小さい。外側の花弁の先は2つに切れ込んでいる。
葉は、左右から切れ込んだ楕円形や三角状の葉が色々な形に組み合わさって1つの葉を構成する。葉のつき方は互い違い。茎は中空で、粗い毛がある。高さは1mくらい。

仲間 オオハナウド。

小さく白い花が集まって傘形になる。"ウド"の葉に似るが、花はウドより断然美しい。

▲ハナウド

葉のつき方が多少似ているので名付けられた

◀ウド

▲品種改良が重ねられ、園芸品種も多いハナショウブ。大輪が好まれている

ハナショウブ
花菖蒲

Iris ensata var. hortensis
アヤメ科アヤメ属
多年草/花期6〜7月

▲上：高さは50〜90センチ 下：葉は縦に隆起筋がある

▶ノハナショウブ こちらが原種で、花びらの幅が狭い

ノハナショウブから改良された痕跡として、外側の大きな花びらに黄筋が残る。

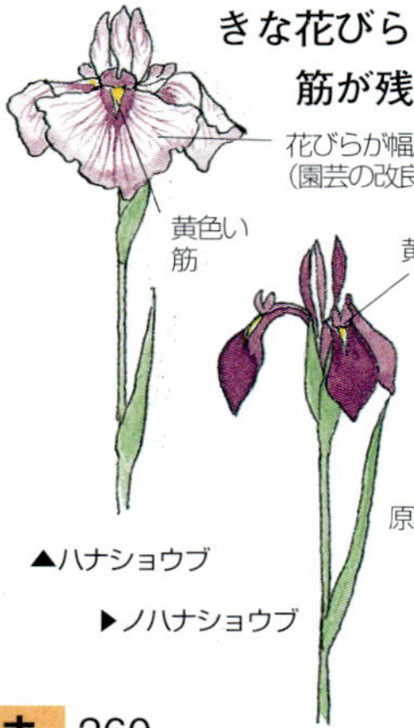

花びらが幅広い（園芸の改良種）
黄色い筋
黄色い筋

▲ハナショウブ
▶ノハナショウブ
原種

ハナショウブは、原種のノハナショウブを改良した園芸品種なので、名前から"ノ(野)"をはずした。
　花はよく似ているが、花びらが赤紫色の原種に比べて、白だとか薄い青紫、濃色の赤紫、絞りなどいろいろと変化があり、また花びらの幅がハナショウブの方が幅広く豊か。
　ハナショウブとノハナショウブは花びらの大きさと花色が違うことで区別するが、それらとカキツバタなどとも、見分けるポイントがある。
　大きな花びらの外花被に黄斑が入っているかどうかで識別でき、ノハナショウブやハナショウブには明確な黄斑が入っていて、カキツバタなどは入っていない。

分布と自生地 園芸品種。

特徴 3枚の大きな花びらは外花被(がいかひ)。小さめの花びらは内花被(ないかひ)で、外花被の上に覆いかぶさるのは花柱(かちゅう)。花柱の下側に雄しべと、先端が2つに分岐しているものの基部に雌しべがある。花の下側にあるボート形の葉は苞(ほう)。下側の葉の中央には縦に隆起した線がある。

仲間 ノハナショウブ、カキツバタ、アヤメなどがある。

▲ニラのような匂いがある。アマナに似るのでセイヨウアマナとも呼ばれる

▲やや淡紫色を帯びるハナニラ

▲アマナ 花には紅紫のすじ

ハナニラ

花韮

別名／セイヨウアマナ

Ipheion uniflorum
ユリ科(ヒガンバナ科)ハナニラ属
多年草／花期2〜4月

分布と自生地 南米産。日本では鉄道や川の土手、市街地の空き地、道端などに野生化。
特徴 内側に3枚、外側に3枚、計6枚の花びらがある。背後の基部で、1つにつながっている。雄しべが6つ、雌しべが1つ。花茎の途中に2枚の包がある。葉は地下の球根[鱗茎(りんけい)]から4〜5枚出る。晩春には枯れ、夏は球根だけで夏越しをして、初冬になると葉を展開する。
仲間 特にない。

　"ニラ"という言葉は、野菜のニラと匂いがよく似ているところからついた。しかし、匂いは似ているが、ニラの花は白っぽくて秋に咲き、ハナニラは星形の白あるいは青紫の大きな美しい花が咲く。同じニラの匂いがするが、花が美しいということで、"ハナ"がつく。

　ハナニラは、外国産で、近年あちこちの市街地の空き地、土手に野生化している。早春に青紫の星形の花が咲いている場合は、ハナニラがほとんどである。

全草に"ニラ"の匂いがして、秋咲きの"ニラ"の花よりも大きくて美しいので、この名前が。

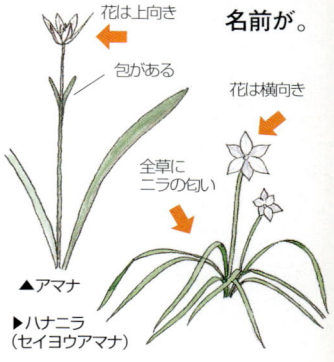

花は上向き
包がある
花は横向き
全草にニラの匂い

▲アマナ
▶ハナニラ
(セイヨウアマナ)

261 ハナ

▲春の七草ではオギョウと呼ばれ、どこでも見られる多年草。高さ15〜40センチ

▲上：頭花　下：綿毛があり、白っぽい印象を受ける

▶チチコグサ　ハハコグサよりも全体に細くて小ぶり

ハハコグサ

母子草

別名／オギョウ、ゴギョウ

Gnaphalium affine
キク科ハハコグサ属
越年草／花期4〜6月

名前の由来について諸説あり。株の広がりを這(は)う子とみなし"ハハコ"。別名に"オギョウ"など。

黄色い花の固まり

赤子を抱く母

綿毛のある葉

やさしい母のイメージ

由来の説が多い種。そのなかで、葉を見ると、やさしい感じの綿毛があり、しかも黄色い花がつつまれている。そういったことから母のイメージの草であることは、確かだと思う。

ハハコグサの小さい周りの株が横に広がり、"這う児"すなわち這っていく児で、"ハウコ"、転化して"ハハコグサ"という説があり、また、毛が、ほおけ立つということから"ホオコグサ"が"ハハコグサ"になったともいわれている。

漢名では、葉を鼠の耳に見立て、一番上の黄色花を"麹(こうじ)"にとらえて"ソキクソウ(鼠麹草)"という名前が知られている。春の七草のオギョウ(御形)とかゴギョウ(御形)の名前でも知られている。

● 分布と自生地　日本各地に広く分布し、市街地の道端や農村の山道沿い、土手の日当たりのいい場所に自生。

● 特徴　小さな黄色い花が固まって咲いている。黄色い固まりのすぐ下に、俵状についているがくのようなものは総包(そうほう)で、1つ1つを総包片といっている。花全体の頭花(とうか)を、総包片によって守られている格好になっている。葉は茎に互い違いに生えている。綿毛のある細い線形の葉である。

● 仲間　ハハコグサよりやせた感じのチチコグサ、チチコグサモドキ、葉裏面に毛があるウラジロチチコグサがある。

ハマウド
浜独活

Angelica japonica
セリ科シシウド属
多年草／花期4〜6月

葉がウドに似ているので、"ウド"、白色の小さな花が、傘形に集まって浜辺に咲くので、"ハマ"がつく。

▲茎は太く筋が入っている。葉には光沢がある。ウドの葉姿に少し似る

▲ウド 花穂の形がハマウドと違う

分布と自生地 関東以西、四国、九州、沖縄。海辺の日当たりのいい場所に自生する。

特徴 花は、小さな白色の5弁花が咲く。雄しべが5本、中心に雌しべが1つ。たくさんの小花が半球形または傘形に集まって咲く。茎は太くて、いくつも枝分かれして、その先に淡緑色の花をつける。葉は、小葉が5枚編成で1セットになる。

仲間 アシタバ。

▲暖かい海岸で見られる。高さ1〜1.5メートル

ウドに似て、浜辺に咲くので"ハマ"がつく。ウドの葉は、小葉が3ペア、頂部の葉が1枚の全部で7枚編成、ハマウドは小葉が2ペアで頂上の葉が1枚と5枚編成。夏から秋にかけて淡緑色の小さな球状の花を咲かせるのがウドで、ハマウドは白い5弁花が半球形に咲く。

ハマエンドウ
浜豌豆

Lathyrus japonicus
マメ科レンリソウ属
多年草／花期4〜7月

浜辺の砂浜に自生する草。小形だが、栽培種のエンドウの花、実、葉と似ているので、この名前がついた。

▲日本全土の砂浜でよく見かける。茎が地を這い、花は鮮やかな紅紫色

分布と自生地 日本各地に分布。海岸の砂地や岩場に自生する。

特徴 花は紅紫色の蝶形。茎の途中から花柄を伸ばし、何個か咲かせる。茎はつる状で、横に広がる。長さ20〜70㌢。楕円形の小葉が5ペア前後つき、頂部は巻きひげ。

仲間 ハマナタマメ。

▲長さ5センチの毛のない実がつく。タネは数個

浜に自生するエンドウに似た草。しかし、エンドウの場合は茎にとり巻いているさや形の葉が大きく、丸い感じ。ハマエンドウは小さくて三角状のものが2枚ついている。エンドウは秋に発芽して冬を越し、春に花を咲かせて実ができると、大きくて食べられるが、ハマエンドウのはやせていて食べる気にはなれない。

▲上：茎先に花を多くつける　下：葉は羽状。先端部の小葉は丸い

▲海岸の砂浜に群生していることが多い。ダイコンとはいえ根は細くて硬い

▶ダイコンの花　ハマダイコンよりやや淡い花色

ハマダイコン
浜大根

Raphanus sativus var. raphanistroides
アブラナ科ダイコン属
越年草／花期4〜6月

浜辺に自生し、ダイコンの先祖に当たる植物ではないかと推定されている。しかし、違いが色々ある。

▲浜辺を彩る。高さは30〜70センチ

　ダイコンは、古くは"おほね"といい、於保根、於朋泥、放保禰、大根などの漢字が当てられていた。この"おほね"は『日本書紀』や『古事記』にも登場しているので、奈良時代かそれ以前に中国大陸から渡来した植物と思う。この"おほね"が海辺に野生化していったのが、"ハマダイコン"であるというのが、通説。

　私は、下記の理由で、この通説を否定し、ハマダイコンはダイコンとは無関係の在来種と考える。①両者の葉と根に明確な形状差あり。②植栽種が野生化したなら、内陸にも自生するはずだが、そうでない。③南西諸島まで広く分布し、自生地は海岸だけ。

分布と自生地　日本各地に広く分布。海岸の砂地や岩場に自生している。

特徴　花は淡紅紫色で、茎から枝分かれして4〜5輪くらい咲く。花弁は4枚。向かい合わせにつく。
葉は、完全に1つ1つの葉に分かれた小葉が、まとまって1つの葉になる。小葉が向かい合わせに4〜6対のペアでつく。先端部分が大きい葉で、深く3つに切れ込んでいる。
葉や茎はともに粗い毛がある。
ハマダイコンは、越年草で、秋に発芽して、冬を越して、春に咲く。

仲間　ダイコン、ハナダイコン。

▲茎は赤っぽく、茎先に白花が咲く。右は咲き始め。高さ20〜30センチ
◀丸い実は、4〜6ミリと小さい。これが名前の由来となった 

ハマボッス

浜払子

Lysimachia mauritiana
サクラソウ科オカトラノオ属
越年草／花期5〜6月

海辺に咲く海岸性の植物である。"ボッス"というのは"払子"からきている。これは、もともとはインドでハエを払う道具であった。これは白熊やヤクの毛、麻の毛を束ねて柄をつけたはたきのようなものである。日本では、禅宗の僧侶が、人の迷いあるいは欲望を払うための仏具として使っている。

この払子とハマボッスとどこが似ているかというと、一般的には、花穂、茎の上部を"払子"に見立てた、というのが定説だが、実際にはあまり似ていない。私は、花穂ではなくて、花の後にできる実の形が、払子に似ていると思う。そこから、名前がついたのではないかと思う。

分布と自生地 日本各地に広く分布。海岸の砂浜や岩場に自生。
特徴 初めは背が低いが、花が咲く頃になると伸びてきて、太めの高さ20〜30㌢の茎に楕円形の葉が互い違いにつく。葉は、光沢があって肉厚。細い花柄(かへい)が茎からたくさん伸びて、花柄の先に1つずつ、花を咲かせる。白い5弁花のように見えるが、基の方はつながっている。
仲間 ない。

葬儀の読経を行なう導師が使う、白色の毛のはたきのようなものを"払子"。ハマボッスの花後の実が似る。

実が払子に似る

高僧が説法の時に使う仏具の払子(ほっす)

▲本州中部から北日本にかけての寒い山地で見られる

▲高さは30～80センチほど

▶セイヨウカラシナ こちらは河原や堤防などで見られる

ハルザキヤマガラシ
春咲山芥子
別名／セイヨウヤマガラシ

Barbarea vulgaris
アブラナ科ヤブガラシ属
多年草／花期4～5月

ヤマガラシに似ていることと、春咲きなので、この名前がついた。葉のつき方などに違いがある。

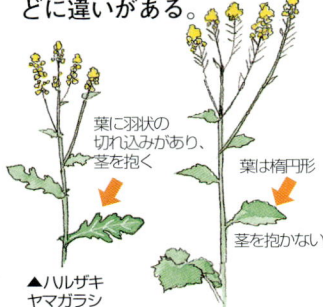

葉に羽状の切れ込みがあり、茎を抱く

葉は楕円形

茎を抱かない

▲ハルザキヤマガラシ

▲セイヨウカラシナ

　中部地方の標高の高い山、東北地方の寒い地域の山には、ヤマガラシという在来の植物が自生している。ハルザキヤマガラシは、このヤマガラシに、黄色い花が咲くところだけでなく、葉や花のつき方などが似ている。違いは、ヤマガラシの花期は初夏から夏で、地際の葉は羽根状に切れ込みがあり、上の方はあまり切れ込みがない。ところが、ハルザキヤマガラシは、比較的上の方の葉にも切れ込みがあるなど、葉の形に、多少の違いが見られるが、草全体の姿はよく似ている。そしてハルザキヤマガラシは、名前の通り"春に咲くヤマガラシ"。

　また、本種とよく似たセイヨウカラシナとの違いは葉のつき方と形。

分布と自生地 欧州が原産地。本州の中部地方の標高の高い地域、東北地方の平地、あるいは北海道の各地に大群生している。

特徴 高さ30～80㌢の茎の上部は、枝分かれして、多数の花を咲かせる。花は4弁の黄色い花である。花後は、棒状の実がつく。上部の葉は羽状で切れ込みがあり、茎を抱いている。下部の葉はへら形で羽状。葉柄があり、切れ込みがある。

仲間 在来種のヤマガラシ。

▲蕾は垂れ下がる

▲空き地や道端など、どこでも目にし、花は白や淡い紅色が多い

◀上：ヒメジョオン　蕾は垂れ下がらない　下：シオン

ハルジオン
春紫苑(苑)

Erigeron philadelphicus
キク科ムカシヨモギ属
多年草／花期4〜6月

秋咲きのシオンに少し似ていて、春咲きのためハルジオン。蕾の時は枝ごと垂れるなどの特徴がある。

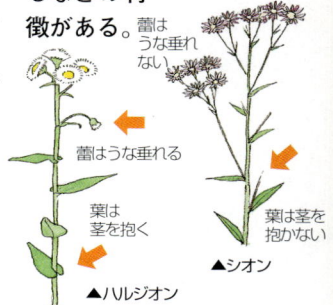

　シオンという植物がある。これは中国地方や九州など、西日本に多く自生している。草姿が高く、かなり目立つ植物である。庭に植えられることが多く、赤紫色の花がたくさん咲くのでシオン(紫苑)とついた。ハルシオンはこのシオンに似ている。そして、シオンが秋咲きなのに対して、ハルジオンは春に咲くことから、この名前がついている。

　ハルジオンは北米産の植物である。日本へは、大正時代の半ば頃に登場した。この植物は蕾の時に、枝ごとうな垂れるように垂れ下がることが大きな特徴。また、花が咲く頃になると、ピッと上を向き、茎につく葉が茎を抱き込むような形になる、などの特徴がある。

分布と自生地　関東と関西を中心に日本各地に分布している。道端の空き地、あるいは農村近くの道沿い、土手などでよく見られる。

特徴　地際には、へら形の葉が放射状に何枚かつく。花は、非常に細かい、舌状花(ぜつじょうか)という白い花びらが、車状にきれいに並ぶ。中心には、筒状花(とうじょうか)という半円形の黄色い部分がある。これは小さな花の集合体である。高さは40〜100㌢。

仲間　ヒメジョオン。

蕾はうな垂れない
蕾はうな垂れる
葉は茎を抱く
▲ハルジオン

葉は茎を抱かない
▲シオン

▲山地の林中で見かける。高さは10センチほど

ハルトラノオ
春虎の尾

別名／イロハソウ

Polygonum tenuicaule
タデ科タデ属
多年草／花期3～5月

早春に白い小さな花が穂状に群がる。その穂を"虎の尾"に見立てて、"トラノオ"の名前がある。

花穂は1～3センチ
葉の基部はハート形
▶クリンユキフデ
花穂は2～3センチ
根元の葉は楕円形で基部はくさび形か切形［水平］
◀ハルトラノオ

▶クリンユキフデ ハルトラノオより高くなり15～40センチ

　花穂が"虎の尾"に似ている。ちょっと短めではあるが、形はよく似ている。そして春に咲くから、ハルトラノオに。これが名前の由来である。

　また、"イロハソウ"という別名がある。これはイロハ47文字の最初の、という意味で、早く咲くことを示す。

　ハルトラノオは、早春にメインの花が咲くが、1月、2月にちょこっと咲く。私はこれを偵察隊咲きといっているが、偵察隊が咲いてみて、気候がこれでいいかどうか調べるわけだ。そして、気候条件がそろっていれば、葉が展開し、花もさらに大きく咲く。この偵察隊咲きを、イロハの最初と、結びつけることもできる。

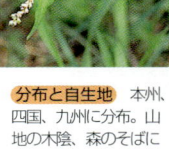

分布と自生地 本州、四国、九州に分布。山地の木陰、森のそばに自生する。

特徴 白い花穂をつける。花の数は多い。1つ1つの花は、白い5弁状に見えるが、5つに切れ込んだ1つの花。茎の途中に基部がくさび形をした葉を1～2枚つける。根元から細い茎がたくさん出る。高さは5～10ホン。

仲間 クリンユキフデ。

▲関東から近畿地方に分布し、山の岩場に生える。花は白くて小さい　左下：葉のふちは浅い切れ込み

◀ユキノシタ　ランナーを出すが、ハルユキノシタは出さない

ハルユキノシタ
春雪の舌、春雪の下

Saxifraga nipponica
ユキノシタ科ユキノシタ属
多年草／花期3～4月

花弁5枚のうち、下側の2枚は長い舌状で、白色。この長い花弁が"雪の舌"

◀ハルユキノシタ
春咲き

▶ユキノシタ
初夏咲き

走出枝

走出枝(ランナー)を出さない　　走出枝(ランナー)を出す

分布と自生地　日本各地の山地の沢沿いの岩場、日陰に自生。

特徴　花は、ダイモンジソウに似ている。上の3枚が小さな花弁、下の2枚の花びらが長い。花には雄しべ10本。中心に雌しべがあるが、先の方で2つに分かれた柱頭[花粉がつく部分]がある。葉、葉柄、花茎に毛が生える。高さ20～30㌢。

仲間　ユキノシタ、ダイモンジソウ。

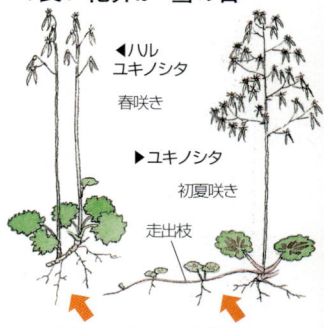

初夏に咲くユキノシタの由来について、一般には、白い花の下に葉があるので、白い花を雪にたとえて"雪の下"、といわれているが、どうも私は納得がいかない。

私は、ユキノシタもハルユキノシタも舌[下側の花弁]があり、これが雪のように白いので"ユキノシタ"とついたと思う。そして春に咲くので"ハル"とつく。

両者には、葉に違いがある。ユキノシタは、花後につるを伸ばして、葉が展開し、その下に根を出す。ところがハルユキノシタの方はつるがない。さらに、ユキノシタは、葉に白黄斑があるが、ハルユキノシタの方は、斑はなく葉は緑一色である。

269　ハル

ハルリンドウ
春竜胆

Gentiana thunbergii
リンドウ科リンドウ属
越年草／花期3～5月

春に咲くリンドウだから、この名前がある。ほかの春咲き種とは、茎葉のつき方、地際の葉の形状が違う。

▲日当たりはいいが、やや湿ったところで見かける

▲よく見ると、花びらの間に副片がついている

秋咲きのリンドウの名は、中国名の"竜胆"がなまって"リンドウ"になった。本種は春に咲くから"ハル"。

前の年の秋に発芽して、翌春に花が咲き、まもなく枯れる。根生葉は放射状に現われ、茎につく葉は細長い笹の葉状で、拝むような形で茎を抱く。これらが特徴。

分布と自生地 日本各地に分布。日当たりのいい山地の山道、やや湿った場所を好んで自生している。

特徴 高さ約10㌢の茎の上部に1つだけ花が咲く。花は青紫色。5つの大きな花びら状のものがあり、間に小さな山形の花びらがある。花の基部は筒形で、1つにつながっている。花の中心には1つの花柱(かちゅう)があり、これは雌しべ。周囲に花粉のついた5本の雄しべがある。
根生葉は放射状につき、茎につく葉は笹の葉状で、葉の基部は茎を抱く。高さは10㌢。

仲間 小さなコケリンドウ、根生葉のないフデリンドウ、標高の高いところにハルリンドウによく似たタテヤマリンドウなどが自生する。

ハンショウヅル
半鐘蔓

Clematis japonica
キンポウゲ科センニンソウ属
多年草／花期5～6月

火災を知らせる鐘が"半鐘(はんしょう)"。この半鐘の形に花が似ている草を、ハンショウヅル。

半鐘

ハンショウヅルの花

▲山野の林のふちで見かける

"半鐘(はんしょう)"は、陣中あるいは寺院で合図用に叩いた小さな鐘のこと。その半鐘によく似た花を咲かせるので"ハンショウ"がつく。この花は、4枚のがくが花弁状になっている。ちょうど4枚が集まって、半鐘の形を形成しているように見える。つる性なので"ツル"がつく。

分布と自生地 本州と九州に分布。山地あるいは丘の林の中に自生している。

特徴 茎は、つる状に伸びる。楕円形の小葉3枚がセットで1枚の葉になっている。その葉は向かい合わせに〔対生〕につく。
葉が出ている部分から、花柄(かへい)を伸ばして、その先に1輪ずつ花を咲かせている。
花後は、タンポポの綿毛より少し長い、垂れ下がるように毛が実につく。

仲間 関東地方から西に広く分布し、広い鐘形の黄白色の花を咲かせるシロバナハンショウヅル、深山に自生し、暗紫色のミヤマハンショウヅル、本州と四国に自生し、花形がそっくりで黄白色のトリガタハンショウヅルなどがある。

パンダカンアオイ

大熊猫寒葵

Heterotropa maximum
ウマノスズクサ科カンアオイ属
多年草／花期4月

中国奥地に棲息するパンダは、毛色が白黒に明確に分かれる。中国産のこの花も、白黒が明確に分離する。

ジャイアント・パンダ

なんとなくパンダのイメージ

▲がく片が花びら状になっている

分布と自生地 中国産。栽培種として扱われている。

特徴 紫色の長さ8㌢ほどの葉柄の先に、ハート形の大きな葉が1〜2枚つく。花は花弁がなく、がくが花弁状になっている。がくの後ろは、壺形[がく筒]になっている。がく筒の中に雄しべと雌しべが入っている。

仲間 コシノカンアオイ、カントウカンアオイなど

▲ハート形の常緑の葉の下に花が咲く

冬も常緑であるからカン(寒)アオイ。頭の"パンダ"は、中国の竹林に棲息するジャイアント・パンダのこと。パンダの毛が白黒に明確に分かれていることと、パンダカンアオイの花[がくの裂片]の部分も、白黒がはっきりしていることから、この名前がついた。

ヒイラギソウ

柊草

Ajuga incisa
シソ科キランソウ属
多年草／花期4〜6月

モクセイ科のヒイラギの葉は、ふちが鋭く尖る。この草の葉にも、激しい切れ込みがあることで、この名前がついた。

青紫花

▲ヒイラギ

葉が少し似ている

▲ヒイラギソウ

▲山地の木陰で見かける。高さは50センチくらい

分布と自生地 関東、中部を中心に分布している。山地の林の中や森の中に自生する。

特徴 花は、青紫色で唇形をしている。背後は筒形。真っすぐに茎が立ち上がり、節の部分に、向かい合わせに葉が出る。葉はいずれも激しい切れ込みがある。

仲間 カイジンドウ、ニシキゴロモなど。

▲青紫色の花が3〜5段になって咲く

モクセイ科のヒイラギという樹木がある。葉のふちが鋭く尖り、肌に触ると、とても痛い。葉が、そのヒイラギの葉姿に少し似ているので、この名前がついている。しかし、葉の切れ込みが激しいだけで、ヒイラギと違って、ヒイラギソウの葉のふちには、トゲ状の突起はない。

▲湿ったところで見かけるが、少なくなった。高さ10〜30センチ

▶上：花弁もがくも各5枚　下：八重のヒキノカサもある

ヒキノカサ
蛙の傘

Ranunculu extorris
キンポウゲ科キンポウゲ属
多年草／花期3〜4月

田のあぜ道や湿った草むらなど、蛙(かえる)がいそうな場所に自生する。5弁状の黄色い花は、"ヒキ(蛙)"の傘になるかも。

花を蛙の傘に見立てた

　ヒキノカサが群生するのは、田んぼのあぜ道、湿地の草むら、日当たりのいい湿ったところなど。そういう場所には、たいてい蛙[ヒキともいう]がいた。そして、長い花柄の先に花をつける草姿を、"カエルの傘"にたとえて、ヒキノカサの名前がついた。この草は、黄色い光沢のある花が咲く。花びらは5枚。なお、このヒキノカサは、一重が標準であるが八重咲きもある。この八重咲きは、大正年間に、埼玉県の南部の荒川の岸辺の浮間ヵ原で見つかった花で、ダイザキヒキノカサと名付けられた。"台咲き"の名前通り、ヒキノカサのなかでも、ひときわ豪華な感じがする花が咲く。

分布と自生地　関東以西、沖縄の南西諸島まで広く分布。湿地帯の日当たりのいい場所や、田んぼの隅の草むらに自生している。

特徴　がくが花弁状に変化した花びらが5枚ある。花弁はない。花後は、コンペイトウ状の実がつく。葉は茎の下側につく。葉や茎に毛がある。

仲間　イトキンポウゲ、タガラシなどあるが、一番近縁は、ヒメリュウキンカ。

▲日当たりのいい草地や道端で見かける

▲ヒゴスミレの葉　　▲エイザンスミレの葉。上左は夏葉

ヒゴスミレ
肥後菫

Viola chaerophylloides var. sieboldiana
スミレ科スミレ属
多年草／花期3～4月

熊本で初めて見つかったか、和名をつけるための標本が熊本産だったかで、名前がついた。

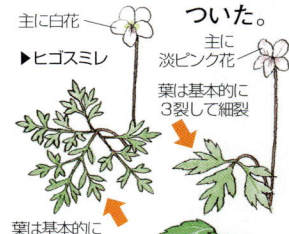

▶ヒゴスミレ
主に白花
主に淡ピンク花
葉は基本的に3裂して細裂
葉は基本的に5裂して、さらに細裂
エイザンスミレの夏葉
▲エイザンスミレ

分布と自生地　本州、四国、九州に分布。山地あるいは丘の日当たりのいい場所に自生。

特徴　地中から伸びた花茎の先端に、1つだけ白っぽい花を咲かせる。上に2枚、左右の横に2枚、下側に1枚の花びらがある。下側の一番目立つ1枚には、基の方に紫色の筋が入っている。これは唇弁（しんべん）。

仲間　スミレ類。

このスミレは、熊本で初めて見つかったか、あるいは和名をつける際に、対象になったスミレが、熊本産であったことなどから、"ヒゴ"がついたと思う。ヒゴスミレは、非常に細かな切れ込みのある特異な葉のあること。そしてこの葉は大きく5つに分かれている。これとよく似たエイザンスミレも、葉に細かな切れ込みがあるが、基本的には3つに分かれ、花後に大きな夏葉を出す。

▲林や草地に生える。一見白い花のように見えるのは雄しべで、花弁はない。写真は珍しい青軸[緑色軸]種

ヒトリシズカ
一人静

別名／マユハケソウ、ヨシノシズカ

Chloranthus japonicus
センリョウ科チャラン属
多年草／花期4月

花は静御前のイメージに合わない。しかも、必ず群生。そのわけは、静と義経(よしつね)主従の亡霊がこの花になったから。

亡霊で現われた静御前と義経主従

▲高さは10〜30センチにもなり、1本ずつではなく、たくさん出芽する

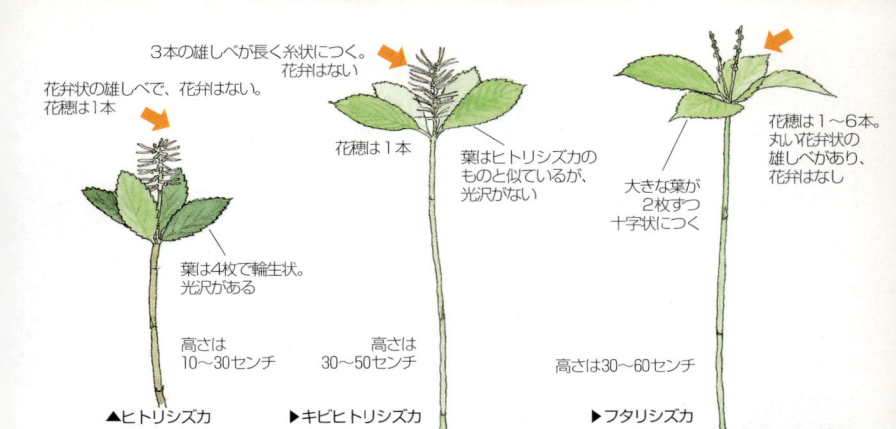

花弁状の雄しべで、花弁はない。
花穂は1本

3本の雄しべが長く糸状につく。
花弁はない

花穂は1本

葉はヒトリシズカのものと似ているが、光沢がない

花穂は1〜6本。丸い花弁状の雄しべがあり、花弁はなし

大きな葉が2枚ずつ十字状につく

葉は4枚で輪生状。光沢がある

高さは10〜30センチ

高さは30〜50センチ

高さは30〜60センチ

▲ヒトリシズカ　▶キビヒトリシズカ　▶フタリシズカ

　この草の名前の由来には2つの疑問点がある。まずヒトリシズカという名前からすると、単独で咲くと思いがちだが、自生している場所を見ると、その多くが、株立ち。1本立ちというのはまずない。それなのに、なぜ、"ヒトリ"とつけたのか。これがよく分からない。

　それから、"シズカ"というのは、静御前をイメージしている。九郎判官義経の愛妾であった静御前の本職は、白拍子。男装の麗人という静御前だから、さぞ美人であったに違いない。それなのにヒトリシズカの花は、決して美しい花とはいえない。この2つの疑問に対して、私は、ある考えが閃いた。そのヒントになったのは、"二人静"という能である。

　これは、静の亡霊と亡霊にとりつかれた吉野神社の菜摘女の2人が、踊りを踊るという筋である。この能のように、静が亡霊であったというふうに考えると、ヒトリシズカが美しくない花であってもいいわけである。そして衣川で藤原泰衡に攻め滅ぼされた義経主従が、天国で静と再会し、亡霊となってこの世に現われる。静と義経主従の亡霊は、ヒトリシズカの花となった。大勢の亡霊だから群生するのである。

▲キビヒトリシズカ

▲フタリシズカの花

▲フタリシズカの実

分布と自生地　北海道、本州、四国、九州と、広い地域に分布している。林の中や森のふちなど、通常は陰になるような場所に自生している。

特徴　地下から伸びた茎は赤紫色。上の方に、向かい合わせの楕円形の葉が2ペア、合計4枚が1カ所に輪生状に生える。葉に光沢があり、ふちには尖った鋸歯がある。その上に、白いブラシ状の花が柄の上につく。
この花は、花弁はなく、雄しべが花弁状になっている。雄しべは、3本セットになっており、基の方に花粉と雌しべがついている。この様子がブラシ状の花に見えるのである。
高さは10〜30㌢くらいになる。

仲間　キビヒトリシズカとフタリシズカがある。キビヒトリシズカは、ヒトリシズカよりも花に相当する雄しべが長く、草姿も大きい。フタリシズカは、草姿がさらに大きく、花穂は数本出る。花の構造はヒトリシズカと同じだが、形は丸い。雄しべは短く、米粒みたいに見える。高さは30〜60㌢。

ヒナソウ

雛草

別名／トキワナズナ

Houstonia caerulea
アカネ科ヒナソウ属
多年草／花期3～4月

小さくて可愛い。それで"ヒナ（雛）"という名前がつけられた。"姫"でもよかったが、それでは平凡。

▲日当たりのロックガーデンで育つ。日本に自生しない

▲4弁花に見えるが、基部は1つ。高さ10センチ前後

"ヒナ"というのは、雛鳥の"ヒナ"から連想される、小さい、可愛いなどの意味合いで、草姿がそのような印象なので、この言葉がつけられたのだと思う。別名は"トキワナズナ"。常緑なので、"トキワ"といい、さらに、花が4弁に見え、ナズナに似るので［実際は1つの花］、"ナズナ"とついた。

分布と自生地 北米産。日当たりのいい草むら、やや湿った岩場に自生する。日本では、栽培種である。庭あるいは鉢植えで栽培。

特徴 白っぽくて薄い花びらが4枚あるように見える。青紫色のぼかしがうっすらと入っている。

仲間 特になし。

ヒメウズ

姫烏頭

Semiaquilegia adoxoides
キンポウゲ科ヒメウズ属
多年草／花期3～5月

"ウズ"は"烏頭"と書き、トリカブトのことをいう。小さな実［袋果］が、その実にそっくり。

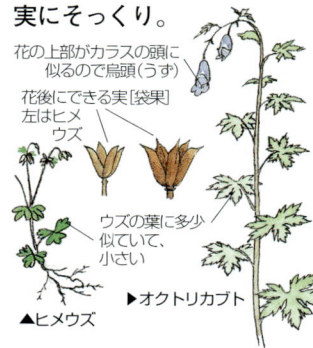

花の上部がカラスの頭に似るので烏頭（うず）
花後にできる実［袋果］左はヒメウズ
ウズの葉に多少似ていて、小さい
▲ヒメウズ　▶オクトリカブト

▲土手や道端で見る。高さ10～30センチ

"ウズ"は、トリカブトのこと。トリカブトは、花の一番上の帽子状の部分が"カラス"の頭に似ていることから、漢名で"烏頭"と書いた。ヒメウズとトリカブトの花は似ていない。しかし、実［袋果］はよく似ている。そこから小さなトリカブト＝ヒメウズという名前がついたと思う。

▲花の色は淡い紫色で、中央上は緑色の実

分布と自生地 関東以西、四国、九州に分布。山道沿いの日当たりのいい場所、丘の草むらなどに自生する。

特徴 地下から茎を伸ばし、途中に小さい葉を展開させる。上部に、淡紫色の花弁が5枚、がくが5枚の小さな花を下向き、あるいは横向きに咲かせる。雄しべは10本以上、雌しべは2、3本～4本ぐらいある。

仲間 特にない。

▲暗い林内で見かける。高さは10〜30センチ

▲上：雌花　中上：雄花　中下：フクロウの顔に似る　下：内面にキノコ模様があるのが特徴

▲ウラシマソウ

分布と自生地　九州の山地の木の下に自生。
特徴　濃紫色で白い縞模様がある頭巾状の花は仏炎包（ぶつえんほう）。雄しべと雌しべがある。正面から見るとフクロウの顔に見え、ネズミを遠ざける効果がある。釣糸状の紐は付属体。長さ10〜30㌢の葉柄の上に鳥の羽根のような細い葉が7〜8枚出る。
仲間　ウラシマソウ。

ウラシマソウは、頭巾状の花［仏炎包］の中から付属体という紐が出ている。そのヒモを浦島太郎の釣糸に見立てて、名前がついている。ウラシマソウより小さいから"ヒメ"とつく。この頭巾の奥には、白いキノコのマークがある。これは媒介虫であるキノコバエに「ここにキノコがあるからおいで」という看板の役目を果たしている。そしてキノコバエは紐をつたって、少しずつ花の中へと入っていく。

ヒメウラシマソウ
姫浦島草

Arisaema Kiushianum
サトイモ科テンナンショウ属
多年草／花期4〜5月

ウラシマソウとよく似た草で小形、それで"ヒメ"。浦島太郎の釣糸に見立てた紐がついている。

付属体
仏炎包がフクロウの顔に見える
フクロウ
白いキノコ形の模様

277　ヒメ

▲繁殖力が強く、道端や畑でよく目にする。脈がはっきりし赤紫色の葉で、花は小さなピンク色

ヒメオドリコソウ
姫踊り子草

Lamium purpureum
シソ科オドリコソウ属
越年草／花期3～5月

▶オドリコソウ 花姿はヒメオドリコソウと雰囲気が違う

似ているオドリコソウより小形で、草姿は東北地方の鹿踊りの格好によく似ている。

ヒメオドリコソウの花穂が鹿踊りの姿に似る

鹿踊り

　同じシソ科にオドリコソウという草がある。これは姿の大きな、高さ30～60㌢くらいの草である。これによく似ているが、少し小さいということから、"ヒメ"がついた、と一般的にいわれている。しかし、私は異説を唱えたい。この植物を花期に見ると、株の上の方に、小さなピンク色の花に混ざって、赤紫色の葉が密集してつく。この草姿は、東北地方の伝統芸能である"鹿踊り"の装束をつけた踊り子の姿に、感じがとてもよく似ている。そして、この植物が群生し、風に揺れると、鹿踊りのような躍動感すら感じられる。命名者に鹿踊りの記憶があったから"オドリコソウ"の名前をつけたのではないかと思う。

（分布と自生地）ヨーロッパ原産。日本各地に分布。空き地、道端、土手の日当たりに群生。
（特徴）円錐状に葉が繁り、唇形をしたピンク色の花がのぞく。地際の葉はハート形で3～4枚が輪生。茎の葉は対生。高さは10～20㌢。初夏になると、枯れる。秋に発芽し越冬し、翌春に咲く。
（仲間）ホトケノザ、ヒメキセワタ、オドリコソウなど。

▲一般的に栽培されている種。高さは25～40センチになる

◀ニッコウキスゲ ヒメカンゾウより大形で60～80センチになる

ヒメカンゾウ
姫萱草

Hemerocallis dumortieri var. dumortieri
ユリ科ワスレグサ属
多年草／花期6月

ノカンゾウやニッコウキスゲなどに比べて小形なので"ヒメ"の名前がつく

"カンゾウ"というのは、"甘草"と"萱草"の2通りがある。

前者は、中国の北部に自生する豆科の多年草で、根が赤褐色でとても甘い。これは、痛み止めや咳止めに使われている。後者は、"スゲ"という意味のあるユリ科の多年草。ヒメカンゾウはこちらの仲間で、小形であるために"ヒメ"とついた。

カンゾウの仲間のほとんどが夏咲きだが、ヒメカンゾウは、晩春には咲く。長い間、この草の自生地が分からなかったが、一説によると中国東北部を流れるアムール川の流域であるらしい。戦前、アムール川のどこかで採集した人が、日本へ持ち帰り、それが広まったのだろう。

分布と自生地 日本での自生地は不明。栽培により広まっている。

特徴 花は花茎の上に何個かつける。花は内側に3枚、外側に3枚の花びらがある。中央に花粉をつけた6本の雄しべと1本の雌しべがある。根元から細長い葉が何枚も出て、途中で反転する。

仲間 ノカンゾウ、ヤブカンゾウ、ハマカンゾウ、ニッコウキスゲなど多数。

▲花弁は5センチほどで、ニッコウキスゲより小さい

▲高山で咲くコマクサに似る

▲花も葉もコマクサより大きい。高さ20センチ前後

ヒメケマンソウ
姫華鬘草

Dicentra eximea
ケシ科コマクサ属
多年草／花期4～5月

ケマンソウの花に少し似ていて、小さな草姿なので、この名前がある。コマクサにも似る。

華鬘は仏様の装飾品や仏前の欄間などを飾るもので、花鳥の模様を描いてある

仏像の装飾品の華鬘（けまん）

▶ケマンソウ 中国原産で、ピンク色の花が垂れ下がる

　中国から日本に渡来したケマンソウという植物がある。これは、仏堂の内陣を飾る"華鬘(けまん)"という装飾品に、花が似ているのでケマンソウの名前がついた。うちわ形の金属に鳥や蓮の絵などを描いた装飾で、確かにケマンソウに似ていると思う。

　ヒメケマンソウはケマンソウの小形である。花はどちらかというと、コマクサに近い形をしている。葉は、ケマンソウより細かい。ケマンソウの葉が、ボタンの葉のイメージがあるのに対して、ヒメケマンソウは、セリバオウレンの葉に似ている。シダの葉を思わせるような、細かい切り込みのある葉である。ヒメケマンソウの全体の高さは、約20㌢前後の小形。花も小さく、葉も細かい。

分布と自生地 アメリカ原産。日本ではまだ野生化するまでには至っていない。

特徴 花茎を伸ばし、上部に吊り下がるように花をつける。花を分解すると、基の方に膨らみのある大きな花弁が2枚向かい合っている。これに対して垂直に、線形に伸びた剣状の花弁が2枚あり、合計4枚の花弁がついている。花はコマクサとそっくり。
葉は、左右対称に向かい合って伸びる。シダやセリバオウレンによく似た葉が、所々から伸びている。

仲間 ケマンソウ、コマクサなどが仲間である。

▲花は約4センチで、シャガより小形

▲木陰や岩場に生え、淡い紫色や白色もある。高さ20〜30センチ

◀シャガ　ヒメシャガよりも花も草姿も大形になる

ヒメシャガ

姫射干

Iris gracilipes
アヤメ科アヤメ属
多年草／花期5月

シャガに少し似ていて、小さいので"ヒメ"。しかし、類似点よりも相違点の方が多い草だ。

▶シャガ
花は淡い青紫色で、黄斑が入る
花は青紫色
葉は細くて、軟らかい
葉の幅が広く、葉は堅い
◀ヒメシャガ

シャガによく似た植物にヒオウギがある。葉全体が檜扇[宮中の儀式でもつ檜製の扇子]に似ているので、この名前がついた。ヒオウギの中国名は"射干"。シャガとヒオウギが似ているために、シャガにも"射干"の名前がつけられ、"シャカン"がなまって"シャガン"に、さらに"シャガ"になった。

ヒメシャガはシャガの小形である。葉は、薄手でシャガの半分くらいの1㌢前後。高さは、シャガが50〜60㌢に対してヒメシャガが20〜30㌢。花も4〜5㌢で、5〜6㌢あるシャガに比べるとやや小ぶりである。花色は、シャガは白っぽいが、ヒメシャガは青紫色が強い。また、シャガはタネができないが、ヒメシャガはタネができる。相違点は多い。

分布と自生地　北海道南部から本州、四国、九州に分布。山地の林や湿った斜面に自生。

特徴　花の外側に外花被(がいかひ)という大きな花びらがある。外花被の中央には、色が抜けたような白い部分があり、紫の筋と黄色い斑紋が入る。内側には、内花被(ないかひ)という青紫色の花びらがある。薄くて、真ん中に切れ込みが入る。中央の3本の柱は先が2つに分かれ、ひれ状に切れ込んでいる。これを花柱という。根元から細い線形の葉が何枚か出る。

仲間　エヒメアヤメ、アヤメ、カキツバタなどがある。

ヒメシャクナゲ
姫石南花

Andromeda polifolia
ツツジ科ヒメシャクナゲ属
常緑小低木／花期4〜5月

花姿は大きく異なるが、葉が堅く、外側へまくれるなど、シャクナゲの葉と共通点がある。

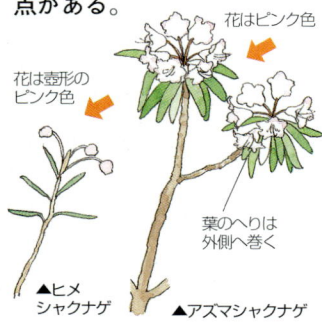

▲亜高山〜高山の湿地に自生

▲白花タイプ

花はピンク色
花は壺形のピンク色
葉のへりは外側へ巻く
▲ヒメシャクナゲ
▲アズマシャクナゲ

シャクナゲ類は、花がアサガオ形で、先が5つに分かれ、基部は筒状につながっている。これに対してヒメシャクナゲは、壺形の花を咲かせる。両者の花に一致点は少ないが、葉には共通点がある。葉はともに堅く、ふちは外側に巻き込んでいる。そこで、"シャクナゲ"がつき、より小ぶりなので"ヒメ"。"石南花"は中国ではバラ科のオオカナメモチのことで、和名は誤用。

分布と自生地 本州中部から北の標高の高い湿原に自生する。
特徴 根元から茎がいくつかに分かれ、途中に細い線形で肉厚の葉が出る。葉の裏は白っぽい。花後は、丸い実がつく。
仲間 ない。

ヒメスイバ
姫酸い葉

Rumex acetosella
タデ科ギシギシ属
多年草／花期5〜8月

草姿は"スイバ"の小形。平地だけでなく、山地や深山でも増えている。

▲スイバより小形。茎の先に小さな花がつく

▲葉の基部は耳のように出ているのが特徴

◀ヒメスイバ
▶スイバ
葉の形が違う
葉の基部が左右へ張り出す
葉の基部は矢じり形

"スイバ"は、茎をしゃぶっても葉をかじっても、酸っぱいことからこの名前がついた。スイバの小形がヒメスイバ。標高の高いところや北の地域によく見られる。スイバの高さが40〜80㌢に対して、この草は20〜30㌢。スイバの葉の基部は矢尻形だが、こちらは鉾形になっている。

分布と自生地 ヨーロッパ原産。日本各地に分布。田畑のあぜ道、日当たりの草原に自生。
特徴 上部に花穂がつく。雄花と雌花があり、別々の株になる。雄花は、花粉の部分が垂れ下がり、雌花は、花が雄花より小さい。赤い房状の雌しべの一部が見えているのが特徴。根際の葉の基部は左右に張り出した鉾形。
仲間 葉が矢尻形のスイバ。

▲広葉樹林や笹原で見かける。高さは20〜30センチ

◀上：花弁は3裂
下：葉表面に白い斑点

ヒメトケンラン

姫杜鵑蘭

Tainia laxiflora
ラン科ヒメトケンラン属
多年草／花期3〜5月

漢名の"杜鵑"は鳥のホトトギスのことである。ホトトギスの胸毛の模様が、トケンランの花や葉の斑紋と似ているので"トケン"の名前がついたといわれている。また、葉の斑紋を鶉の羽に見立てて"ウズラバトケンラン"の別名がある。

ところで、ヒメトケンランの葉には、上記の斑点がない。葉の斑点は鳥の胸毛ではなく、尾羽の白い斑点によく似ている。トケンランの由来との違いは、この胸毛と尾羽にある。

ヒメトケンランはトケンランに比べて、草姿が小さい。花茎が高さ10〜30✕️、葉は10✕️くらい。ヒメトケンランの葉が、ホトトギスの尾羽の白い斑点と似ていて、そして小さいので、"ヒメ"がついたわけである。

分布と自生地 伊豆諸島、四国、南西諸島など、南の暖地に分布。林や森の中に自生する。

特徴 地際に、楕円形の葉が、小さなバルブという偽鱗茎(ぎりんけい)から1枚出る。葉に白い斑点がある。その傍らから花茎が出る。20〜30✕️の花茎を伸ばして花を咲かせる。花色は茶色。5枚の花びらと、中央に扇形の唇弁(しんべん)がある。唇弁の基部には唇弁の一部である側裂片(そくれつへん)がある。唇弁の真上の帽子状になっている部分がずい柱である。そこには雄しべ、雌しべが入っている。

仲間 特にない。

"トケン"とは、鳥のホトトギスのこと。葉にホトトギスの尾羽の斑紋のような斑点がある。

杜鵑(トケン)とはホトトギスのこと

尾羽

葉にホトトギスの尾羽のような模様がある

▲南アフリカの標高の高い岩場に自生。高さ15〜20センチ

▶白花種。よく見ると6枚の花びらの3枚に斑紋がある

ヒメヒオウギ

姫檜扇

別名／アノマテカ

Anomatheca laxa
アヤメ科アノマテカ属
多年草／花期4〜6月

ヒメオウギの葉姿は、檜扇[檜の薄板で作った扇]に似て、小形のヒメヒオウギもこれに似る。

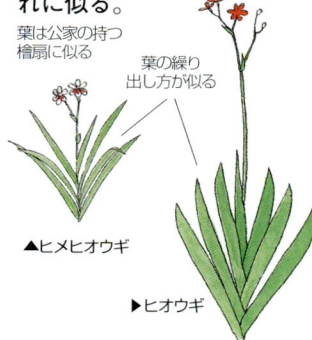

葉は公家の持つ檜扇に似る

葉の繰り出し方が似る

▲ヒメヒオウギ

▶ヒオウギ

　平安時代、宮中で正式な衣装や装束をつけた時に持つ扇子に"檜扇"がある。これに植物のヒオウギの葉の部分が似ているということで、"ヒオウギ"の名前がついた。

　そのヒオウギの名前を借用したのが、このヒメヒオウギである。

　ヒオウギは高さが60〜100㌢くらいの大形の草であるのに対して、ヒメヒオウギは15〜20㌢の小さな草である。さらに葉の幅や厚みは、いずれも薄手で小さく、ひ弱な感じがする。花もヒオウギが5〜6㌢はあるのに、ヒメヒオウギは2〜3㌢と小さい。ヒオウギと比べると、小さいということで、"ヒメ"がつけられた。

分布と自生地 南アフリカ原産。日本では野生化するまでに至っていない。比較的新しい植物で、栽培種が普及している。

特徴 花には6枚の花びらがあり、その片側3枚には花びらの基部に濃い赤色の斑紋が入る。花は、赤花と白花があるが、両方とも片側3枚の花びらの基部にその斑紋が入る。花の大きさは2〜3㌢くらい。葉の繰り出し方はヒオウギに似る。高さは15〜20㌢。

仲間 特にない。

▲八重咲きのヒメリュウキンカ

▲標準花[一重咲き]。高さ10〜15センチ

◀リュウキンカ ヒメリュウキンカには太い根がなく属が違う

ヒメリュウキンカ

姫立金花

Ranunculus ficaria
キンポウゲ科キンポウゲ属
多年草／花期3〜4月

リュウキンカによく似た花を咲かせ、草姿が小形なことから、"ヒメ"の名前がつく。しかし、同属ではない。

花と葉が少し似る

太い根あり → ▲ヒメリュウキンカ

太い根なし → ▲リュウキンカ

分布と自生地 北アメリカ原産。日本では栽培種として普及している。

特徴 地下の太い根から花茎を伸ばし、花茎の先に花が1輪咲く。花びらは黄色の一重。黄色の八重もあり、こちらの方が先に普及していた。その後、標準的な黄色の一重が普及した。
根から葉柄が伸び、葉柄の先にハート形の葉を多数つける。

仲間 湿った草地や水辺に生えるヒキノカサ。これは短い棒状の根を作るということで仲間である。リュウキンカは太い根がないので、名前は似ても仲間ではない。

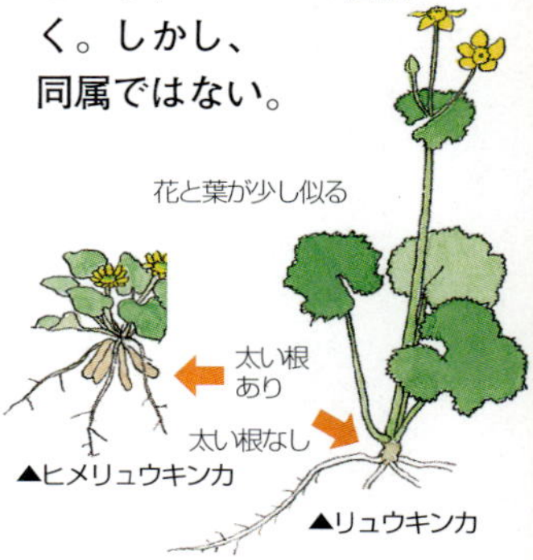

リュウキンカというのは、標高の高い湿地帯や池や沼の周辺に自生する草である。早春に黄色い花を咲かせ、茎が立っているので、金色の花が立つという意味で"立金花"という名前がついている。

このリュウキンカによく似た花が咲き、小形なので"ヒメ"がついたのがヒメリュウキンカ。

ところで、リュウキンカとは、花の大きさは約2〜3ギンで、ほとんど変わらない。花びらも両者とも黄色で光沢がある。ただ、リュウキンカは花茎が20〜50ギンで花を咲かせるが、ヒメリュウキンカは10〜15ギンの高さの小形。ヒメリュウキンカには何本かの太くて短い棒状の根があり、リュウキンカにはその根がない。このことで属が違っている。

285 ヒメ

▲欧州産の高山植物だが、栽培は容易。高さは10〜20センチ

▶上：ヒメトラノオ　下：オカトラノオ　ともに日本在来種

ヒメルリトラノオ
姫瑠璃虎の尾

Veronica spicata
ゴマノハグサ科クワガタソウ属
多年草／花期5月

日本在来種と比べて小形の外来種。"虎の尾"にたとえられる花穂(すい)は栽培しても美しい瑠璃(るり)色。

ヒメルリトラノオの花穂

虎

注：本当の虎は青くない

"トラノオ"という名前は、穂状に伸ばす花姿が、"虎の尾"に似ていることから、この名前がついた。

ヒメルリトラノオというのは、外国産で、高さが10〜20㌢。在来種のヒメトラノオやヤマトラノオなどのトラノオ類は50〜90㌢なので、かなり小さい。ということで、"ヒメ"という言葉が頭についた。

ところで、このヒメルリトラノオは、もともとは高山植物。日本の市街地で栽培しても青紫色の濃い花色で咲く。従来、日本の在来種では、栽培すると花色が自生地よりも薄くなる傾向がある。が、この草は色が落ちない。そこで花色を表わす"瑠璃(ルリ)"を名前に入れて、この草の特徴を強調した。

分布と自生地　欧州アルプス、ピレネーやアペニン山脈などに自生する。

特徴　花が穂状につく。虎の尾の形である。1つ1つの花は、青紫色。花先が4つに分かれているが、基部は1つにつながっている。雄しべは2本、雌しべが1本。がくは4枚。多数の花が下から咲き上がる。
葉は長い楕円形あるいは線形で、茎の所々に向かい合わせについている。地際に長い楕円形の葉が放射状につく。

仲間　日本の深山、山地の草原に見られるヤマトラノオ、ヒメトラノオ、ホソバヒメトラノオがある。

▲上：アザミに似る花
下：魚のヒレに似る茎

▲野原や荒地で見られる

分布と自生地 欧州、東アジアに分布。古い時代に渡来したと推定される。深山になく、あぜ道や空き地に自生。
特徴 花は枝先に数個つく。色は鮮やかな紅紫色。茎の両側には刺のあるヒレがつく。
仲間 なし。

アザミ属のノアザミなどに似た草姿であるが、その仲間ではない。ノアザミなどの茎にはこの"ヒレ"がなく、花を分解するとタネになる部分が現われるが、そのすぐ上に枝分かれする多数の毛がついている。ところが、ヒレアザミの毛は枝分かれをしていない。

ヒレアザミ

鰭薊

Carduus crispus
キク科ヒレアザミ属
越年草／花期5〜7月

花や草姿は"アザミ"に似ていて、茎は魚の"ヒレ"がついているような格好になる。そこで、ヒレアザミの名前がある。

ヒレアザミの茎

▲イワギク ピレオギクに葉が似る

分布と自生地 北海道に分布。北海道の日本海側沿岸の岩場に、自生がある。
特徴 イワギクの1種。ハマギクを若干小さくしたような美しい白い花が、1輪ずつ咲く。その花の基部に多数の葉が出る。葉は、細かく羽根状に切れ込み、肉厚。
なお、ピンク色の花が樺太産のようだ。
仲間 海岸性のハマギクやコハマギク。

▲北海道のは白花で、ピンク色は樺太産と同色

昭和5年刊行の『高山植物』の中で、工藤祐舜氏が執筆の「樺太産の珍しい高山植物」という文中に「樺太特産、葉は細かく、羽状に裂け、花は淡紅紫色をしている」と"ピレオギク"のことを紹介している。樺太のピレオという地に自生した菊なので、この名前になったと思う。

ピレオギク

ぴれお菊

別名／イワギク

Dendranthema zawadskii
キク科キク属
多年草／花期5〜6月

名前の由来が謎だったが、戦前、北樺太（現サハリン）のピレオという場所に咲いていた。その地名をつけた。

大正13年4月1日発行の『北樺太植物調査書』に名前が出ている。

樺太（サハリン）

287 ヒレ

▲花はオダマキに似るが、距（きょ）がない。高さ20〜30センチ

▶上：葉もオダマキに似る。下：花は風鈴形に吊られる

フウリンオダマキ

風鈴苧環

別名／オダマキモドキ

Semiaquilegia ecalcarata
キンポウゲ科オダマキモドキ属
多年草／花期5月

草姿はオダマキの仲間に似るが、距が見当たらない。距なしの花を風鈴にたとえた。

花と茎とが風鈴のイメージ

風鈴

　"オダマキ"というのは、高山の草地に育つミヤマオダマキの栽培種である。何年も栽培しているうちに、タネで更新するようになり、草姿も次第に大きくなった。花はいずれも、花の後ろに距という角のようなものがある。この距の形が、オダマキやミヤマオダマキにつく"オダマキ"の名前の由来のもとになっている。（"オダマキ"の由来はp86、316、331参照）

　ところが、フウリンオダマキは、距がまったくない。しかし、葉や草姿を見ると、オダマキによく似ている。そこで、距がない丸い花の形や吊り下がっている様子を"風鈴"に見立てて、フウリンオダマキの名前がついた。

分布と自生地　中国原産。チベット、四川省などに分布。標高の高い山地に自生。日本にはない。

特徴　がくは紫茶色で、中の淡桃色の部分が花弁である。それが、花柄（かへい）に吊り下がるようにして咲く。茎の途中に何本かの葉柄が出て、その先に葉がつく。3枚くらいの小葉がセットになっている。高さは20〜30㌢くらいになる。
葉姿はミヤマオダマキ、オダマキに似ている。

仲間　なし。

▲上：雌花　中：雌花の花後　下：雌花のタネ　　下右：円形の葉

▲フキは雌雄別株。これは雄花

フキ
蕗

Petasites japonicus
キク科フキ属
多年草／3～5月

分布と自生地 本州、四国、九州に分布。土手、山道沿いに自生。

特徴 花が開き、黄色い花粉の見えるのが雄花。花粉がなく、白っぽい細い棒が二股に分かれているのが雌花。雄花と雌花は、別々の株に咲く。雄花は花粉を昆虫などに提供して枯れる。タンポポのようなタネを飛ばすのが、雌花。数十～80ｾﾝﾁまで伸びて綿毛を飛ばす。冬期は、大きな鱗片状の包に保護されている。

仲間 ツワブキ。

"フキ"という言葉は昔から使われている。その古名の"山生吹"は、フキをいい当てた適切な言葉だと思う。"山"は植物の自生地を表わし、最初の"フ(生)"は、生きるとか生まれるという意味をもつ。"フキ(吹)"は、吹き出す、盛り上がるなどという意味合いがあり、自生する蕗の様子を語っている。

"ヤマ"が取れて、"フ"が取れて"フキ"だけが名前として残ったと考えられる。この"山生吹"がフキの語源だと私は思う。

古名"山生吹（やまふふき）"が、フキの名前の由来。"山"は自生地を示し、"生吹"は元気よく伸びることを表現。

葉
蕾
茎

▲花はタンポポに似る。高さは5〜10センチ

▲フキタンポポの葉

▲フキの葉

▶エゾタンポポ 花姿の雰囲気がフキタンポポに似ている

フキタンポポ

蒲公英、款冬

別名／カントウ（款冬）

Tussilago farfara
キク科フキタンポポ属
多年草／花期2〜4月

花は"タンポポ"より少し小形で、葉はやや"フキ"の葉に似ているので、この名前がついた。

葉はフキに似る
花はタンポポに似る

この名前は、牧野富太郎博士が明治時代に提唱し、一般化した。それまでは、冬に氷をたたき割って生えてくるという意味をもつ"款冬（かんとう）"という名前が使われていた。

葉は、全体の形が腎臓形をしている。葉のふちに尖った鋸歯があり、尖っている部分は、密ではなく粗に現われている。葉裏に毛があり、肉厚感がある、などの特徴がある。肉厚感はフキよりもフキタンポポの方が上である。

また、葉の色は、フキは緑色が多いが、フキタンンポポの方は紫色を帯びた緑色をしている。フキタンポポは、外来種で、中国大陸、ヨーロッパ、北アメリカなどに分布する植物である。

分布と自生地 ヨーロッパ、シベリア、中国大陸と、北アメリカ、カナダなど、広い地域に分布。日本では主に栽培されているが、野生化もしている。

特徴 早春に楕円球形の蕾から花茎を伸ばし、最上部に1つの黄色い花を咲かせる。花は、細い花びらが無数に輪状につき、太陽が当たると開き、陰ると、または夕方になると閉じる性質をもっている。花茎のところには鱗片状の小さな葉がたくさん互い違いについている。花後に葉が展開し、フキに似た葉を見せる。
地下茎で横に広がる。

仲間 特になし。

▲落葉樹林の下に多く生え、旧暦の正月頃に花が咲く

▲日が陰ると花は閉じてしまう

フクジュソウ

福寿草

別名／元日草

Adonis amurensis
キンポウゲ科フクジュソウ属
多年草／花期2～3月

分布と自生地 日本各地に分布。北方に分布密度が高い。雑木林に群生することが多い。

特徴 太い根茎があり、早春に花を開く。花びらは黄色く、菊の花によく似ている。花の背後に紫色を帯びたがくがある。
茎の途中から、細かく切れ込んだ葉が互い違いに出る。花後はニンジンの葉のようになる。

仲間 ツクモグサ。

早春に黄金色の花を咲かせることから、一番に春を告げる草という意味の"福告ぐ草"という言葉が、江戸時代に使われていた。その後、"告ぐ"という言葉よりもさらにおめでたい"寿"に差し替えられた。この方が音の流れがいいし、めでたさも一段と増すわけである。なお、"元日草"とか"一日草"という名前でも呼ばれていたが、この"寿"は長寿の意味もあり定着した。

旧暦の元日に咲く黄金色の花なので、"福告ぐ草"。ごろが悪いので、目出たく"福寿草"に。

福寿草の花　寿老人　福禄寿

291　フク

▲林の湿地に多く見られる　右：ハート形の葉は4～8センチ

▶花は下向きのお椀形で、直径は約1.5センチ

フタバアオイ

二葉葵、双葉葵

別名／カモアオイ

Asarum caulescens
ウマノスズクサ科フタバアオイ属
多年草／花期3～4月

京都の賀茂神社の神紋として知られた草。葵祭や三葉葵の"アオイ"は、フタバアオイを指す。

三葉葵の家紋

フタバアオイの葉

"葵鬘(あおいかずら)"という言葉がある。京都賀茂神社の葵祭の際に参列者の冠(かんむり)や牛車(ぎっしゃ)の御簾(みす)にフタバアオイの葉を飾ることである。フタバアオイは葵祭のシンボルとして知られている。

この"アオイ"とは、アオイ科ではなくウマノスズクサ科のフタバアオイのことを指す。徳川家の紋章である三葉葵は、フタバアオイの葉を3枚、巴形(ともえ)に図案化したもの。三河徳川家は、もともと三河出身で、賀茂神社の氏子であった。松平の氏を名乗り、本田氏、島田氏とともに三葉葵の家紋を使っていたが、関ヶ原の戦いで勝利し、徳川家康が征夷大将軍に任じられると、本田氏、島田氏に三葉葵紋の使用を禁止。徳川家が独占する家紋になった。

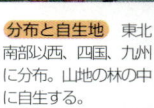

分布と自生地　東北南部以西、四国、九州に分布。山地の林の中に自生する。

特徴　太い根茎があり、そこから茎を伸ばす。茎の途中で長さ数ｾﾝﾁの葉柄が2本に分かれ、ハート形の葉を2枚出す。葉と葉の間の分岐点のところから花を下向きに1つ咲かせる。花は、赤茶色のお椀形［がく筒］である。がくの先は背後のがく筒へ反転し、花弁状になっている。入り口に近い部分に雄しべ、奥の方に雌しべがある。花弁はない。

仲間　ウスバサイシン、オウシュウサイシンなど、落葉性のものがいくつかある。

▲上：葉のふちは刺状　下：タネ

▲花穂の長さは2〜6センチで、2つつけるとは限らない。高さ30〜50センチ

◀ヒトリシズカ　株立ちで咲く。高さは10〜30センチ以下

フタリシズカ
二人静

Chloranthus serratus
センリョウ科チャラン属
多年草／花期5〜6月

静の亡霊が舞う能の『二人静』に由来する草。花穂の数が定まらないのは、静の亡霊がこの花になったから。

能の二人静の亡霊

分布と自生地　北海道、本州、四国、九州に分布。低い山地の雑木林などに自生する。

特徴　地下部から茎を伸ばし、ます楕円形の2枚の葉が、向かい合わせに出る。そして、90度ずれた位置に次の2枚の葉が出る。ほとんど同じ高さにつく。さらにその上に、花穂が1本から数本に分かれて現われる。花は、遠くからは白く円形に見えるが、実際は、花弁の雄しべは3つに分かれている。内側の中心に雌しべがうずくまるようにしてある。

仲間　白い花穂部分がブラシ状のヒトリシズカやキビヒトリシズカがある。

　この名前は、能の『二人静』に由来している。『二人静』とは静御前の亡霊が取りついた菜摘女と静の亡霊がまったく同じ姿で踊るという内容のもの。豊臣秀吉が、時の金春大夫に『二人静』の舞を所望したことでも知られている。それが、たぶん名前をつける際に、本草学者の記憶にあったのだと思う。静は白拍子という男装の踊り子だったので、美しい女性に違いない。しかし、この花は美しいとはほど遠い地味な花である。静の亡霊がこの花になって現われたとすると、花は美しくなくていい。そして、花穂は2本、3本、5本、あるいは1本しかな出ないこともある。この曖昧さも、亡霊がとりついた花であれば、充分納得できる。

フッキソウ
富貴草

Pachysandra terminalis
ツゲ科フッキソウ属
常緑低木／花期3〜5月

常緑で、株が増殖する様子を"富"が増すとみなし、宝石のような実を"貴金属"と見立て、この名前がある。

▲白い実ができる。これが名前の由来となっている

▲樹林の中に多く見られる低木

常緑の肉厚の葉をつけた株がどんどん増えていく。その様子を"富"が増えるようだ、と見立て"富"の字がつく。また、稀に白い宝石のような実がつく。これを貴重品、貴金属と見て、"貴"の字をつけた。美しい名前だが、見栄えはあまりよくないので、名前負けの感じもある。

▲雄しべが出ている雄花。雌花は見えない

分布と自生地 北海道、本州、四国、九州に分布。山や丘の雑木林、森の中に自生する。

特徴 花は雌雄分離。花穂の上部に4本の雄しべがある雄花、下の方にはヤギの角のように2つに分岐した雌花がある。
地下の茎が横に伸びて増え、地上に伸びた茎には、楕円形でふちに鋸歯がある葉を互い違いにつける。

仲間 なし。

ベニバナナンザンスミレ
紅花南山菫

学名未定
スミレ科スミレ属
多年草／花期4月

園芸愛好家に人気のあるスミレ。素姓は分からない。アカバナスミレの1タイプとの説あり。

▲ナンザンスミレとは違った種。アカバナスミレに似ている

▲栽培されている種。高さは5〜10センチ

紅ぼかし色の美しい花が咲くが、素性や名前の由来は不明で、通称ベニバナナンザンスミレ。エイザンスミレとヒゴスミレの交配種説や、アカバナスミレが自生する九州にこの花色に似たスミレが見られる、などの話があるが、不確定。韓国のソウルの"南山"とは関係ないと思う。

分布と自生地 分布や自生地は不明。栽培種として普及している。

特徴 花は5枚の花びらで構成されている。上側の2枚の花びら[上弁]は、濃い紅色。ほとんど紅1色の彩りとなっている。下側の左右の花びら[側弁]は、上部が濃い紅色、唇弁(しんべん)に近い部分は白色。所々に赤紫色の筋が入っている。唇弁は白っぽいが、紅筋が入る。
ヒゴスミレのような細かい切れ込みのある葉が、根から伸びている。花期の高さは5〜10㌢になる。

仲間 葉に切れ込みのあるスミレには、ヒゴスミレ、エイザンスミレなどがある。また、通称で呼ばれているアカバナスミレが九州にある。 注:ベニバナナンザンスミレは仮称。

▲1本の花茎に花は複数つく。花びらの先は房状に切れ込む。高さ10センチ前後

ベニバナヒメイワカガミ

紅花姫岩鏡

別名／アカバナヒメイワカガミ

Schizocodon ilicifolius f. purpureiflorus
イワウメ科イワカガミ属
多年草／花期4〜5月

分布と自生地 関東、中部の太平洋側、紀伊半島に分布。山地あるいは深山の岩場に群生する。

特徴 地際から花茎を伸ばして、上部に数個の花を咲かせる。花びらの先は、5つに裂け、さらに細かく房状に切れ込む。花の基部は1つにまとまっている。雄しべは5本、雌しべは1本、がくは5つの裂片（れっぺん）になっている。
地際から細い葉柄を伸ばし、先に5ペア以下の尖った光沢のある葉をつける。葉裏は白くない。葉の長さは1〜3ギくらい。
高さは10ギになる。

仲間 葉が円形で大形のイワカガミ、イワウチワ、ヤマイワカガミ、白っぽい花をつけるヒメイワカガミなどがある。

"カガミ"の名前は、葉が肉厚で光沢があり、まるで物が反射するようだ、ということから"鏡"に見立てた。そして岩場に群生することが多いので、"イワ"がつく。"ヒメ"は小形を意味する。

"ヒメ"とつくこの種は、ある程度標高の高い場所に自生し、葉の長さが1〜3ギ。葉裏は白くない。葉のふちの両側に、わずかな突起がある。それが5対以下なら"ヒメ"がつくイワカガミで、それ以上なら"ヒメ"がつかないイワカガミである。標準花は白色だが、箱根周辺には紅花を咲かせるものがあり、その場合は、"ベニバナ"をつけてベニバナヒメイワカガミとなる。なお、イワカガミの仲間は、葉全体の形、葉先の尖り具合、ふちの鋸歯、大きさなどの形で分類される。そのほか、白花か紅花かも、見分けのポイント。

葉のふちにある突起の数が片側5つ以下ならヒメイワカガミ。白色以外は"ベニバナ"を冠する。

▶この種はアカバナヒメイワカガミとも呼ばれている

▲高さ40〜50センチになり、茎の先に直径約5センチの花が1つつく

▲上：葉の柄に赤みがある　下：黒いタネが発芽する

▶ヤマシャクヤク　花は白色で、雌しべの先は巻かない

ベニバナヤマシャクヤク
紅花山芍薬

Paeonia obovata
ボタン科ボタン属
多年草／花期4〜6月

草姿や花形がヤマシャクヤクに似るが、ヤマシャクヤクが白花に対して"紅花"。雌しべの柱頭が巻くことが、特徴の花。

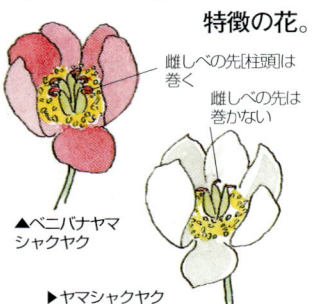

雌しべの先[柱頭]は巻く

雌しべの先は巻かない

▲ベニバナヤマシャクヤク

▶ヤマシャクヤク

シャクヤクは、中国から薬として導入され、入ってきた当初は"エビスクスリ"と呼ばれていた。"エビス"というのは、外国あるいは中国などを意味している。その後、この薬の中国名である"芍薬"をそのまま音読みし、シャクヤクという名前がついた。日本の山地にもこのシャクヤクと葉がよく似た草が自生しており、それがヤマシャクヤクになった。蕾が丸く球形で、一重の白い清楚な花が咲く。さらにヤマシャクヤクに葉、花形がよく似た紅色の花の草が見つかり、これがベニバナヤマシャクヤクに。本種は5〜7枚の紅色の花びらがつき、雌しべの先の暗紅紫色の柱頭が巻いているのが特徴。ヤマシャクヤクは、柱頭の巻きが浅い。

分布と自生地　北海道、本州、四国、九州に分布。非常に限られた山地の林や森の中に自生する。

特徴　茎の頂部に雄しべや雌しべをつつんだような花をつける。花びらは4〜5枚から7枚。花びらの色は基本的に紅色で、枚数は株によって多少違う。雌しべの先の暗紅紫色の柱頭が巻いている。葉はヤマシャクヤクとほとんど変わらない。楕円形の小葉が3枚くらいの編成で集まり、茎の途中から互い違いに出ている。高さは40〜50㌢。

仲間　ヤマシャクヤクがある。

▲日当たりのいい草地に多く、茎は地面を這っている

◀花の大きさは1.5〜2センチで、赤い実は約1センチになり毒はない

ヘビイチゴ
蛇苺

Duchesnea chrysantha
バラ科ヘビイチゴ属
多年草／花期4〜6月

ヘビが出そうな草藪に生えるから、あるいは、実がまずくヘビなら食べそう、などの理由でこの名前に。しかし、ヘビは食べない。

これは、低い山や丘、野原などどこにでも見られる。ヘビが出そうな環境にイチゴがあるので、この名前がついたか、あるいは、食べてもおいしくなく、ヘビなら食べるのではないかという理由で、ヘビイチゴという。実際は、ヘビは食べない。これによく似た草で、ヤブヘビイチゴがある。こちらは、"ヤブ"がつくことで分かるが、森や林の中、あるいは森陰などの日陰でよく見かける草だ。

分布と自生地 日本各地に分布。田んぼのあぜ道、農村の山道、丘の空き地などに自生。
特徴 つるから伸びた柄の先に、黄色い5弁花が咲く。花の中には雄しべと雌しべが多数ある。花後は、赤いイチゴができる。葉は3枚の小葉が1セットになっているが、両側につく各1枚は、少し切れ込みがあり5枚に見えることがある。
仲間 ヤブヘビイチゴ。ヒメヘビイチゴは属が違う。

▲左右の写真とも、左側はヤブヘビイチゴ。右側はヘビイチゴ

▲林内に多く見られ、高さは30～60センチ。右上：葉に斑（ふ）の入った品種

▶枝の先に3～5個の花が、垂れ下がる。花の長さは2.5～3センチ

ホウチャクソウ
宝鐸草

Disporum sessile
ユリ科チゴユリ属
多年草／花期4～5月

寺院や仏塔の軒に"宝鐸（ほうちゃく）"という鐘のような飾りが吊ってある。これに似た花をつけるので、名前がついた。

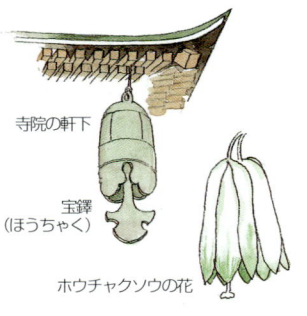

寺院の軒下
宝鐸（ほうちゃく）
ホウチャクソウの花

お寺、お堂、あるいは仏塔の四隅には鐘のような形をした装飾品がある。これを"宝鐸（ホウタク、ホウチャク）"、あるいは"風鐸"という。この宝鐸や風鐸に似た形の花が咲くので、ホウチャクソウという名前がついた。

この花は、花びらが内側と外側にそれぞれ3枚ずつ、計6枚ある。いずれも長目の花びらで、垂れ下がるように咲く。その花の様子が"宝鐸"によく似ている。

宝鐸は、もともとは中国の銅でできた古い楽器。形は鈴に似ている。中に、舌のようなものがあり、それを振ると、周囲の金属にぶつかり音が出る。この舌は金あるいは木製で、金で作られたものが金鐸、木で作られたものが木鐸である。

分布と自生地 北海道、本州、四国、九州に分布。森や林の中に自生している。

特徴 茎の上部でいくつか花柄を出し、その先に垂れ下がるようにして、長い鐘形の花を咲かせる。花色は薄緑と白の混ざったような色。花びらは内側3枚と外側3枚があり、長い鐘形になっている。中には雄しべが6本と、中心に雌しべがある。地下から出た茎は真っ直ぐに伸びて、所々で枝分かれする。途中に楕円形の葉が、互い違いについている。花はナルコユリに似る。

仲間 チゴユリ、オオチゴユリ、キバナチゴユリなどがある。

▲青紫の小さな花が咲く多年草で、茎の高さ数十センチ

◀上：葉の両面には毛がある　中：花は5裂　下：花の基部は赤い

ホタルカズラ
蛍葛

Lithospermum zollingeri
ムラサキ科ムラサキ属
多年草／花期4〜5月

花の背後にある赤いぼかしを"ホタル"に見立てた。つる状の茎は"カズラ"と呼ばれる。

ホタル

花の後方に赤みがある

分布と自生地　日本各地に分布。山地の日当たりのいい土手、丘や野原の山道沿いや斜面に自生する。

特徴　楕円形の葉が茎に互い違いにつき、茎は広がって数十㌢くらい伸びる。茎先の葉の脇から花柄が短く伸びる。その先に5つに広がった青紫色の花を咲かせる。
花の基部はつながり、ちょうどアサガオと同じような形をしている。花を正面から見ると、花の中央に大の字形の白い筋が入っている。横から見ると、赤みがある。がくは5枚ある。高さは15〜20㌢。

仲間　外来種のイヌムラサキ。

　ホタルはゲンジボタルやヘイケボタルが有名だが、いずれも、尾の部分に発光器をもっており、夏の夜に光を点滅させる。この"ホタル"という言葉は、火を垂れると書いて"火垂"と読む。東北地方にそういう言葉があるそうだ。身体の下、つまり尾の部分に光があり、火が垂れる、ということから、火のことを"ホ"と読み、"ホタル"の言葉が生まれたと思う。

　ホタルカズラの花の背後には、赤いぼかしが入っている。これをホタルの光に見立てて、"ホタル"とつけた。"葛（カズラ）"という言葉は、つる草を意味する。ホタルカズラの茎は、つる状にどんどん横へ広がる。それで"カズラ"をつけ、ホタルカズラになったわけである。

▲本州中部の亜高山の草原で見かける。唇弁は横につき出る。高さ30〜50センチ

ホテイアツモリソウ
布袋敦盛草

Cypripedium macranthum var. hoteiatsumorianum
ラン科アツモリソウ属
多年草／花期5〜6月

唇弁（しんべん）がアツモリソウの唇弁よりも前へ突き出た形をしている。この形を布袋腹（ほてい ばら）に見立てた名前。

ホテイアツモリソウの唇弁

布袋（ほてい）

▶アツモリソウ　ホテイアツモリソウより花色は淡く、唇弁に丸み

"ホテイ"は、中国の唐代の禅僧、布袋和尚（ほてい）を意味する。七福神の1人としてもよく知られている布袋は、大きな袋をかつぎ、喜捨を求めて諸国を歩いた。とても太っており、福々しく、いつも丸い大きなお腹を出していたので、布袋腹といわれていた。

ホテイアツモリソウの丸い唇弁（しんべん）が、布袋腹によく似ている、ということから"ホテイ"という名前がついた。ほかのアツモリソウに比べると、この唇弁は横に張り出しているように見える。"アツモリ"という言葉は、平敦盛（たいらのあつもり）に由来する。敦盛が背負っていた、流れ矢を防ぐための母衣（ほろ）を、丸い唇弁に見立て、名前がついた。

分布と自生地　北海道から東北、中部までの亜高山帯の草原に稀に自生する。

特徴　アツモリソウよりも少し大きく、唇弁の横幅が長く、横に突き出ている。アツモリソウよりも、一般には濃色である。高さ30〜50㌢の茎には、楕円形の大きな葉が互い違いに3〜4枚つく。

仲間　アツモリソウの項p14参照。

▶唇弁が丸く、名前の由来になっている

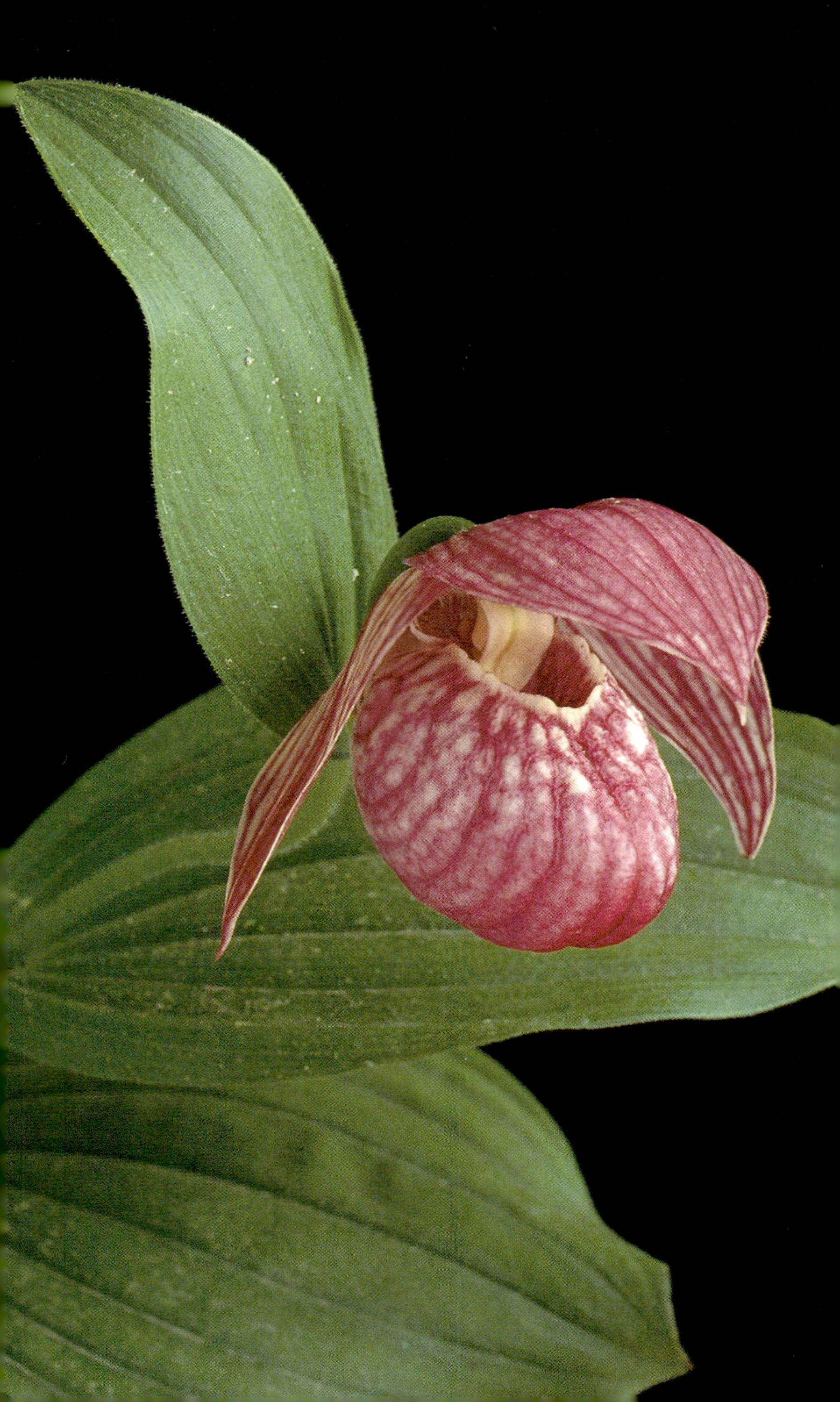

▲畑や道端でよく見かける。高さは10～30センチ

ホトケノザ
仏の座

別名／サンガイグサ

Lamium amplexicaule
シソ科オドリコソウ属
越年草／花期3～6月

茎の周りを円形状に巻く葉姿が、仏像を安置する仏座に似ることから名前がある。

花
仏像
蓮華座
葉の姿は蓮華座に似る

▶葉は段々状に、茎をとり巻くようにつく

　仏様を安置する場所あるいは安置する台を仏座という。これには獅子座、須弥座、岩座、唐座など色々な形式がある。なかでも、蓮の葉で形どった荷葉座、蓮の花で形どった蓮華座［蓮座ともいう］は、よく見られる形式で、蓮華座が最も多いように思う。

　ホトケノザは、仏座のような形をした葉の上に、胴長で唇形の紅紫花を咲かせる。葉を仏座で、花を仏様に見立てたことから、この名前がついた。さて、春の七草にもホトケノザという草があるが、これはキク科のコオニタビラコのことである。本種のホトケノザはシソ科で、食べられない。

分布と自生地　本州、四国、九州、沖縄など広く分布。市街地の道端、空き地、農村の道端、畑のあぜ道に自生。

特徴　紅紫色の花は上と下に分かれた唇形をしている。基部は1つになっている。がくは1つだが、長い裂片が5つに分かれている。花の下側に、丸みを帯びた葉が、向かい合って茎にぴったりとくっついている。全体としては、円形についているように見える。高さは10～30㌢。

仲間　カキドオシなど。

▶茎をとり囲んでいる葉を仏の座の蓮華座に見立てた

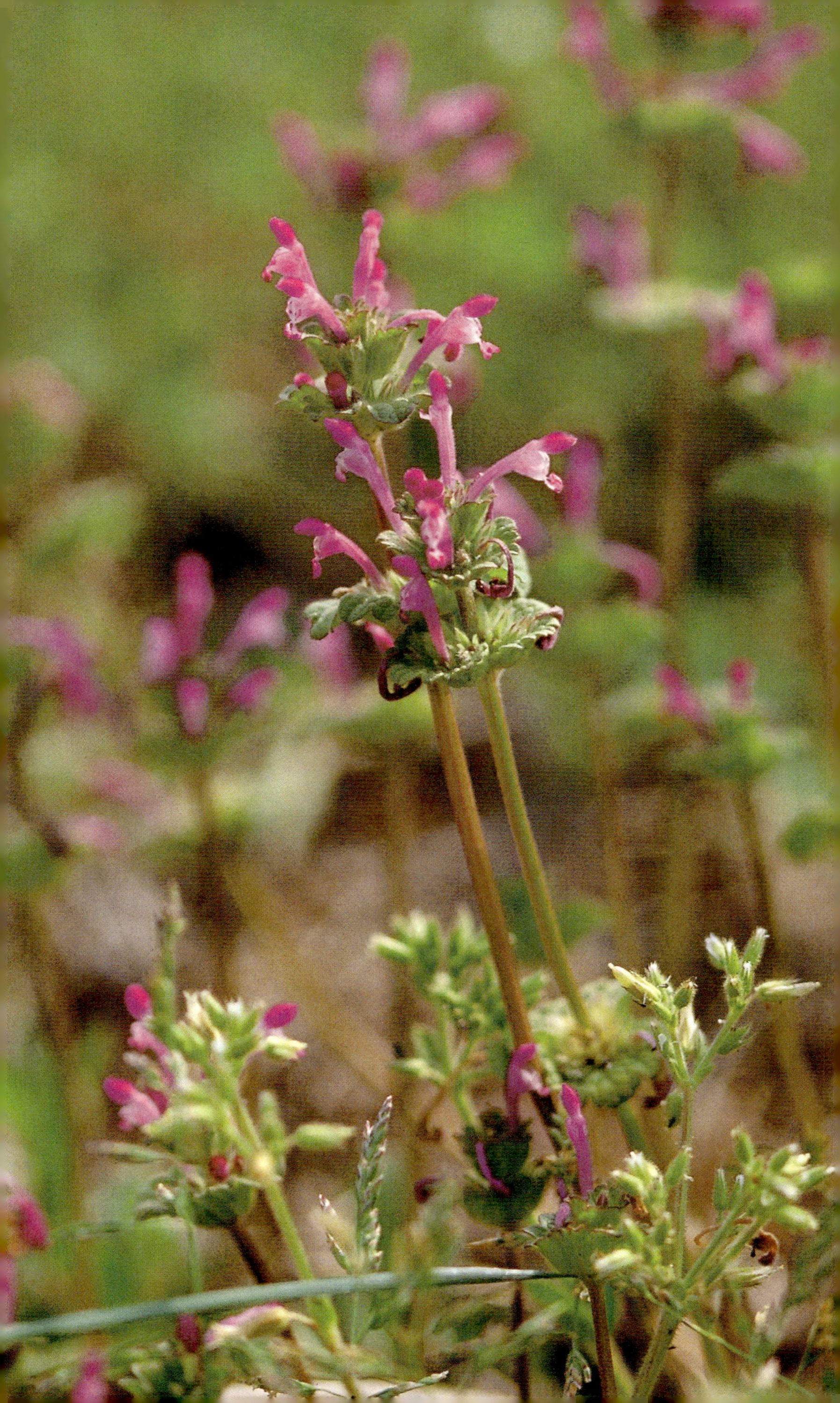

▲白い花びらは反り返り、雄しべが出ている。高さ10〜20センチ

▶上：地下茎で増殖し、群生する
下：初秋に赤い実をつける

マイヅルソウ
舞鶴草

Maianthemum dilatatum
ユリ科マイヅルソウ属
多年草／花期4〜5月

白く小さい花が、いく輪か咲き乱れる。"鶴"が舞う姿を遠くから見たら、この花穂のように見える。

花びらが反転している感じが鶴の羽ばたき姿に似る

鶴が舞う草、"舞鶴草"と書く。鶴が舞っているように見える草という意味であろう。この名前の由来は、牧野富太郎氏の説では、独特な葉脈の曲がり方が、鶴の羽根に見えるということである。鶴の羽根に似ているようにも感じられる。しかし、鶴が舞うことにはつながらない。私には、白い小さな花が咲き始める時に、4枚の花びらが後ろへ反転する、その姿が大空にタンチョウが舞っている姿に見える。それをマイヅルソウの名前の由来と考えたい。また、鶴のダンスを遠望していても、マイヅルソウの花穂のように見えるのではないかと思う。この名前をつけた人は、何組かの鶴たちの群舞を想像し、羽の動きを名前につけたのだろう。

●分布と自生地 北海道、本州、四国、九州の、標高の高い針葉樹林の下に自生する。
●特徴 高さ5〜20㌢の茎は、ハート形の葉を互い違いに2枚くらいつける。葉には湾曲した脈が目立つ。茎の頂部に10〜20個くらいの花をつける。1つ1つの花柄に、4枚の花びらと4本の雄しべ、1つの雌しべをつけた花を咲かせる。花びらは、咲くとやがて後ろへ反り返る。
ユリ科は基本的に花びらが3の倍数枚で雄しべは6本。しかし、この種はそれぞれ4であることが特徴である。
●仲間 ヒメマイヅルソウ。

▲日当たりのいい草原に群生する。高さ30〜70センチ

分布と自生地 関東、近畿、四国、九州に分布。市街地の道端、鉄道の廃線になった場所や、空き地を中心に群生することがある。北米原産種。

特徴 茎の上部に花がつく。花は唇形で、下の唇がよく発達している。下唇は3つに分かれている。中央が、真っ白に盛り上がり、ほかの花びらは淡青紫色。尻尾のような距(きょ)がついている。葉は茎の上部で互い違いにつき、下部では3〜4枚が輪生している。高さ30〜70㌢の細長い草。

仲間 ウンラン、ホソバウンランなどがある。ホソバウンランは、ヨーロッパ原産の植物で、ウンランによく似ている。ただし、葉が細く、松の葉に近い。花はほとんど同じ。

　海辺に生える"ウンラン(海蘭)"という草がある。淡黄色の花は唇形をしていて、上唇と下唇があり、下唇がよく発達している。下唇は、2つの山が中央部分で盛り上がるような形をしており、黄色とオレンジ色を混ぜたような濃い色になっている。花の背後には、距と呼ばれる尻尾のようなものが出ている。距の中には蜜が分泌され、これが昆虫を誘う餌になっている。

　マツバウンランは、このウンランに花姿がよく似ている。似ている点は花の中央部分が盛り上がっているということと、尻尾状の非常に細い距が出ていること。この共通点で"ウンラン"の言葉がついた。

　そして、マツバウンランは細い線形の葉が束になってつく。松の葉に似る葉である。それで、"マツバ"という名前がついた。

マツバウンラン
松葉海蘭

Linaria canadensis
ゴマノハグサ科ウンラン属
1年草・越年草／花期4〜6月

海辺に咲く"ウンラン"に似て、葉は細くて"松葉状"。それでこの名前がある。

▲葉は細く、茎は枝分かれしない。葉幅は1〜2ミリ

▲山野の暗い林内で見る　右上：実　右中：茎［偽茎（ぎけい）］　右下：仏炎包

マムシグサ
蝮草

Arisaema serratum
サトイモ科テンナンショウ属
多年草／花期4～5月

花［仏炎包という］の形が、マムシが舌を出したような姿に似ていることからこの名前に。

仏炎包
マムシ
マムシをイメージする模様

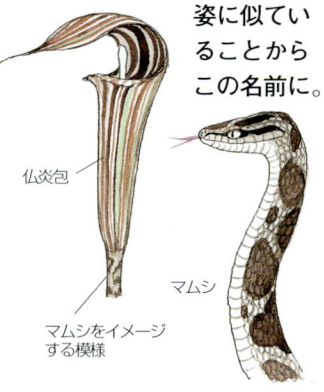

▶左：アオマムシグサ　右：ミミガタテンナンショウ

"マムシ"は、日本各地に分布している有毒の蛇。灰色の身に銭形の黒い斑紋が入っている。頭が三角形、あるいはスプーン形で、首がやや細く、尻尾は急に短く細くなっている。マムシクサがこのマムシに似ているかどうかが問題だが、まず花はどうであろうか。これは仏炎包の先が横にすっと伸びていて、蛇が舌を出しているようなイメージがある。茎［葉のさやが茎状になっている偽茎］に模様があり、それがマムシの模様と似ている。ということからマムシクサの名前がついた。しかし、実際によく見るとマムシの模様とは、あまり似ていない。

分布と自生地　日本各地に分布。林や森の中に自生する。

特徴　球根が太ると雌になり、やせると雄になる性質がある。初めて咲く段階では、球根［球茎］は小さく、雄花が咲く。球根が大きくなると雌花が咲く。葉は2枚つき、大きさが不ぞろいの小葉が鳥足状につく。
なお、マムシグサにアオマムシグサというタイプがある。

仲間　ムサシアブミ、ウラシマソウ、ミミガタテンナンショウなど。

▲上：花の長さ約5ミリ　下：実

▲山地の木陰に生える。花は白色4弁花高さ7〜20センチ

◀コンロンソウ　葉は丸くなく、長楕円状で先は尖る

マルバコンロンソウ
丸葉崑崙草

Cardamine tanakae
アブラナ科タネツケバナ属
越年草／花期4〜6月

葉は丸いので、"マルバ"。実の色を伝説の島・崑崙国（こんろんこく）の住人に見立て"コンロン"の名前がつく。

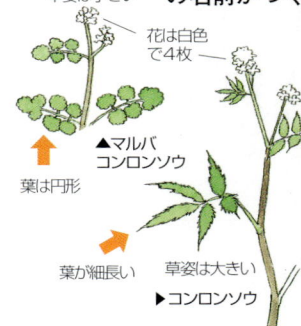

細長い楕円形の大きな葉をつけ、白い花を咲かせるコンロンソウという草がある。マルバコンロンソウは、この仲間で、葉は丸形あるいは切れ込みがないカエデ形をしている。この特徴から"マルバ"の名前がつけられた。

"コンロン"という名前の由来を、牧野富太郎氏は崑崙山脈の雪のように、白い花が咲くからと述べている。しかし、白い花は多くある。名前がつけられた江戸時代には、崑崙とは伝説の南の島・崑崙国、またはそこに住む肌黒い崑崙子・崑崙坊のことを指すと当時の文献に出ている。コンロンソウの花後につく実は黒っぽく、その特徴から"コンロン"と名付けたと考える方が不自然でない。

分布と自生地　本州、四国、九州に分布。多少湿り気のある林の中や森のふちに自生。

特徴　地際の茎と根から根生葉を出す。茎は、途中で枝分かれしながら、長い葉柄の先に3〜7枚の丸い小葉をつける。茎の上側に花柄を何本か出し、4弁の白い花を咲かせる。花弁は4枚、がくも4枚、雄しべ6本、雌しべ1本。花後に細長い黒っぽい実ができる。

仲間　ミツバコンロンソウ、コンロンソウ、ジャニンジンなど。

草姿は小さい
花は白色で4枚
▲マルバコンロンソウ
葉は円形

葉が細長い
草姿は大きい
▶コンロンソウ

▲北海道や近畿以北の湿地、水辺で見られる。中心に見えるのが花穂　▲葉は花後に伸び始め1メートルにもなる

ミズバショウ
水芭蕉

Lysichiton camtschatcense
サトイモ科ミズバショウ属
多年草／花期5〜7月

花後に展開する大きな葉は、バショウの葉に似る。水辺に生えるので"ミズ"がつく。

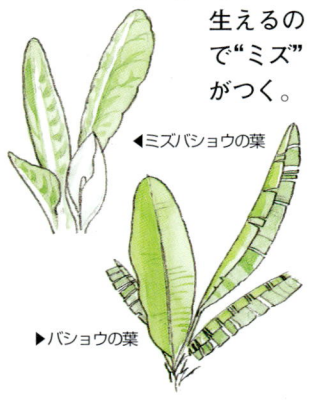

◀ミズバショウの葉

▶バショウの葉

▲花穂の後ろには、花びらのような白い仏炎包が花穂を囲むように出る

▲ミズバショウ
- 小さな花の集まり（花びら4枚、雄しべ4本、雌しべ1本からなる）
- 仏炎包（高さ30〜40センチ）

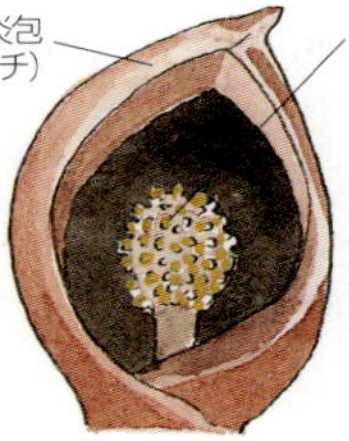

▲ザゼンソウ
- 仏炎包（高さ10〜20センチ）
- 小さな花の集まり（花びら4枚、雄しべ4、雌しべ1からなる）

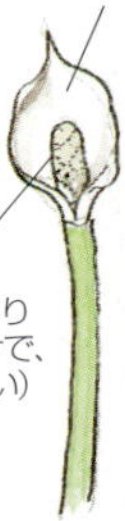

▲ヒメカイウ
- 仏炎包（高さ5〜6センチ）
- 小さな花の集まり（花は雄しべと雌しべだけで、花びらはない）

▲バショウの葉

▲ミズバショウの葉

▲ザゼンソウ　撮影／村山

▲ヒメカイウ

　バショウは、バショウ科の多年草。まるで木のような大形の植物である。中国原産で、暖地で栽培されている。葉は2㍍ぐらいの大きな楕円形で、柄があり支脈にそって裂けやすい性質をもっている。

　"バショウ"は"芭蕉"と書く。この植物は、松尾芭蕉が閑居した庵の前庭に門人から贈られて植えられていたことから、その名前がつけられたという説がある。

　ところで、ミズバショウは、花後に大きな葉が出てくる。この緑色の大きな葉がこのバショウの葉に似ていることから、"バショウ"とついた。さらに、水辺に自生するので、"ミズ"がつき、ミズバショウの名前になった。葉だけを見た時には、ミズバショウと気付かないことが多い。

分布と自生地　本州、北海道に分布。北方、あるいは標高の高い地域、雪の多い地域の湿原、湿った草原、水の湧き出るところ、沼などに自生する。

特徴　春先に、いち早く白い花を咲かせる。花は頭巾形で、仏炎包［ぶつえんほう］という。この仏炎包は、仏様の後ろ側にある炎形の飾り［後背（こうはい）］に似ていることから名前がついた。包というのは、花に近い葉という意味で、葉が変化したもの。
仏炎包の中には棍棒のようなものが見える。黄色い細かいものがたくさん見られ、それは小さな淡黄色の花の集団である。
小さな花は、花びらが4枚、雄しべが4本、雌しべが1本という編成である。
花後は、大きな葉が展開し、包の中にある花が実をつける。その時期は、今までとは様子が違った草姿になる。長さ80㌢、幅30㌢に成長する葉はバショウの葉に似る。

仲間　同属のものはないが、仏炎包が似ているものにザゼンソウやヒメカイウ。

ミズ

▲ユキワリソウとも呼ばれている。本州の日本海側の山地の林の中で多く見られる花期の高さ5～20センチ

ミスミソウ
三角草

別名／ユキワリソウ、スハマソウ

Hepatica nobilis var. japonica
キンポウゲ科ミスミソウ属
多年草／花期2～4月

3つに裂けた葉の角が、いずれも尖っているのでミスミソウという。角が丸いのはスハマ(洲浜)型という。

▲左：ミスミ型　右：スハマ型の葉

角が尖り、小葉が三角状

先が丸みがあるものをスハマ型という

▲高さは10～15センチ。花は1～1.5センチ

▲花色は白、ピンク、淡い紫などがあり、特に日本海側のミスミソウは色が濃く、花も大きい

　葉の形は、ほぼ三角形に近いのだが、それぞれの角の部分が、鋭く尖っている。ということから、三つの角と書いて"三角草"といっている。

　この植物のなかには、地域によっては丸い葉を3つ重ねたタイプもある。弧状になった砂浜を"洲浜"というが、それに見立てて丸い葉のタイプのミスミソウを"洲浜草"と呼んでいる。なお、このタイプの葉の形によく似た家紋を"洲浜紋"という。

　葉の形は、ミスミ（三角）とスハマ（洲浜）の2タイプだけでなく、その中間型の、どちらともいえないタイプの葉も非常に多い。近年は、スハマ型の葉であっても、スハマソウと呼ばず、中間型を含めミスミソウといっている。

　もう1つ、このミスミソウには"ユキワリソウ"という名前がある。この名前の同名異種に、サクラソウ科の高山植物ユキワリソウがある。この"ユキワリソウ"の名前の由来は、両者に共通する。

　雪が解けてくる頃に、花を咲かせる。植物のそばは暖かいとみえて、雪解けが早い。日が差すと、花が開き、あたかも雪を割るような姿で現われる。そのような様子を"雪割草"という素敵な名前をつけて呼んだ。

▲ユリ咲きのミスミソウ

▲オトメ咲きのミスミソウ

▲多弁咲きのミスミソウ

分布と自生地　東北北部から九州まで広く分布。山や野原、丘、落葉樹林の急な斜面などに自生する。

特徴　太い根茎から葉が直接、葉柄（ようへい）を伴って出る。葉柄の先には、三角状、あるいはスハマ状の葉が1つつく。
花茎の先の花には花弁がなく、花弁状のがくが6〜13枚。花色は、白色、淡紫色、ピンク色など変化が多い。花の咲き方もユリ咲き、乙女咲き、多弁咲きなど変化が多い。
花のすぐ後ろには、総包（そうほう）という、がくのようなものがある。花の中心部には雄しべと雌しべが多数ある。雄しべは紫色や赤紫など多彩な色がある。中心にある雌しべは緑の小さな突起が集まり、金平糖のような形をしている。これは、実が集まったもの。
その実が落ちて土にもぐり込み、冬になると、根が伸び出し、早春に双葉を展開する。
なお、花が終わる頃になると、新葉が展開する。そして冬を越した旧葉は、やがて枯れる。高さは10〜15㌢。
仲間　ない。

ミチノクエンゴサク

陸奥延胡索

別名／ヒメヤマエンゴサク

Corydalis capillipes
ケシ科キケマン属
多年草／花期4〜5月

"みちのく"の東北や北陸などに分布する小さな"エンゴサク"の仲間。それでこの名前がある。

花姿がクリオネに似る
（海にすむハダカカメガイのこと）

ミチノクエンゴサクの花

▲北の日本海側に分布する。高さ10〜20センチ

この草の分布は、東北と北陸なので"ミチノク"の名前がついた。日本海側に多く分布している。そしてエンゴサクという薬草と同じ仲間なので、"エンゴサク"とつく。この草はジロボウエンゴサクなどと比べると、約半分くらいの大きさである。小さいということが、一番の特徴。

▲淡い紫色の花で、長さは1〜1.3センチ

分布と自生地 北陸、本州の日本海側に多く分布して、雑木林、森のふちなどに自生。

特徴 地際から茎を伸ばして、途中に葉を出す。花は唇形に大きく開き、後ろには筒形の距（きょ）がある。花姿は、クリオネに似た形に見える。
高さ10〜15㌢。

仲間 ジロボウエンゴサク、ヤマエンゴサク、エゾエンゴサクなどがある。

ミツバツチグリ

三葉土栗

Potentilla freyniana
バラ科キジムシロ属
多年草／花期4〜5月

ツチグリに似る。ツチグリの小葉は3〜7枚、ミツバツチグリの小葉は3枚。それで名前に。

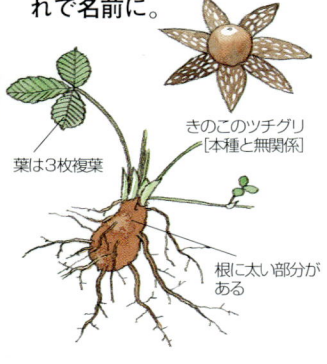

葉は3枚複葉

きのこのツチグリ
[本種と無関係]

根に太い部分がある

▲山野に多く、高さ15〜30センチ

同属のツチグリは中部地方から西の乾いた草原に見られ、根が太く生で食べられるので"土栗"。ミツバツチグリも、根が太い。しかし、こちらは食べられない。ツチグリの小葉は3〜7枚だが、ミツバツチグリは楕円形の小葉が3枚ずつセットになっているので"ミツバ"がつく。

▲3枚ある小葉が名前の由来になっている

分布と自生地 北海道から本州、四国、九州に分布。日当たりのいい野原、丘、山地などに自生している。

特徴 花茎は高さ5〜10㌢ほど伸びる。途中に小さい葉がつく。上部で枝分かれして、それぞれの先に、黄色い5弁花を咲かせる。中心部に雄しべ、雌しべが多数あり、がくは5つに分かれている。

仲間 ツルキンバイ、ヒメヘビイチゴなど。

▲雑木林の中で、下草の少ない場所に自生。高さは10～20センチ
◀開花株の周囲には1枚葉の幼苗がある

ミノコバイモ
美濃小貝母

Fritillaria japonica
ユリ科バイモ属
多年草／花期4月

主に岐阜県[美濃(みの)]に分布。花の肩のあたりが角張り、花の内部の網目模様が明確である。

▲花の肩の辺りが角張っているのが特徴

分布と自生地 岐阜を中心に愛知、三重の両県にも分布。雑木林の下草が少ないところに自生する。

特徴 地下の球根[鱗茎(りんけい)]から高さ10～20㌢の茎を伸ばす。茎の上部には、笹の葉を少し細長くしたような葉が向かい合わせに2枚つく。その上には、それより小さめの細長い葉を3枚つける。
花びらは6枚。花粉をつけた雄しべが6本、中心に雌しべがある。

仲間 コシノバイモ、カイコバイモ、アワコバイモ、ホソバナコバイモなどがある。P140参照。

バイモという植物がある。これは中国からやってきた80㌢くらいの高さになる大形の草である。このバイモよりもずっと小さくて、小形なので"コ"がつく。やはり、バイモ同様に、古い貝のような球根の真ん中から、小さな新しい球根が現われる。その球根を子供と見立て、貝のような形の母を連想して"貝母(バイモ)"とついた。そして、そこから茎を伸ばして、葉や花を出す。

"ミノ"というのは、美濃地方の岐阜県に多く分布するからつけられた。

ミノコバイモの花を横から見ると、花の肩の辺りが角張っている。これが第1の特徴。そして、花の内側を見ると、赤紫色の網目模様が明確に入っている。これが第2の特徴。

ミミナグサ
耳菜草

Cerastium holosteoides var. hallaisanense
ナデシコ科ミミナグサ属
越年草／花期4〜6月

葉の形がネズミなど動物の耳に似ている。若い苗は食べられるので、"ナ[菜]"がつく。草全体が暗紫色。

葉姿とネズミの耳の形が似る

▲日本各地で目にする。左：黒茎　右：緑茎

"ミミナ"とは、楕円形の葉が向かい合わせについている姿を、ネズミの"耳"など、動物の耳に見立ててつけられた。"ナ"は、この草は食べられるということ。本種の若い苗は食べられる。よく似たオランダミミナグサは、花柄（かへい）が、がくより短い。本種は、逆に花柄が、がくより長い。

分布と自生地　日本全国に分布。農村の道端、畑のあぜ道に自生。
特徴　高さ10〜20㌢の茎と葉は、暗紫色を帯びる。長い花柄の先につぼまった花が咲く。5枚の花びらの中心に切れ込みがある。
仲間　オランダミミナグサがある。

ミヤコグサ
都草
別名／ミャクコングサ

Lotus corniculatus var. japonicus
マメ科ミヤコグサ属
多年草／花期4〜10月

京都に多く自生していたからという説ではなく、漢名の"脈根草（ミャクコングサ）"からこの名前がある。

枝を血管に見立てた

ミヤコグサの根

▲道端や海岸で見る。茎の長さ50〜100センチ

京都の耳塚に、たくさん自生していたので"都草"という名前がついたといわれている。また、ミヤコグサは、昔、"脈根草"という薬草名でも呼ばれていた。根から伸びる細長い枝を血管に見立てて、脈根草という名前がついた。この"ミャッコン"が"ミヤコ"になったと思う。

分布と自生地　日本全国に分布。道端の空き地や山沿いの道、海岸の斜面などに自生。
特徴　上部に、黄色い蝶形の花が1〜3個つく。花びらは5枚編成である。根から多数の茎を横に伸ばし、つる状［長さ50〜100㌢］に伸びていく。楕円形の葉は、茎のところで向かい合わせに2枚、先の方に3枚、合計5枚の小葉を出していく。葉の表面には毛がない。根は細長いひげ根になって多く伸びる。
仲間　セイヨウミヤコグサ。違いは枝先につく花の数が、ミヤコグサのは3個以内、セイヨウミヤコグサのは3〜7個と、花の数が多いこと。ミヤコグサの葉の表面には毛がないが、セイヨウミヤコグサは毛が見える。

▲高さは約30センチ 下：濃い紫色の花

▲花壇や庭で栽培されていることが多い

◀ミヤマヨメナ ミヤコワスレの原種で山地で見る

ミヤコワスレ

都忘れ

別名／ミヤマヨメナ

Miyamayomena savatieri
キク科ミヤマヨメナ属
多年草／花期4〜6月

順徳上皇が愛した白菊はミヤマヨメナだった。時代が過ぎ、色が違う花変わりをミヤコワスレと呼んだ。

鎌倉時代の初期、承久の乱で圧勝した鎌倉幕府は、朝廷側の首謀者の1人である順徳上皇を佐渡へ流した。そして、順徳上皇は、佐渡の御所で、遠島のつれづれをなぐさめるために、白い菊を植えて、都を忘れようとした。この白い菊は、現在のミヤマヨメナのことである。

ミヤマヨメナは各地に自生があり、色数も多い。時代は過ぎ、後世の人々は、順徳上皇が都を忘れるために愛でた白い菊ではなく、紫色やピンクなどの花変わりの"ミヤマヨメナ"を"ミヤコワスレ"と名前をつけた。

というわけで、現在のミヤコワスレとして市販されているものは、順徳上皇が愛したかつてのミヤコワスレではない。

分布と自生地 ミヤマヨメナの自生地に、ごく稀に見る。ミヤマヨメナは本州、四国、九州に分布。深山の森や林の中に自生する。

特徴 地際から高さ20〜50㌢の茎が伸び、葉が互い違いに出る。葉は楕円形で、ふちに鋭い鋸歯が、片側に3〜4つくらい出る。茎の上の方で枝分かれして、上部に花が1輪ずつ咲く。花は小さな舌状花（ぜつじょうか）と筒状花（とうじょうか）で構成される。

仲間 ノシュンギク。

▲切り花として人気がある花で、紫紺、赤紫、白など変化が多い

▲中部以北の高山に生える。高さは10〜15センチで、青紫の花が咲く

▶上：小葉は扇形　中：花の直径約3センチ　下：白花

ミヤマオダマキ
深山苧環

Aquilegia flabellata var. pumila
キンポウゲ科オダマキ属
多年草／花期5〜8月

花の背後にある距（きょ）を、篭糸巻きの柱に見立てた。"篭糸巻き"の名前にすべきだが誤って"オダマキ"。

距（きょ）が5つあり、糸巻きに似る

白っぽい花びらは距とつながる

篭糸巻き

手のひら形が3枚ずつ

麻や苧などの繊維を細く裂き、縒り合わせて糸状にする。それを、ただ単にぐるぐると巻いて、丸い形にしたものを"苧環（おだまき）"という。残念ながら、この状態では、ミヤマオダマキのどの部分にも似ていない。

苧環とは違って、篭糸巻き（わく）というものがある。木枠の柱が5本あり、この木枠に糸を巻いていくもので、糸を巻くとミヤマオダマキの花に似る。花の後ろに距という尻尾のようなものが5本出ている。篭糸巻きにも5本の柱がある。そこが似る。

ミヤマオダマキの古名は、"イトクリ""イトクリソウ"である。いつの頃からか"オダマキ"の名前に置き換わった。なお、"ミヤマ"は自生地の高山を示す。

分布と自生地　中部から北、東北の標高の高い高山帯、北海道に分布。岩間の斜面、草むらに自生する。

特徴　花は下向き、あるいは横向きになって咲く。中央の黄色い部分には5枚の花びらがあり、後ろの距（きょ）とつながっている。外側には花弁状の青紫色のがくが5枚。花の中央に雄しべと雌しべが多数ある。
根から出る葉の根生葉は長さ5〜15㌢。グローブを細めにしたような形の小葉が3枚セットで、1枚の葉になっている。
高さは10〜25㌢。

仲間　ヤマオダマキ、カナダオダマキなど。

▲本州、四国の山地に見られる。直径3〜4センチの白い花をつける
◀ピンク色の花もある。高さは約5〜10センチ

ミヤマカタバミ
深山傍食

Oxalis griffithii
カタバミ科カタバミ属
多年草／花期3〜4月

分布と自生地 本州、四国、九州に分布。山地の森や林の中に自生する。

特徴 太い三角形の小葉が3枚ずつセットになって、1つの葉になる。日が陰ると睡眠運動をするが、折り畳んだような形になり、片側が見えなくなる。高さ5〜10㌢の花茎の先には、いくつか花が枝分かれして咲く。花は5弁。よく見ると、花弁の中心に、細い赤紫色の筋が入っている。がくは5枚あり、雄しべが10本、雌しべが1本ある。花後の実は熟すと破裂してタネを飛ばす。

仲間 コミヤマカタバミがある。

"ミヤマ"という言葉は、深山、奥深い山を意味するが、ミヤマカタバミは、深山だけではなく、低い山にも自生がある。市街地で見られるカタバミ類と区別するために、"ミヤマ"という名前がついたと思う。

"カタバミ"は、葉が睡眠運動をし、日が陰った時などに葉を折り畳み、片側が食われた(食む)ようになる。それで"カタバミ"の名前がついた。

ミヤマカタバミの特徴は、地際にある太い根茎に、古い葉の葉柄(ようへい)の跡がたくさん残っていること、葉の尖り具合が比較的鋭角であることが挙げられる。同じように山の中に自生するコミヤマカタバミと比べると、コミヤマカタバミの葉は、丸く、鈍角の感じがする。

平地で見るカタバミ類と区別するために"ミヤマ"。日が陰ると葉を折り畳み、片側が食べられたように。

▲葉は3小葉で、花びらには紫色の筋が入っている

ミヤマキケマン
深山黄華鬘

Corydalis pallida var. tenuis
ケシ科キケマン属
越年草／花期4～7月

ケマンソウとは似ていないが、同属なので"ケマン"がつく。黄花だから"キ"。

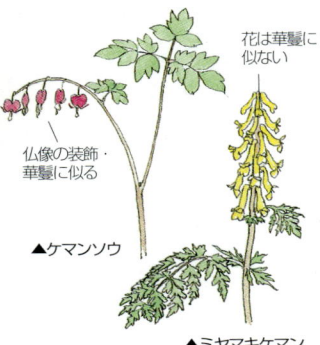

花は華鬘に似ない

仏像の装飾・華鬘に似る

▲ケマンソウ

▲ミヤマキケマン

▲4～5月に淡い黄色の花をつける

▲谷川の礫地などで見られる越年草

"ミヤマ"という言葉は、キケマンと区別するためについた。"キ"は、花が黄色だから。"ケマン（華鬘）"とは、仏像の装飾の1つで、うちわ形にぶら下がった装飾。これに花が似ているからといわれているが、この種は似ていない。葉が非常に細かく、緑白色という特徴がある。

分布と自生地 近畿から東関東、東北に分布。山地や丘、草薮などに自生する。

特徴 花は筒形で、先が唇形に開いている。花びらに見える部分は4枚ある。上下に大きな花びらが2枚向かい合い、さらに横に2枚ある。後に筒形に伸びた部分が距（きょ）。花後に細長い数珠状にくびれた実ができる。高さは20～40㌢。

仲間 キケマンなど。

ミヤマナルコユリ
深山鳴子百合

Polygonatum lasianthum
ユリ科アマドコロ属
多年草／花期5～6月

ナルコユリと区別するため、"ミヤマ"がつく。鳥を追い払う鳴子に似た花を咲かせる。茎が丸く細い。

ミヤマナルコユリの花

鳴子

▲高さ70～80センチで、白い花が下向きに咲く

▲花の長さは約1.5～2センチ。先端は緑色

ナルコユリというよく似た植物と区別するために、"ミヤマ"がつく。"ナルコ"は鳥を追い払う鳴子によく似た花だから、名前がついた。ナルコユリとの相違点は、花の下側がつぼまっていること、茎が細くてほぼ丸い形をしている、葉が波打っているのが、ミヤマナルコユリである。

分布と自生地 北海道、本州、四国、九州に広く分布。山地の森や林の中などに自生。

特徴 葉は少し波を打った笹の葉形で、互い違いに出る。葉の脇から花柄を伸ばし、2つぐらいの花を、下向きに吊るすようにして咲く。花びらは白色で、先端側は緑色を帯び、つぼまっている。

仲間 アマドコロ、ヒメイズイ、ワニグチソウなど。p16参照。

▲山地の木陰で多く見られ、4〜7月に、青紫や白の花をつける

◀ミヤコワスレ　ミヤマヨメナから改良された園芸品種

ミヤマヨメナ
深山嫁菜
別名／ノシュンギク、ミヤコワスレ

Gymnaster savatieri
キク科ミヤマヨメナ属
多年草／花期5月

"ミヤマ"という言葉は、この種の場合は"深山"の意味ではなく、ヨメナと区別するためにつけられたと思う。ミヤマヨメナは春咲きで、ヨメナは7〜10月に咲く属違いの花である。

"ヨメナ"という言葉は、『万葉集』に出てくる"うはぎ"が"おはぎ"になり、さらに転化して"嫁萩"がお嫁さんの菜っ葉という意味の"嫁菜"説と、ネズミが特に好むというわけではないが、夜活動するネズミの菜という意味の"鼠[夜目]菜"説がある。私は嫁菜が適した名前だと思う。"嫁菜"は、江戸時代の『草木図説』などに描かれていて、名前は確立していた。ミヤマヨメナのなかで、花変わりの園芸種をミヤコワスレという。

分布と自生地　本州、四国、九州の山地に分布。山地の森や雑木林の中に群生している。
特徴　花は舌状花(ぜつじょうか)という小さな白い花びらが約10枚つく。中心に黄色い筒状花(とうじょうか)が集まって半球形の固まりになる。茎に互い違いにつく葉は長楕円形で、先が尖る。ふちは鋭い鋸歯が2〜3カ所ある。
仲間　本種より小形のシュンジュギク。

ヨメナとは属が違い、まったく別の種類の草である。"ミヤマ"は仲間でないことを表わす区別の言葉。

▲花の直径は約3センチ。典型的な舌状花の形をしている

▲花茎も葉柄も濃色

▲花形、葉の形ともにスミレと同じで、学名も同じ

ミョウジンスミレ
明神菫

Viola mandshurica
スミレ科スミレ属
多年草／4～5月

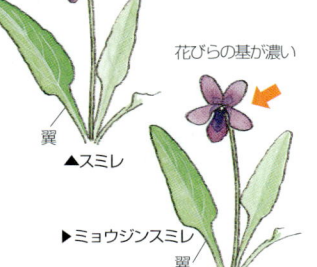

▶スミレ　ミョウジンスミレには唇弁に白い部分がない

箱根の明神ヶ岳で見つかり、"ミョウジン"の名前がついた。個別種の"スミレ"の1変種。

白い部分がある
▲スミレ
翼

花びらの基が濃い
▶ミョウジンスミレ
翼

　ミョウジンスミレの名前は、明神ヶ岳という箱根外輪山北側に自生していたことに由来する。北東側に大雄山最乗寺、南側は宮城野があり、それらに挟まれた明神ヶ岳の山中で初めて見つかったので、"ミョウジン"の名前がつく。

　スミレの仲間はこのように、発見された場所を名前にしたものが多い。ヤクシマスミレ、ヒゴスミレ、シレトコスミレ、オクタマスミレ、シコクスミレなど、ざっと数えても25～30種はある。

　なお、ミョウジンスミレは、個別種のスミレの1変種である。普通スミレの唇弁(しんべん)の中央は、白く色が抜けている。それに対してミョウジンスミレの特徴は、唇弁全体が濃い暗赤紫色で、花の中心部が黒っぽい。

分布と自生地　箱根周辺のほか、北海道、本州、四国、九州でも見つかることがある。

特徴　高さ5～10㌢の花茎が伸び、先端に花がつく。花びらは、上弁が2枚、左右に2枚、唇弁(しんべん)が1枚ある。その後ろに距(きょ)がある。唇弁全体は暗赤紫色で、花の中央部分が黒っぽい。地下部から葉柄が出て、長い三角状の葉がつく。葉の基部はややくびれて、葉柄の部分に幅広く翼[ひれ状の広がり]が生える。これは、スミレやミョウジンスミレの共通の特徴である。

仲間　スミレ。スミレの変種で、八重咲きのコモロスミレ。

▲上：葉柄の高さは15〜30センチ。
下：右が雄花、左が雌花

▲林の中のやや湿気の多い地に見られる。仏炎包には縞柄が目立つ

◀赤く熟した実で、直径15センチくらい。秋に見られる

ムサシアブミ

武蔵鐙

Arisaema ringens
サトイモ科テンナンショウ属
多年草／花期4〜5月

武蔵の国で作られた"鐙"は良質で知られていた。その形に似た花を"ムサシアブミ"と呼ぶ。

ムサシアブミの花は、形が鐙に似る

馬の鐙（足をかける金具）

分布と自生地 関東以西、四国、九州、沖縄まで、広く分布。林の中や森のふち、海岸近い林の中に自生する。

特徴 地下に球根[球茎]がある。そこから茎[偽茎(ぎけい)]が伸び、まず地際から1本の葉柄が伸びる。すぐ上に2本目の葉柄が伸び、その途中から花茎(かけい)を伸ばして花を咲かせる。
花に見えるのは頭巾形の仏炎包(ぶつえんほう)。暗紫色で黒っぽい紫と白色の筋が入る。葉柄の先には、楕円形の先端が尾っぽのような葉を3枚つける。

仲間 ユキモチソウ、マムシグサ、ウラシマソウなど。

"鐙(あぶみ)"とは、馬に乗る時に足をかける金具のことで、鞍(くら)の両脇にある。その"鐙"のしゃくれ具合が花の形に似ていることで、"アブミ"という言葉がつけられている。

また、江戸時代くらいまで、鐙の性能、品質がよいとされていたのは武蔵の国のものだったとか。という理由で、"ムサシ"という言葉もついている。

なお、江戸時代の『草木図説(そうもくずせつ)』などに、ムサシアブミの名前があることから、江戸時代にはムサシアブミの名前は確立していたと考えられる。また、平安時代の『本草和名(ほんぞうわみょう)』などでは、ムサシアブミの古名"加岐都波奈(かきつばな)"で載っている。"かきつばな"の意味は不明。

ムラサキケマン

紫華鬘

Corydalis incisa
ケシ科キケマン属
越年草／花期4～6月

花は紅紫色を帯びるので、"ムラサキ"、ケマンソウの花に似ないが、同属のため"ケマン"。

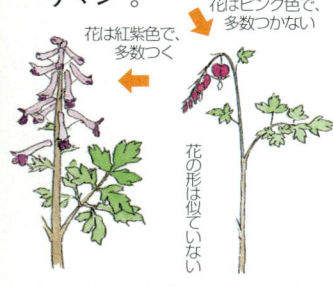

花は紅紫色で、多数つく

花はピンク色で、多数つかない

花の形は似ていない

▲ムラサキケマン地上部　▲ケマンソウ

▲山麓や林で見られる。高さは20～50センチ

ケマンソウは、花が"華鬘"に似ているので"ケマン"と名前がついている。"華鬘"は、仏像の胸のあたりの装飾品で、うちわ形の金属に蓮の絵などを描いたもの。ムラサキケマンは、ケマンソウとも華鬘とも似てはいない。同じ属なので、"ケマン"の名前を借用した。

▲紅紫色の筒状の花が咲く。花の先は濃い紅色

【分布と自生地】 日本各地のやや湿った草原、市街地の空き地、農村の山道沿いに群生。

【特徴】 高さ30～50ﾁの茎の上部に胴長で尻尾のある花が咲く。口のところが上に開いた唇形。唇のところをよく見ると、上下に大きな唇弁(しんべん)、横側に小さな花びらが向かい合わせにある。

【仲間】 キケマン、ミヤマキケマン、シロボウエンゴサクなど。

ムラサキサギゴケ

紫鷺苔

別名／サギシバ

Mazus miquelii
ゴマノハグサ科サギゴケ属
多年草／花期4～6月

白花の唇形の花から、サギソウを連想して"サギゴケ"。後から発見されたこの標準花に"ムラサキ"をつけた。

▲4～5月に淡い紫色や紅紫の花が咲く。下唇に黄色い斑点がある

▲あぜ道など、湿気のある地に生える

はじめに変わり花の白い花が見つかった。下唇の部分が発達し、サギソウの唇弁(しんべん)に似る。小さくて、横に広がるので、"ゴケ"を加え、サギゴケの名前をつけた。その後、本種の標準花が発見された。サギゴケと区別するため、"ムラサキ"を加えたが、標準花に変種のような名前がついた。

▲サギゴケ　白花をサギゴケと呼んでいる

【分布と自生地】 本州、四国、九州に分布。田んぼのあぜ道、郊外近くの空き地、草原、土手など、比較的湿った場所に群生。

【特徴】 花は唇形をしている。下の唇が大きく伸びて発達している。下唇は、紅紫色の中に、中央2列に小さな濃い赤紫の点が入り、黄色い斑紋が帯状に2列に染まる。唇弁の上には、毛がある。高さ5ﾁ。

【仲間】 トキワハゼ。

▲道端でよく見かける

▲花は直径3センチほど

◀ハマダイコン　ムラサキハナナに似るが、花色が淡い

ムラサキハナナ

紫花菜

別名／ハナダイコン、ショカツサイなど

Orychophragmus violaceus
アブラナ科オオアラセイトウ属
1年草・越年草／花期2〜5月

この植物は、和名がたくさんある。"ムラサキハナナ"というのは、花が紫色で美しく食べられることで"菜"。"オオアラセイトウ"のアラセイトウ［江戸時代の呼び名］は今でいうストックのこと。ストックよりこちらの方が大きいので"オオ"がつく。"シキンソウ"は、花が紫色で、中央の雄しべは黄色だから"紫金草"。"ハナダイコン"というのは、花が大根の花に似て、その花よりも美しいということでついた。

最後に、"ショカツサイ"。これは、中国の三国時代、蜀の軍師であった諸葛孔明が、野菜不足対策に、陣中でムラサキハナナに近いアブラナ科の植物のタネを蒔かせたことに由来する。漢字は"諸葛菜"。

分布と自生地　もともとは中国から入ってきた栽培種。最近は、鉄道や川の土手などに群生し、野生化しつつある。

特徴　地下から茎を伸ばし、途中に葉を出す。下側の葉は、羽状で、両側から切れ込んでいる。先端の葉は、大きく丸みを帯びている。茎から出ている上部の葉は、切れ込みが少ない。いずれも、葉のふちにギザギザの鋸歯がある。

茎頂に花がいくつか花柄を伸ばして咲く。いずれも4弁の紫色の花。黄色い雌しべと雌しべが入っている。

高さは30〜50㌢。

仲間　なし。

紫色の美しい花が咲き、食べられるのでこの名前がある。別名はハナダイコン、ショカツサイなど。

青紫色
淡紅紫色
上部の葉は羽状裂しない
上部の葉は羽状裂する
土手に群生
海辺に自生

▲ムラサキハナナ　　▲ハマダイコン

▲人里の空き地などで多く見られる。高さは60～90センチ　左：丸いのは実で、花は小さくて目立たない

ヤエムグラ
八重葎

Galium pogonanthum
アカネ科ヤエムグラ属
１年草・越年草／花期5～6月

茎は枝分かれして、多層の藪(やぶ)ができる。この状態を"八重葎(やえむぐら)"。"葎(むぐら)"は、つるがはびこり藪になる草の意味。

朽ちた農具などを置き忘れたような場所に多い

▲茎に逆向きの刺があって、何かにひっかかって広がる

図中のラベル

- 茎は四角く、下向きの刺がある
- 実は2つの球をつけたよう
- 葉は6～8枚輪生
- 高さは50～100センチ
- ▲ヤエムグラ
- 白花は深く4裂
- 基部が細く先端も鋭く細い
- 花は白色だが、淡紅色を帯びる
- 葉は普通6枚輪生
- 高さは20～50センチ
- ▲クルマムグラ
- 葉先は鈍形だが、先端は短く尖る
- 高さは20～60センチ
- ▲オククルマムグラ
- 葉は4枚輪生
- 茎は細く、円柱状
- 葉は対生
- 高さは10～30センチ
- ▲フタバムグラ
- 実は2つの球をつけたよう
- 花は淡黄緑色
- 葉は4枚輪生し、へりに毛がある
- 高さは15～30センチ
- ▲ヤマムグラ
- 花は淡黄緑色で、実は2つの球のよう
- 葉の柄は短い
- 高さは30～50センチ
- ▲ヨツバムグラ

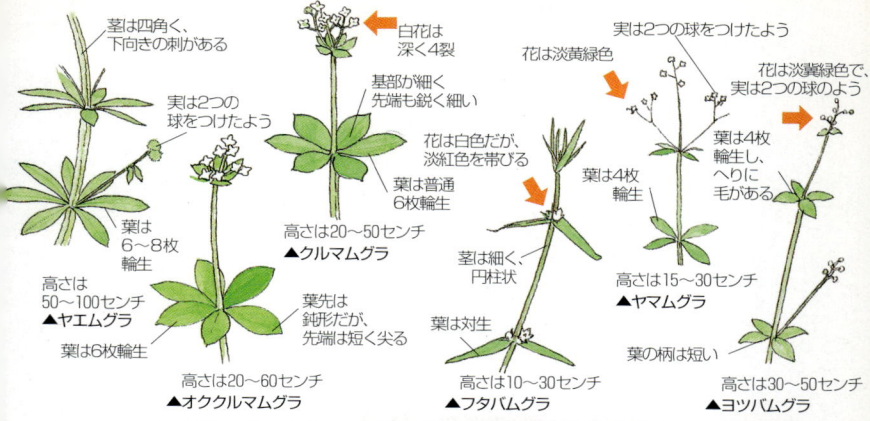

ヤエムグラは、地際で茎が多数に分岐する。そして、茎や葉には刺がたくさん出ており、それがほかの草などに引っ掛かりながら伸びていく。何本も重なり合っているという意味で、"ヤエ(八重)"という言葉がついている。

"ムグラ"には草むら、藪(やぶ)の意味がある。葉は、6枚から8枚が輪生している。1カ所から同じように出るわけではないので、葉が出る状態を見て八重という人もいるが、私は、幾層にも重なり合う、という意味だと思う。

古い時代には、"溝葎(みぞむぐら)"という別名が使われている。これは、この草が少し窪んだところに生い茂っていることがよくあるということから、この名前がついた。"八重六倉"という言葉は、『万葉集』『枕草子』『源氏物語』などにも出てくるが、この場合はヤエムグラを個別に示すのではなく、つる状の雑草のような草の総称として使われている。

その後、時代が下って江戸時代に編纂された『草木図説(そうもくずせつ)』には、はっきりとヤエムグラの絵が出ている。この時代には、ヤエムグラという言葉は、この植物を個別に指していたことが分かる。

▲オククルマムグラ

▲ヨツバムグラ

▲クルマムグラ

分布と自生地 日本各地に広く分布。山地の道端、畑や田んぼのあぜ道など。市街地の空き地の藪などに自生。

特徴 花は、黄緑色の4弁に見える。葉は長い楕円形、あるいは線形で、茎の所々から6～8枚輪生する。葉には、毛や刺が生えている。茎には下向きの刺が生えている。花柄の先に花がつく。花後に、丸い実をつける。高さは50～100㌢。

仲間 10種類ほど。高さが20～60㌢のオククルマムグラの葉は、普通6枚編成。先がやや丸い感じがする。先端だけ短く尖っているのが特徴。
高さが20～50㌢のクルマムグラの葉は、細みで、6枚輪生する。基部が細く、先端も鋭く細くなっている。よく似た属の違うクルマバソウは葉幅が広い。
高さが30～50㌢のヨツバムグラは、葉が4枚輪生しており、花柄が極端に短い。
高さが10～30㌢のフタバムグラは葉が対生している。茎は円柱状。葉のふちに毛がある。
高さが15～30㌢のヤマムグラも葉は4枚輪生するのが特徴。

▲花は下向きに咲く。高さは10〜15センチ

▲上：葉は放射状につく　下：タネが実っている

▶ショウジョウバカマ　花が終わる頃に赤くなる

ヤクシマショウジョウバカマ
屋久島猩々袴

Heloniopsis orientalis var. yakusimensis
ユリ科ショウジョウバカマ属
多年草／花期

九州産のツクシショウジョウバカマに近い種。南西諸島の沢沿いの苔むした所に自生する小形の春咲き種。

猩々 
花と葉が猩々に似る

ヤクシマショウジョウバカマは、九州産のツクシショウジョウバカマという草によく似ており、やや小形である。ヒメショウジョウバカマともいわれている。"ヤクシマ"と頭に地名がついているが、園芸家は小形のものに対して"屋久島"とよくつけたがる。その方が聞こえがよく、販売しやすいのだろう。これもそういった類で、実際には屋久島だけではなく、石垣島、西表島などにも分布している。また、石垣島や西表島には、別種のコショウジョウバカマという、晩秋に咲くミニタイプがある。

なお、ショウジョウバカマの"ショウジョウ"は空想上の動物"猩々"のことで、"バカマ"は"袴"のこと。由来はp164参照。

分布と自生地　屋久島、石垣島、西表島などに分布。台湾にもある。山地の湿った沢沿いに自生する。

特徴　ツクシショウジョウバカマとよく似て、花は白色。花弁は1つの花に対して内側に3枚、外側に3枚の計6枚つく。花弁の基部は細まっている。花の中には雄しべが6本、雌しべが1本。
花茎は、葉の根元から出てくる。葉は、細長い葉が放射状に並ぶ。高さは10〜15㌢。

仲間　ツクシショウジョウバカマ、コショウジョウバカマ、オオシロショウジョウバカマ、ショウジョウバカマなどの種類がある。

ヤク

▲苔むした樹幹に根を張り、太くて短い枝を伸ばす。花は枝の頂部につく

◀葉は円形状の手のひら形で、浅い切れ込みがある

ヤシャビシャク
夜叉柄杓、夜叉飛錫
別名／天梅、天の梅

Ribes ambiguum
ユキノシタ科スグリ属
落葉小低木／花期4〜5月

定説はないが、第1の説は、"染め"に由来する。古代では染料として本種の実を使っていて、いく度も染めることを"八入（やしお）"という。昔、瓢箪（ひょうたん）を"ヒサゴ""ヒシャク"と呼び、"八入ヒシャク"が"ヤシャビシャク"になったという説。ところが、この実は稀少で、高い場所にある実は染料として実用性は薄かったと思う。また、瓢箪に似る部分がない。第2の説は、ヤシャビシャクを夜叉（やしゃ）が樹上に置いた"柄杓（ひしゃく）"と見立てた説だが、似ている部分がない。私は、夜叉が持っていた"錫杖（しゃくじょう）"だと思う。棒［枝］の先に丸い葉が何枚か出ているのが、錫杖に似る。命名者は"飛錫（ひしゃく）"［行脚僧（あんぎゃそう）が錫杖を飛ばしながら巡遊］という言葉からヒントを得たと思う。

分布と自生地 本州、四国、九州の深山の苔むした樹幹に着生する。ブナの木などの高いところにくっついているだけで、寄生しない。

特徴 樹木の皮にくっついている苔の中に根を伸ばし、植物体を支える。枝は植物が小さいわりには、太くて短い。先端に葉と淡黄緑色の花を咲かす。花びらは5枚で、梅の花に少し似ている。葉は円形で、ゼラニュウムに似ている。

仲間 ヤブサンザシ、スグリなど。

名前の由来に諸説がある。高い樹木の苔むした樹幹に着生する葉と枝の姿は、夜叉（やしゃ）が飛ばした"錫杖（しゃくじょう）"に似る。

錫杖　　　夜叉

ヤシ

ヤツシロソウ
八代草

Campanula glomerata var. dahurica
キキョウ科ホタルブクロ属
越年草／花期5〜8月

たまたま主な自生地と違った九州の"八代"で見つかったので"八代草"。

▲高さは40〜80センチ。花は10個以上が密集して咲く

▲九州で稀に見られる。5〜8月頃に開花

本種は、熊本県の八代で見つかったので、その発見地を借用してヤツシロソウという名前がついている。しかし、主な分布地は、久住山、祖母山、阿蘇山周辺。八代とは離れた場所にある。なお、園芸店では外国産の同種を"カンパヌラ・グロメラータ"という学名で市販している。

分布と自生地 大分、熊本、宮崎に分布し、県境の阿蘇山、久住山、祖母山系の草原に自生している。

特徴 花は、茎の頂上部に群がっている。花の先は、5弁のように切れ込む。基部はつながり、ツツジの花のような形である。花柄が短いので、上向きに咲き、固まって咲くような感じになっている。中心には、雄しべが5本、雌しべの先[花柱]は3つに分岐している。がくは深く5つの裂片に分かれている。茎は枝分かれせずに伸び、高さは数十〜80㌢くらいまで伸びる。葉は、互い違いにつく。葉の基側は太く、先端側は細くなる。先端側は、鋭く尾状に伸びる。

仲間 イワギキョウやチシマギキョウなどがある。

ヤブヘビイチゴ
藪蛇苺

Duchesnea indica
バラ科ヘビイチゴ属
多年草／花期4〜6月

日陰の"藪"に生えるイチゴ。ヘビイチゴよりも大きくて光沢のある実がなる。葉は3枚編成で、葉に切れ込みがない。

▲ヤブヘビイチゴの実には光沢があり、ヘビイチゴにはない

▲ヘビイチゴより大きく、花の直径は2センチ

▲左はヤブヘビイチゴの実、右はヘビイチゴ

林や森のふちの"ヤブ"に生え、日なたには自生しない。"ヘビ"という言葉がつくが、この実をヘビが好むわけではなく、ヘビが出そうな場所に生えるということ。草姿はヘビイチゴに似ているが、実は食べるイチゴに似る。とてもおいしそうに見えるが、実際は不味い。

分布と自生地 関東から西の本州、四国、九州に分布。森や林のふちなど、草や木の茂ったところに自生する。

特徴 葉は3枚ずつセットになって、茎から伸びる。茎の頂上部分に花が咲き、実がつく。実は、花を受けている下の台[花托(かたく)]が大きくなったもの。

仲間 ヘビイチゴ、シロバナヘビイチゴなどがある。

▲傘をすぼめた形。若葉には白い毛がある。この時期の草姿は10〜20センチ

◀7〜10月頃に筒状の白い花をつけ、1メートル以上になる

ヤブレガサ

破れ傘、破れ唐傘

Syneilesis palmata
キク科ヤブレガサ属
多年草／花期7〜10月

分布と自生地 本州、四国、九州に分布。雑木林や森のふちなどに比較的小群生している。

特徴 芽出しの頃の葉は、破れ傘の形をとっているが、次第に葉が展開する。葉は2枚くらいつく。下部の葉は大きく傘が全部砕けたような形をしている。上部の葉も同様の形をしている。いずれも手のひらを大きく広げたような形になる。
初夏には、花茎が出て、茎の頂部で白と薄黄色を混ぜたような渋い色の花が、数輪咲く。

仲間 ヤブレガサモドキというのが四国にある。そのほか、山地の湿った木陰にモミジガサが群生。

芽出しから間もなく、葉が展開し始めた頃の葉姿が、粗末な番傘の破れた形によく似ている。花や草全体の姿ではなく、若葉が展開するその時期だけだが、イメージにぴったりであることから、この名前がつけられた。

ヤブレガサという言葉は、江戸時代の文献『三才図会』『薬品手引草』『物品識名』などに、破菅笠（ヤブレスゲガサ）、菟児傘（ドジサン）、破唐傘（ヤブレカラカサ）、狐傘（キツネノカラカサ）などの別名で出ている。なお、"キツネノ"というのは、少し小さいとか、人を騙すなどの意味がある。江戸時代の別名が現在に至るまでに1本化され、ヤブレガサとなったのであろう。漢名は"菟児傘"。これは、兎の子の傘という意味。

芽出しに、葉が展開しかけた時の姿が、あたかも破れた番傘のように見える。

破れた番傘

芽出しの葉が破れた番傘に似る

▲山野の林内で見られ、高さ10〜20センチ。葉の裏は白い

▲小葉は卵形や細長など変化あり

▶エゾエンゴサク　ヤマエンゴサクより高く成長するが、やや弱々しい

ヤマエンゴサク

山延胡索

別名／ヤブエンゴサク

Corydalis linealiloba
ケシ科キケマン属
多年草／花期3〜4月

"エンゴサク"の仲間と区別するために頭に"ヤマ"という名前をつけた。

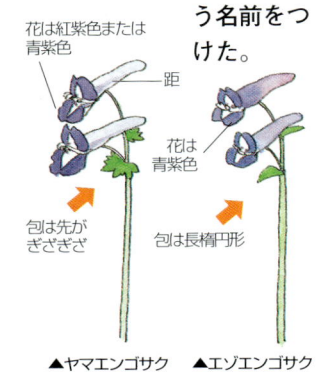

花は紅紫色または青紫色
距
花は青紫色
包は先がぎざぎざ
包は長楕円形

▲ヤマエンゴサク　▲エゾエンゴサク

　エンゴサクの仲間には、約4種類ある。そこで、本種はほかの種類と区別するということで"ヤマ"がついた。特に山の中にしか生えない、ということではない。

　エンゴサクは、中国の漢名で"延胡索"と書く。中国でもこの種類は多く、それらすべてに延胡索（エンゴサク）という名前がつけられていた。延胡索の仲間である本種が日本で発見された時、日本の本草学者も、中国に習ってエンゴサクという名前を借り、さらに頭に"ヤマ"をつけた。ヤマエンゴサクの特徴は、花のそばの包（ほう）という小さな葉に、山形の切れ込みがあることが挙げられる。この特徴で、ジロボウエンゴサクやエゾエンゴサクと区別することができる。

分布と自生地　本州、四国、九州に分布。林の中や森のふちに自生。

特徴　地下に塊茎があり、茎が伸びる。途中に小さな鱗片状の葉が、互い違いに出る。茎の上部に花柄（かへい）が伸び、花が咲く。花は細長い筒形、正面は唇形に開く。上唇の色は濃い。上下の唇のほかに、左右に手を合わせたような花びらが1組つく。花の後ろに距（きょ）がある。

仲間　ジロボウエンゴサク、エゾエンゴサクなど。p173参照

▲山野や林に生える　下：黄色っぽい花もある

▲がくは、紫褐色か淡い黄色。花びらは淡い黄色が多い

◀ミヤマオダマキ　ヤマオダマキとの違いは花の色が1つの選別点

ヤマオダマキ

山苧環

別名／キバナノヤマオダマキ

Aquilegia buergeriana
キンポウゲ科オダマキ属
多年草／花期6～7月

距のあるヤマオダマキの花を"苧環"に見立てて名前がついたが、"オダマキ"の名前は誤用。

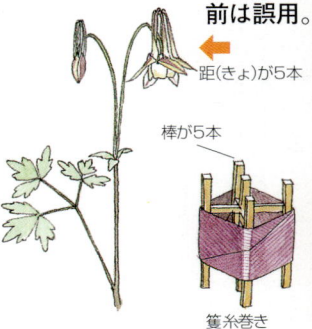

←距(きょ)が5本

棒が5本

篊糸巻き

山地や浅い山、丘にも自生するオダマキに"ヤマ"という名前をつけた。ほかのオダマキと比べると草丈が高い草である。花は紫色が標準だが、黄色花もある。

"苧環(おだまき)"というのは麻や苧(からむし)などの繊維の材料から糸を繰り、それを単に巻いたものをいう。木の枠に糸を巻くものを"篊糸巻き(わくいとまき)"といい、この糸巻きは四隅の柱と、中央に出っ張りがある。合計5つの柱がある。それをヤマオダマキの花の後ろにある5本の距(きょ)に見立てたわけである。

本来ならば、"糸巻き草""篊糸巻き草"と名前をつけるのが正しいのだが、命名者は糸巻きも苧環も同じと誤解して、オダマキという名前を使ったと思える。

分布と自生地　本州、四国、九州、北海道と各地に分布。日当たりのいい山地、草原、森のふちにも自生する。

特徴　茎から枝分かれした花柄(かへい)の上部にいくつか花がつく。花は吊り下がるように咲く。中心に黄色い花びらが見えるが、これが花弁で、後ろの距(きょ)とつながっている。紫色の花弁に見えるのはがくである。

仲間　ミヤマオダマキ、オダマキ、外国産のカナダオダマキなど、多数ある。p86参照。

▲山地の木陰で見られる　右上：葉の表面は光沢があり裏は白っぽい　右中：実　右下：花は1つつける

ヤマシャクヤク
山芍薬

Paeonia japonica
ボタン科ボタン属
多年草／花期4〜6月

中国から渡来したシャクヤクに、葉の形と蕾が似ていて、山に自生していることからヤマシャクヤクの名前がついた。

花は清楚で白色一重
▲ヤマシャクヤク

花は豪華で紅紫色の花びら多数
▶シャクヤク

▶ベニバナヤマシャクヤク　雌しべの柱頭が長く、曲がっている

　シャクヤクというのは、大和朝廷の頃、中国から薬として渡来した。当時は"衣比須久須利（えびすぐすり）"といい、"衣比須"とは外国を意味した。その後、中国名の"芍薬"をそのまま音読みにして"シャクヤク"となり、さらに日本の山中にもこれと葉の形が似ている本種が見つかり、頭に"ヤマ"をつけ、ヤマシャクヤクと呼んだ。なお、中国産のシャクヤクは一重や八重があるが、日本産のヤマシャクヤクは一重である。昔の人々は、このヤマシャクヤクに注目していなかったようで、評価されだしたのは江戸時代になってのこと。当時の『大和本草（やまとほんぞう）』『物品識名（ぶっぴんしきめい）』『綱目啓蒙（こうもくけいもう）』で、切花や薬に使われていることが紹介されている。

分布と自生地　本州の関東以西、四国、九州に分布。山地の林の中、森のふちに自生。

特徴　白色の花びらが5〜7枚くらい。中心に雄しべが多数と、2〜4本の雌しべがある。雌しべの赤い部分は、やや曲がっている。花びらは、雄しべや雌しべを抱きかかえるようにして咲き、大きく広がることは殆どない。葉は茎に互い違いにつき、3〜7枚の小葉が1つの葉を構成する。

仲間　紅色花のベニバナヤマシャクヤク。

▲山の湿原、湿地で多く見られる

ヤマドリゼンマイ
山採り銭巻、山採薇

Osumunda cinnamomea var. fokiensis
ゼンマイ科ゼンマイ属
シダの仲間

▲1メートルにもなり、若芽は山菜として人気　右下：褐色の胞子葉

分布と自生地　北海道と本州、四国、九州に分布。山地のやや湿った草原に自生する。

特徴　大形のシダ。胞子葉と栄養葉がある。栄養葉は、根の部分から伸びた茎が100〜110㎝くらいの長さの葉になる。小葉のような葉は茎から両側に広がる。これは鳥の羽に形が似ることから、羽片（うへん）という。羽片は、片側に約25〜30、両側につく。
胞子葉は褐色。

仲間　ゼンマイ、オニゼンマイがある。

キジ科のヤマドリという鳥がいるが、それとヤマドリゼンマイと関係はない。"スズメ"や"カラス"など、鳥の名前で植物の大小を表わす場合があるが、このヤマドリはそうではなく、"山で採れる"からついた名前と考えられる。ゼンマイは野原や丘に自生し、若芽が食用にできる。ヤマドリゼンマイは、標高の高い山で採れ、これもやはり若芽が食べられる。なお、ゼンマイとは、渦を巻いた形の若芽が、"銭を巻く"姿に似ていることからきている。

キジ科のヤマドリとは無関係。丘で採れるのがゼンマイ、山で採れるから本種。両方とも食用なる。

キジ科ヤマドリはヤマドリゼンマイと無関係

ヤマドリゼンマイの新芽（食べられる）

ゼンマイの新芽（食べられる）

▲山採りゼンマイ　▲丘採りゼンマイ

▲ネコノメソウの仲間は選別しにくい。ヤマネコノメソウが最も普通に見られる

ヤマネコノメソウ
山猫の目草

Chrysosplenium japonicum
ユキノシタ科ネコノメソウ属
多年草／花期3〜4月

花周辺の葉の色が、猫の目のように変化し、花後の実に裂け目ができ、タネが猫の瞳孔(どうこう)に似る。

包を中心に日ごとに色が変わり、猫の黒い瞳が変化するように思える

猫の瞳の形は明暗ですばやく変化する

▲高さは10〜20センチ。見た目はネコノメソウに似ているが、こちらはランナーを出さない。赤黒く見えるのはタネ

ヤマ 334

ヤマネコノメソウ

- 葯(花粉)は黄色
- 花弁はなく、花弁状のがくが4枚で、淡黄色
- 葉のへりに平べったい浅い鋸歯がある
- 葉は互生
- 花茎にまばらな毛がある
- 高さは10～20センチ

ツルネコノメソウ

- 葯は黄色
- 花の盛り後からつるを出す。花も葉も小さく、水には強い
- 花弁はなく、淡緑色のがくが4枚
- 高さは5～15センチ

ボタンネコノメソウ

- 雄しべががくより小さい。花弁はなく、花弁状のがくは4枚で、暗赤褐色
- 葯は黄色
- 高さは5～20センチ

ヨゴレネコノメ

- 葯は暗紅色
- 花弁はなく、花弁状のがくが4枚で、暗褐紫色
- 関東以西の低山の沢沿いに自生
- 高さは5～15センチ

ネコノメソウ

- 花弁はなし花弁状のがくが黄色
- 葯は黄色
- 葉は対生
- 茎は無毛
- 高さは5～20センチ

▲ヨゴレネコノメ

▲ツルネコノメソウ

▲ネコノメソウ

▲ボタンネコノメソウ

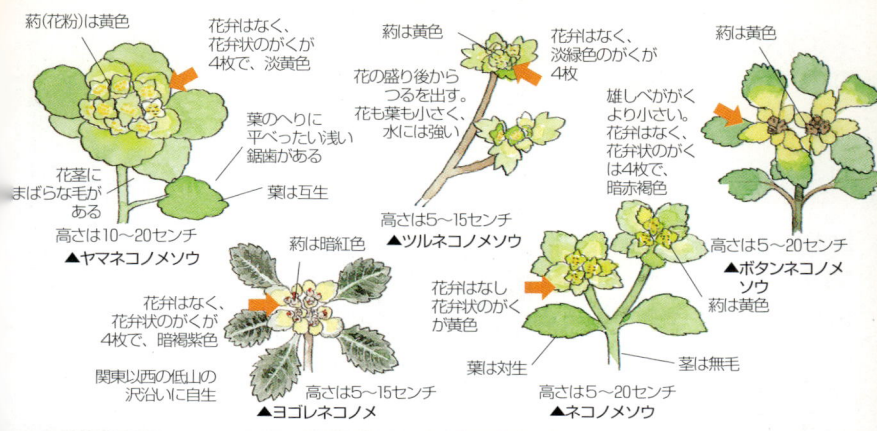

頭の"ヤマ"は、特にこの草が山に自生することを意味するのではない。野原や丘にも自生が見られる。ツル、ボタン、イワ、ヨゴレなど、ほかのネコノメソウと区別するために"ヤマ"をつけたと思う。

"ネコノメソウ"の名前の由来は、実ができるとその先端に裂け目ができ、そこが2つに開く。そして中にタネが見える。それが、猫の瞳孔に似ていることから、この名前がついたという説がある。さらに別の説もある。1日ごとに花に近い葉の色が変化していく。地味な色だった葉が、徐々に黄色くなり、さらに鮮やかな黄色に移る。そしてまた、緑色に戻っていく。その変化を、瞳孔の開きが瞬時に変わる猫の目に置き換えて"ネコノメソウ"とつけた。

分布と自生地 北海道中部から本州、四国、九州に分布。山里近くの比較的湿った石垣、山道沿い、丘の斜面で群生することがある。

特徴 花が多数つく。花は4枚のがくと10本の雄しべ、2つに分かれた雌しべがある。花弁状のがくは淡黄色である。

根から茎を伸ばすほか、葉柄を数本伸ばし、その先に丸い葉をつける。まばらな毛がある茎の所々からさらに葉柄を伸ばして、葉がつく。茎につく葉は互い違いにつく互生。茎の上の葉は、円形または手のひらを閉じたような形である。

高さは10～20㌢。

仲間 がくの特徴のみ紹介する。
ネコノメソウは、花弁状のがくは黄色で立つ。
ボタンネコノメソウは、暗赤褐色で、立つ。
ツルネコノメソウは、淡緑色で広がって咲く。
コガネネコノメソウは、黄色で、四角く立つ。
ハナネコノメは、白色で、丸い。
シロバナネコノメソウは、白色の細目で、先端が尖っている。
ヨゴレネコノメは、暗褐紫色である。

335 **ヤマ**

ヤマハタザオ
山旗竿

Arabis hirsuta
アブラナ科ハタザオ属
越年草／花期5〜7月

草丈が高く枝分かれせず、"旗竿"のような草姿。黄白花のハタザオとの違いは、葉の鋸歯の有無。

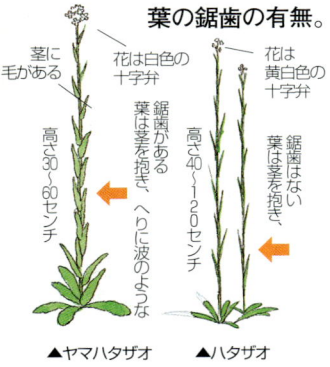

▲ヤマハタザオ
茎に毛がある
花は白色の十字弁
高さ30〜60センチ
鋸歯がある
葉は茎を抱き、へりに波のような

▲ハタザオ
花は黄白色の十字弁
高さ40〜120センチ
鋸歯はない
葉は茎を抱く

▲山野の道端で見かける

ハタザオというのは、旗を揚げる竿によく似た、細長い草姿なので、この名前がついた。草の高さは1㍍前後ある。一方、ヤマハタザオは、高さが30〜60㌢、ハタザオよりも小形。頭に"ヤマ"がついたのは、ハタザオと区別するためで、葉のふちは波打ち、鋸歯が出ている。

▲ハタザオ 花は黄白色で小さい

分布と自生地 北海道、本州、四国、九州に分布。山地の草原や森のふちなどに自生。

特徴 上部に白い4弁の花が咲く。花後に細長い実になる。地際にへら形の葉が放射状に伸び、茎には楕円形の葉が互い違いにつく。

仲間 ハタザオ、イワハタザオ、フジハタザオなど。

ヤマブキソウ
山吹草

Chelidonium japonicum
ケシ科クサノオウ属
多年草／花期4〜5月

バラ科のヤマブキの黄色と同じ花色であることから、ヤマブキソウ。しかし、花や葉の形は異なる。

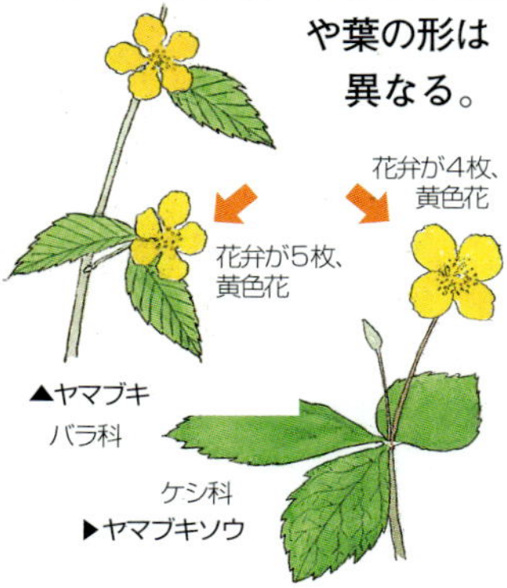

▲ヤマブキ
バラ科
花弁が5枚、黄色花

▶ヤマブキソウ
ケシ科
花弁が4枚、黄色花

▲山野や林の下で群生している

バラ科の木にヤマブキというのがある。黄色い花が咲く。ヤマブキソウも黄色い花が咲く。花が同じ黄色という理由だけで、ヤマブキの名を借り、ヤマブキソウという名前がついた。ほかの点で類似点はない。ヤマブキは、5弁の黄色い花。ヤマブキソウは、4弁の花が咲く。

▲黄色い花がヤマブキに似ている

分布と自生地 本州、四国、九州に分布。山地の林の中、森陰に自生する。

特徴 花は枝の頂部から花柄を出し、黄色い4弁花が咲く。花びらはそれぞれ向かい合わせにつく。葉は何枚かの小葉が集まって1枚の葉になる。小葉は、楕円形。切れ込みがあり、必ずしも同形ではない。

仲間 セリバヤマブキソウなど。

▲山の沢近くに多い。高さは7〜30センチほどになる

▲花の直径は1センチほど　▲ルリソウ

ヤマルリソウ
山瑠璃草

Omphalodes japonica
ムラサキ科ルリソウ属
多年草／花期4〜5月

分布と自生地 福島以西、四国、九州に分布。山の林の中、森のふちの斜面に自生。

特徴 茎の頂部の包（ほう）のそばで花柄を伸ばし花が咲く。5弁の花びらに見えるが、基部はつながる。咲き始めは淡紅色だが、ルリ色に変化する。雄しべ5本、雌しべ1本。茎につく葉は小さな楕円形。地際は放射状のロゼット状でここから何本かの茎を出す。

仲間 ルリソウ。

"ルリ"は花色を表わし、よく似たルリソウと区別するために"ヤマ"をつけた。ヤマルリソウとルリソウを比較してみると、ルリソウは地際から出る葉が、あまり大きくならない。茎から出る茎葉の方が大きい。ところが、ヤマルリソウは、放射状に出る地際の葉がへら形で一番大きく、茎につく葉は小さい。また、ルリソウは、茎の途中で、2つに分岐する。ところがヤマルリソウは途中で分岐することはない。

花色が瑠璃（るり）色であることから"ルリ"がつき、仲間のルリソウと区別するために"ヤマ"がついた。

花は淡紅色〜ルリ色に変化　　花はルリ色
茎は枝分かれしない　　茎は2本に枝分かれする
地際の葉は大きい

▲ヤマルリソウ
茎から伸びる葉は大きい　▲ルリソウ

337 ヤマ

▲山野や林の日陰や谷間に生えている。葉は大きく長い柄がある。高さは40〜60センチ

ヤワタソウ
八幡草、八咫草、八渡草

Peltoboykinia tellimoides
ユキノシタ科ヤワタソウ属
多年草／花期5〜7月

由来が難解な草。近縁のワタナベソウの葉は8つの裂片だが、この葉はつながっているので、八渡草かも。

▲茎の先に数個の花がつく。花びらの先に切れ込みがある

▶ワタナベソウ　ヤワタソウより根生葉の切れ込みが深い

江戸時代の書物『草木図説（そうもくずせつ）』と『物品識名（ぶっぴんしきめい）』に別名がある。別名"滝菜升麻（タキナショウマ）"とは、ショウマの類に似て、滝のそばに生えているということであろう。"滝葵（タキアオイ）"はフタバアオイに似るからだろうか。これらの別名がありながら、ヤワタソウという名前がついた。"ヤワタ"という言葉とこの草の関係を色々考えてみると、葉の切れ込みに思い当たる。8つほどの切れ込みがあるが、仲間のワタナベソウのようにはっきりと切れ込まず、葉全体は渡っている［つながっている］ということで、"八渡草"が転化して"八幡草"になったのではないかと思う。

分布と自生地　中部、関東と山形の一部に分布。沢沿いに自生。

特徴　花は淡黄色で、花びらは5枚。先にわずかな切れ込みがある。雄しべが10本、先が2つに分岐した雌しべが1本ある。葉はモミジ形で大きな切れ込みがない。それが2〜3枚出る。

仲間　花びらと葉が深く切れ込んだワタナベソウ。

▲熟した実は赤色

▲林の下でよく見かける。高さ20〜70センチ

◀ヒロハユキザサ 葉幅は広く、緑花が咲く

ユキザサ

雪笹

Smilacina japonica
ユリ科ユキザサ属
多年草／花期5〜7月

分布と自生地 北海道、本州、四国、九州に分布。山地の林の中、森陰に自生している。

特徴 茎の上部では、花柄(かへい)をいくつか出し、花を咲かせる。花は、白い花びらが6枚、内側に雄しべが6本、中央に雌しべが1本。雌しべの先端は小さく3つに分岐。
葉は互い違いにつく。葉の数は7〜8枚から10枚くらい。いずれも、広い笹の葉の形をしている。地下に太い根茎が這う。
花後に赤く丸い実をつける。
高さは20〜70㌢。

仲間 ユキザサよりやや大形のヒロハユキザサとオオバユキザサ。

茎の上部に枝分かれして円錐形の花の集まりができる。1つ1つの花は6枚の小さな白い花びらだが、まるで粉雪がついているように見える。ということで"ユキ"とつく。葉は笹の葉に似ていることから"ササ"とつき、ユキザサという名前がついた。

この"ユキ"という言葉だが、これは白い花を表わす時によく使われる。例えば、サトイモ科のユキモチソウ、バラ科のユキヤナギなども同じような使い方である。白い花をストレートに表現しているのは、シロバナヘビイチゴ、シロバナタンポポなどである。それから"ギン"で白い花を表現したギンランやササバギンランなどもある。白を表わす名前には、ユキ、シロ、ギンなどがある。

花が咲いている姿は粉雪がついているように見え、葉は笹の葉に似るので"雪笹"の名前がある。

▲花茎に荒い毛があり、花は白色が目立つ。この花の後に赤い実が残る

▲丸いお餅のような付属体の下に、花が咲いている。林や竹藪に多い

▶上：付属体の下にある雄花　中：雌花　下：実

ユキモチソウ
雪餅草

Arisaema sikokianum
サトイモ科テンナンショウ属
多年草／花期4〜5月

頭巾形の花[仏炎包]の中に、白くて丸い棒がある。これは付属体といっているが、"雪"や"餅"のような白さである。

ユキモチソウの花
餅や雪のように白い
餅

頭巾形の花のちょうど中央に、白く丸いものが見える。これが白い"雪"あるいは"餅"のように見えることから、ユキモチソウの名前になった。

この仲間は、性転換が自由自在にできるという面白い性質がある。最初は、白い部分の下に紫色の花粉をいっぱいつけた雄花が咲く。そしてもう少し球根[正しくは球茎という]が太り、草姿も大きくなると、雌花が咲くようになる。雌花はトウモロコシを小さくしたような形で、緑色の粒で覆われている。

雌花にほかの雄花の花粉をつけたキノコバエ[虫媒花]がやってきて受粉すると実がつく。球根は実に養分をとられ、やせる。すると、次の年は雄花が咲く。

分布と自生地 三重、奈良、四国の限られた地域に分布。山地あるいは深山の森の中に自生している。

特徴 球茎から伸びた茎を偽茎(ぎけい)という。ここから葉柄を出す。その先に楕円形の葉が5〜7枚、鳥足状につく。この葉柄の上にさらに葉柄がつき、先に葉が出る。小さい葉が出る部分から、花茎が伸びて、その先に頭巾形の仏炎包(ぶつえんほう)という花が1つ咲く。花は暗紫色をしている。

仲間 ムサシアブミだとかマムシグサ、ウラシマソウなど。

▶葉は2枚、小葉が3〜5枚。紫褐色の仏炎包の前に、真っ白な付属体が見える

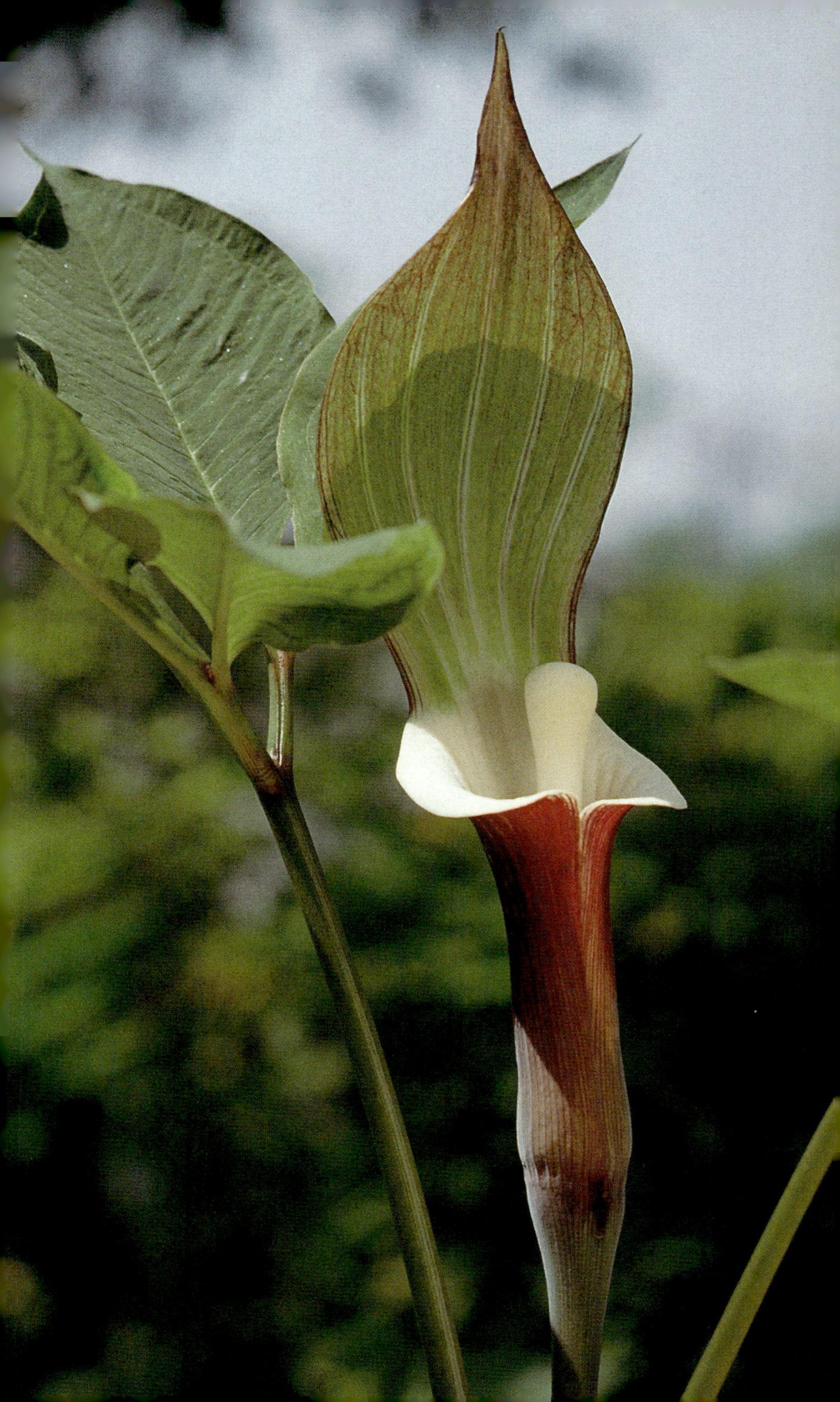

▲林内で多く見られ、小葉の裏は紫色。高さは20〜30センチ

ユキワリイチゲ
雪割一華

Anemone keiskeana
キンポウゲ科イチリンソウ属
多年草／花期2〜4月

雪を割って"一華"の花を咲かせるという意味である。しかし、この名前のつけ方は少しオーバーと思う。

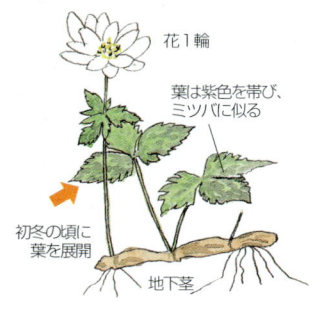

▲キクザキイチゲ

▲花びら状のがくは、12〜22枚ある

花1輪
葉は紫色を帯び、ミツバに似る
初冬の頃に葉を展開
地下茎

"一華"は1輪の花を咲かせるという意味で適切な言葉だが、"雪割"の言葉に違和感を覚える。なぜなら"雪割"は、雪解けと同時に姿を出して花を咲かせる草に与えられた言葉である。しかし、この草の場合は、雪の降る地域にも自生するけれども、開花期には雪がまったく降らない地域に多く見られる。"雪割"は少しオーバーである。

分布と自生地 滋賀、福井以西、四国、九州に分布。森や雑木林の中に自生する。
特徴 花びらは8〜12枚くらい。これはがくが変化したもの。花びらは、淡いピンク色で、ふちは覆輪状に白くなっている。
仲間 キクザキイチゲ、アズマイチゲ、ヒメイチゲなど。p101参照。

▲ユキワリソウの変種で、北海道と東北北部で見られる。葉の基が細いのが特徴

◀花の中心部の黄色い輪がよく目立ち、なかに花粉がある

ユキワリコザクラ
雪割小桜

Primula modesta var. fauriai
サクラソウ科サクラソウ属
多年草／花期4〜6月

サクラソウの花より小さく、雪解けを待って咲く草なので、この名前がある。

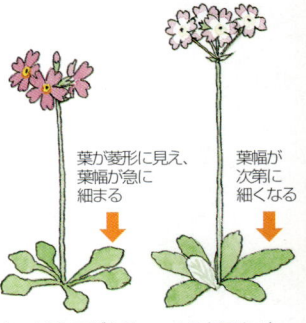

　この植物は、東北地方の北部、北海道の高山、山地などに自生している。花の頃は周囲はまだ、雪に覆われており、雪解けを待って花が咲くので、"ユキワリ"という名前がついた。"コ"は、サクラソウに比べて小さいのでつけられた。サクラソウは、花茎が40ｾﾝﾁくらいになるが、ユキワリコザクラは約10ｾﾝﾁと、かなり小さい。

　ところで、"サクラ"は"咲く花"の総称として発生した言葉と思う。遅くとも江戸時代初期ではソメイヨシノはなく、当時ヤマザクラを指した名前だったと思われる。その花に似ていることからサクラソウの名前が生まれ、その後、コザクラの名前に転用された。

分布と自生地 東北北部と北海道に分布。高山帯や山地の岩場に群生する。
特徴 花茎は、10ｾﾝﾁくらいの長さで伸び、上部に花柄をいくつか出す。その先に5弁に見えるハート形の花びらを展開。後ろ側は筒形にくっついている。がくは、5つに切れ込んでいる。根元から出る葉は葉裏が淡黄緑色の粉に覆われ三角状。
仲間 ユキワリソウ、ヒメコザクラ、ミチノクコザクラなど。

葉が菱形に見え、葉幅が急に細まる
▲ユキワリコザクラ

葉幅が次第に細くなる
▲ユキワリソウ

▲沢沿いに見られ、高さは10～30センチ。根にはやや辛味がある

▲上：十文字形の花　下：根生葉はハート形で、ほかは卵形

ユリワサビ
百合山葵

Wasabia tenuis
アブラナ科ワサビ属
多年草／花期3～5月

冬期の根元は、"ユリ"の球根[鱗茎]に似た姿である。葉を揉むと"ワサビ"の匂いがする。それで、この名前がある。

根もとの葉はワサビよりも小さく、長さ2～4センチのハート形。ワサビは丸みのあるハート形で直径6～12センチ

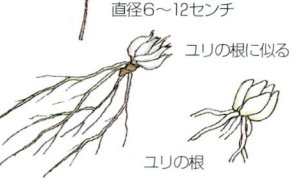

ユリの根に似る

ユリの根

▶ワサビ　ユリワサビとの違いは葉の大きさや形を見る

　冬の時期に根元を見ると、葉柄(ようへい)の跡が残っている。これが"ユリ"の鱗茎(りんけい)に似ているところから"ユリ"という名前がついている。
　"ワサビ"という言葉は、葉を揉むとワサビの匂いがすることからである。匂いだけでなく根元から出た大きな葉はワサビの葉に似ている。
　匂いが似ていることで名前がついた植物がいくつもある。
　まず、キュウリグサ。これは葉を揉むとキュウリの香りがする。そのほか、揉まなくてもひどい臭いがする植物はヘクソカズラ、ニラの匂いがするハナニラ、ニオイハンゲはバナナの香りがする。さらに、ニオイエビネは遠くからでもとても甘い香りが漂ってくる。

分布と自生地　本州、四国、九州に分布。山地、丘の沢沿いのわりあい湿った場所に自生。
特徴　地下から長い茎を伸ばし、茎の先に花をつける。花は白色の4弁花。中に雄しべと雌しべが集まっている。花後は葉柄の基部から細長い実をつける。根元から伸びた葉柄の先には、ハート形の大きな葉が1枚ずつつく。この葉にはゆるい波形の鋸歯がつく。茎の所々につく葉は著しく小さな卵形。
根茎は細くて短い。高さは10～30㌢。
仲間　ワサビ、オクノユリワサビがある。

▲老木や岩に着いている。2〜8センチの花の集まりの花序をつけ、1つの花は非常に小さい

ヨウラクラン
瓔珞蘭

Oberonia japonica
ラン科ヨウラクラン属
多年草／花期4〜6月

分布と自生地 宮城以西の太平洋側を中心に分布。日本海側の雪の多い地域には少ない傾向がある。四国、九州、南西諸島にも分布。木の幹、岩などに着生している。この植物の着生は、ただついているだけで、養分を吸うことはない。

特徴 堅い肉厚の葉が2枚ずつ、交互に重なり合って垂れ下がる。その先からヒモ状の花穂（かすい）が伸びる。この花穂は赤茶色で、1つ1つをよく見ると、やはりランの花の形状をしている。花びらが5枚、中心に大きな唇弁（しんべん）がある。中心部に人間の鼻のような突起があり、これをずい柱という。この中に雄しべ、雌しべが入っている。

仲間 オオバヨウラクランがある。

昔、インドの貴族が、貴金属を糸に通し、頭や首、胸などに垂らして飾ったものを"瓔珞（ようらく）"といった。そして、仏像の首や胸の装飾品、建物の天井や仏像の上にかざした笠の天蓋（てんがい）などにぶら下げる装飾品のことも"瓔珞"というようになった。

この"瓔珞"と形がよく似ているランがヨウラクランである。

木の幹などに着生する野生のランで、根が空気中に露出しており、細い根が木の肌に着生する。葉は肉厚で、ちょうどパイナップルの仲間の葉に似ている。それをごく小さくしたサイズである。それが茎に逆さまにつき、下へ下へと下がっていく。その先に、ちょうど飾りヒモのような赤茶色の花が多数ついた花穂が垂れ下がる。

そんな花で、"瓔珞"に似ているのは、葉の部分である。

葉がつながって垂れ下がっている姿が、仏像の装飾品の"瓔珞"に似ていることからこの名前がある。

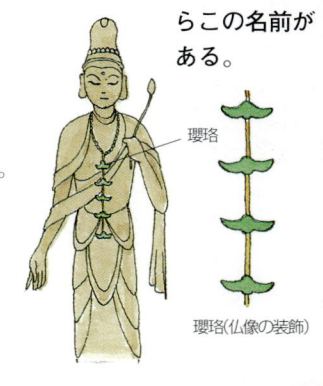

瓔珞
瓔珞（仏像の装飾）

▲山地の林内で見かける。高さ20〜30センチ

▶上：がくは暗赤紫色
　下：下唇の中央に毛がある

ラショウモンカズラ
羅生門葛

Meehania urticifolia
シソ科ラショウモンカズラ属
多年草／花期4〜5月

渡辺綱(わたなべのつな)が羅生門(らしょうもん)で切ったのが鬼の腕。それに似た花を咲かせるつる[カズラ]状の草がある。それがラショウモンカズラ。

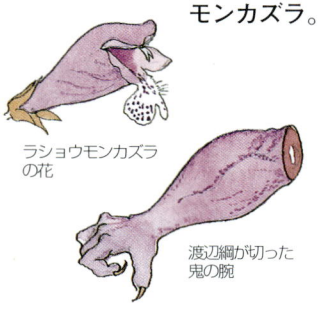

ラショウモンカズラの花

渡辺綱が切った鬼の腕

"ラショウモン(羅生門)"とは、平安京の正門のことである。朱雀大路の南側の端にあった門である。二重閣の瓦屋根造りの建物があり、そこに鬼が住み着いていたという。

その鬼は悪さをして、人々を困らせていた。そこで平安中期の武士・源頼光(みなもとのよりみつ)の家臣である渡辺綱(わたなべのつな)が、羅生門に乗り込み、鬼と戦い、鬼の腕を切り落として持ち帰った。

その鬼の腕に似ている花を咲かせる草が本種である。蕾の、あるいは花の姿がなんとなく鬼の腕のような感じに見える。

茎はつる状に伸びるので、つる性の植物を意味する"カズラ"を借用し、ラショウモンカズラという名前がついた。

分布と自生地 本州、四国、九州に広く分布。山の林の中、森のふち、山道沿いの道端などに自生している。

特徴 カズラという名前がついている通り、茎がつる状に伸び、所々から立ち上がる。葉は向かい合わせの対生でハート形。茎の上部では葉が小さくなる。その辺りから花が、ちょうど羅生門の鬼の腕のような感じに咲く。筒形の花で、先の方が唇形である。下の唇形がよく発達しており、毛が生えている。少し不気味な感じに見える。基部に5つに切れ込んだがくがある。高さは20〜30㌢。

仲間 ない。

▲高さは15～50センチになる

▲湿地で見かける。フキのような葉をもち、5～7月に黄色い花が咲く

◀エンコウソウ 花茎が倒れて節に芽をつける。

リュウキンカ
立金花、立金華

Caltha palustris var. nipponica
キンポウゲ科リュウキンカ属
多年草／花期4～7月

分布と自生地 北海道、本州、九州に分布。沼地や山地の湿地帯などに自生する。

特徴 長い葉柄を伸ばし、葉柄には腎臓形あるいはフキの葉を少し小さくしたような形の葉が何枚か出る。
花茎は立ち上がり、少し枝分かれしながら先端に5～7弁の花びらをつけた花を咲かせる。これは、がくが花弁状に変化したもので、黄色い光沢のある花びらである。中央に雄しべが多数集まっていて、その中心に雌しべがいくつかある。
花茎の途中に包(ほう)という小さな葉がある。

仲間 エンコウソウ、エゾノリュウキンカ。

尾瀬にミズバショウが咲く頃、一緒に黄色い花が見られる。それがリュウキンカ。

リュウキンカは、漢字で"立金花"と書く。"立"は茎が立ち上がる性質を、"金花"は黄色の花を意味し、本種の名前になった。

ところで、本種の変種にエンコウソウがある。これは茎が横に這うように伸びて広がっていくという変わり物である。"猿猴草(エンコウソウ)"と書き、猿が手を伸ばしたように茎が這い、その先に花や葉をつける。"猿猴"というのはテナガザルという人もいるが、猿全体を意味すると考えていいと思う。エンコウソウは主に雪の多い地方、リュウキンカは比較的雪の少ない地方で見られる。

仲間のエンコウソウは這うように茎を伸ばし、本種は茎が立ち上がり"金色"の花を咲かす。

花は黄色

茎は横に伸びず、立ち上がる
▶リュウキンカ

茎は横に伸び、先に苗ができる

花は黄色
▲エンコウソウ

347 リュ

リョウメンシダ
両面羊歯

Arachniodes standishii
オシダ科カナワラビ属
シダの仲間

若葉の場合は、表裏の違いがないので、この名前になった。裏面に胞子がつくと見分けは容易になる。

▲リョウメンシダの裏側。むしろ表側に思える姿をしている

▲リョウメンシダの表。杉林内に多い

▲リョウメンシダの裏。表裏の区別は困難

分布と自生地 北海道、本州、四国、九州と分布。山地、丘の比較的湿った沢沿いの斜面、森の中、林のふちなどに自生。

特徴 大形のシダで、葉は1.5㍍を超えることもある。葉は一番下側の基部の羽片[1枚の羽状のまとまり]が下向きになっていて長い。羽片の中の小さく切れた部分[小羽片]はだいたい尖っている。

仲間 特にない。

このシダは、北海道から九州までの比較的湿った森の中や林の中に自生している。特に若い葉の表裏はよく似ており、区別がつかない。それで、リョウメンシダという名前がある。ところが、裏側に胞子がつくと、色が茶色に変わり、裏表がはっきりと分かるようになる。

ルイヨウショウマ
類葉升麻

Actaea asiatica
キンポウゲ科ルイヨウショウマ属
多年草／花期5〜6月

"ルイヨウ"とは、"類葉"のこと。サラシナショウマの葉に似る意味。両者の小葉の形態が似る。

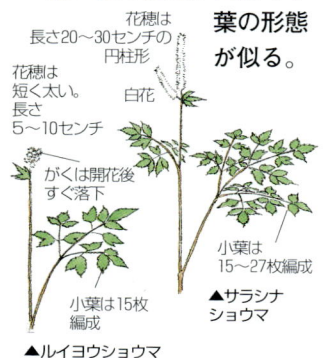

花穂は長さ20〜30センチの円柱形
花穂は短く太い。長さ5〜10センチ
白花
がくは開花後すぐ落下
小葉は15枚編成
▲ルイヨウショウマ
小葉は15〜27枚編成
▲サラシナショウマ

▲林内で多い。高さは40〜70センチ

分布と自生地 北海道、本州、四国、九州に分布。山地、深山の森の中、林のふちなどに自生する。

特徴 卵形の小葉が15枚セットの大きい葉は、茎に互い違いにつく。茎の上部は、葉と分かれて花茎が伸び、頂上付近に円錐形の花の集団をつくる。花はへら形の花びらが4〜6枚ある。がくは花が咲くと同時に落ちる。花の中央に花粉をつけた雄しべが多数見られる。中心に雌しべが1本ある。花のすぐ下に小さな葉がありこれを苞(ほう)という。実は直径約6㍉の球形で、黒くなる。高さは40〜70㌢。

仲間 若い時に葉に毛が多いアカミノルイヨウショウマというのがある。

"升麻"は、サラシナショウマの漢名である。この根を乾燥させて薬の"升麻"として市販している。サラシナショウマとルイヨウショウマの葉を比較すると。サラシナショウマの小葉の編成は、15〜27枚編成である。ルイヨウショウマは15枚編成だが、印象はよく似ている。

▲花は8〜10ミリで、花弁は小さく、黄緑のがくが発達している

◀林内で多く見られる。大きなものは高さ70センチくらいになる

ルイヨウボタン
類葉牡丹

Caulophyllum robustum
メギ科ルイヨウボタン属
多年草／花期4〜6月

分布と自生地 日本各地に分布。深山の林や森の中に自生する。

特徴 根茎から茎を伸ばして葉を何本かつける。長楕円形や切れ込む葉もある。茎からは花茎を伸ばして、その頂上付近に花をいくつかつける。

花は、緑色の6弁花。これはがくが花弁状に変化したもの。中央には小さいしゃもじ形に変化した本当の花弁がある。色は黄色で蜜を出す。その周囲に花弁と重なるように、雄しべが6本、中心に雌しべが1本ある。この花びらの後ろには緑色の苞(ほう)がある。
高さは40〜60㌢。

仲間 なし。

ボタンの葉は、茎から伸びた葉柄(ようへい)に、5枚くらいずつの小葉がつく。楕円形の小葉で、先が少し浅く切れ込んでいる。いずれも先の方はあまり尖らない特徴がある。

一方、ルイヨウボタンは、葉柄の先で3つに分かれる。小葉が、3枚ずつくらいに分かれてつく。小葉は、いずれも楕円形で、浅く切れ込んでいる。小葉の先は少し尖っている傾向がある。このように比較すると、見た目はちょっと似ているが、ルイヨウボタンの方が葉が細めで、先が尖り、小葉の数の違いといった差異はある。

いずれにしても、両者の葉は多少似ていることから、本種に"ルイヨウ(類葉)"という名前がついた。

この名前の意味は、"ボタン"の葉に似る草。しかし、実際には小葉の形態に多少の違いがある。

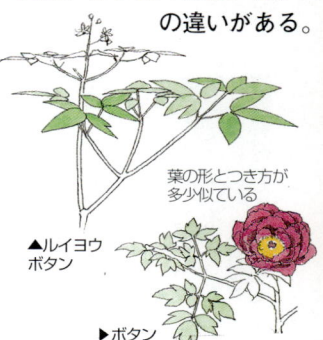

葉の形とつき方が多少似ている
▲ルイヨウボタン
▶ボタン

レンプクソウ

連福草

別名／ゴリンバナ（五輪花）

Adoxa moschatellina
レンプクソウ科レンプクソウ属
多年草／花期3～5月

この草を採集した時、福寿草の根がついてきた。めでたい名前の草が続いてきたので、連福草と名付けた。

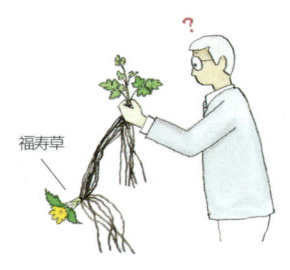

福寿草

福寿草とつながるのだろうか？

▲川沿いや林内で見られる

▲小葉は羽状に切れ込む。高さ8～15センチ

"レンプク"は、福がつながっているような意味だと思う。この草を最初に発見した時に、フクジュソウの根とくっついていた。おめでたい名前の草に続いてきたので、連続の福、"レンプク"となった。別名の"五輪花"は、この草は5つの花が必ずまとまって咲く性質から、つけられた。

分布と自生地 北海道、近畿以北に分布。山地の草原、森陰に自生する。

特徴 5輪花のうち、上側の花は4つに切れ込み4弁のように見えるが、下はつながっていて1つの花。中に雄しべが4本、雌しべが1本ある。下側の4つの花は、いずれも5つに花びらの先が切れ込み、雄しべ10本と雌しべが1本ある。

仲間 ない。

ワスレナグサ

勿忘草

Myosotis scorpioides
ムラサキ科ワスレナグサ属
越年草／花期5～7月

西洋の伝説に由来する。恋人に「私を忘れないで」とこの草を投げて、川の中に沈んでいった若者の言葉を、草の名前にした。

▲紫のほか、ピンクや白っぽいものなど、花の色は豊富

▲水辺などに野生化している。高さ20～50センチ

名前は西洋の有名な伝説による。ライン川のほとりを愛し合っているカップルが歩いていた時、ワスレナグサの花が咲いていた。花を取ろうとした男性は川に落ちてしまう。流れに呑まれそうになった時、この花を彼女に投げ「私を忘れないで」と叫び消えてしまったと。それでこの名前がついた。

分布と自生地 ヨーロッパ原産。標高の少し高い水辺あるいは湿地帯に群生。

特徴 茎は長く伸びる。茎の上部は枝分かれし、巻いていたものがほどけるように花が開く。淡青紫色の花は5つに分かれているが、基部はつながっている。

仲間 ない。

▲花柄があり、がく筒は鐘形

▲深山の林内で見られる。高さは40〜60センチ

◀ヤワタソウ　ワタナベソウとは葉の形が違う

ワタナベソウ
渡辺草

Peltoboykinia watanabei
ユキノシタ科ヤワタソウ属
多年草／花期6〜7月

分布と自生地　高知、愛媛、徳島、大分、熊本、福岡、宮崎の各県に分布。山岳地帯の湿った森の中に自生する。
特徴　根から柄を伸ばし、葉をつける。葉は8つほどの深い切れ込みがある。茎につく葉は小さいが、やはり深く裂けている。茎の上部に淡黄色の花を数個つける。花弁は5枚、花弁の先に切れ込みがある。
高さは30〜60㌢。
仲間　中部地方の各県、北関東、東北地方の一部に分布するヤワタソウとよく似ているが、葉や花びらの切れ込みは、ワタナベソウの方が深い。

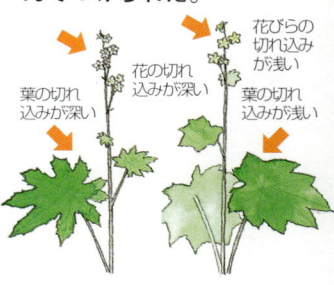

まだ、この草の存在が知られていない頃、偶然にその自生地に向かっている人がいた。渡辺協氏であった。

同氏は高知県の中央に位置する仁淀村か、その周辺で、この草を発見したと推定される。明治30年代の初めであったから、道路整備も不十分で、移動に大変な苦労があったと思う。自生地は沢沿いの林の中、淡黄色の地味な花が咲いていたから見つかったのだろう。花を見て、未知の草であることに気付き、標本にして発表した。

"渡辺草"は、この草の特徴を表わす名前ではない。しかし、何日も原生林の中を歩きまわった努力に報いるために命名されたと知ると、この名前でよかったと思う。

1899年7月に植物採集家であった渡辺協氏が高知県で採集した。彼の名前にちなんでつけられた。

葉の切れ込みが深い　花の切れ込みが深い　花びらの切れ込みが浅い　葉の切れ込みが浅い

▲ワタナベソウ　▲ヤワタソウ

ワニグチソウ

鰐口草

Polygonatum involucratum
ユリ科アマドコロ属
多年草／5〜6月

社殿、仏堂の正面に口を開けた丸い鈴が吊ってある。これを"鰐口"という。2枚の包葉が、鰐口に似ている。

鰐口（社殿の前面の軒に吊ってある平たい鈴）

2枚の包が花をつつむ

ワニグチソウの包

▲丘や山地の林に多い。高さは20〜40センチ

神社の賽銭箱の上には、太い紐と丸い鈴が吊ってある。鈴の下側は口が開いている。昔は鮫のことを"鰐"といい、この鈴を"鰐の口"のようだと呼んでいた。ワニグチソウは、花を抱く2枚の包葉が大きく、この"鰐の口"に似ている。それで名前を"鰐口草"と名付けた。

▲釣り鐘のように垂れ、2枚の包にはさまれる

分布と自生地 日本各地に広く分布。限られた林の中に自生する。
特徴 高さ20〜50㌢の茎に楕円形の葉が互い違いにつく。葉の基部から花柄（かへい）を伸ばす。その先に2枚の大きな楕円形の包（ほう）に抱かれるように、花が咲く。花は普通2輪つく。高さは20〜40㌢。
仲間 ミヤマナルコユリ、ナルコユリ。p16参照

ワラビ

蕨

別名／ワラベナ、ヨメノサイ

Pteridium aquilinum var. latiusculum
コバノイシカグマ科ワラビ属
シダの仲間

奈良時代から"早蕨（さわらび）"が採集されていて、ワラビの童（わらべ）に相当。または方言の"ワラベナ"が"ワラビ"に転化とも。

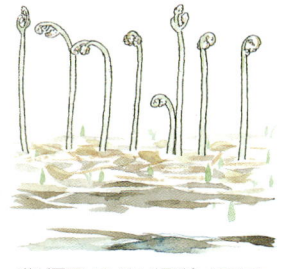

葉が展開していない頃が食べごろで、新芽時を"サワラビ"という

▲日当たりのいい草地で見られる

"和良比"または"和良妣"の文字で、奈良時代の『出雲風土記』や『万葉集』に登場。"早蕨（さわらび）"という言葉も『万葉集』に詠まれている。"早蕨"は若芽のことを指し、"童""童菜"とも通じる。徳島にも"ワラベナ"の方言がある。"童（わらべ）"から"ワラビ"に転化したと考えられる。

▲若芽は山菜としても人気がある

分布と自生地 日本各地に分布。日あたりのいい草原に自生する。
特徴 若菜はゲンコツ状である。これを採集し、あく抜きをして茹でて食用にした。葉は大きく展開する。地下の葉柄から、第1段、2段、3段と羽状の葉を左右につける。葉は下から羽状、羽片、小羽片と呼ぶ。葉は成長すると大きなもので2㍍にもなる。
仲間 ない。

用語解説

本書では、日常の話し言葉で解説するようにしました。専門用語を使用すれば、的確に植物の部位や性質などを示すことができますが、一般読者には難解です。本書で使用した用語を紹介しておきます。

○**1年草** その年にタネが発芽し、花を咲かせて、タネができると枯れる。越年草は、前年の秋に発芽し、翌年咲いて枯れる。

○**雄しべ** 花粉の入る葯、葯を支える花糸をいう。本書では、耳慣れない葯や花糸を使用しないで、"雄しべ"を使った。

○**花茎** 先に花しかついていない茎を"花茎"といい、葉や花がつく茎は単に"茎"という。

○**果実** 柱頭に受粉して受精すると、子房が変化して果実になる。果実は果物と誤解しやすいので、単に"実"という言葉を使った。

○**花序** 一般に分かりにくい言葉なので、"花の集合""花の集団"にいい換えた。

○**花被** この言葉も一般の人には馴染みがない。そこで、"花びら"とした。内側の花びら、外側の花びらとも表現した。

○**花柄と花軸** 花が1つを"花柄"、花が複数を"花軸"というが、普通両語を使わない。

○**花弁** 花弁と花びらを同意語として使用した。ただし、離弁花[ユキノシタなど]で花弁とがくがはっきりしている種類は"花弁"。花弁のないものは、単に"花"。合弁花[リンドウなど]では、単に"花"。単子葉[ユリ、ランなど]で、花弁とがくが同じようなものは、"花びら"。花弁とがくがない花[ユキモチソウ、ススキなど]は単に"花"といい換えた。

○**管状花**[本書では筒状花という] 舌状花とともにキク科の頭花を構成する小花をいう。

○**偽球茎** ラン科の球根状の器官で、太い茎などをいう。偽鱗茎ともいう。

○**距** 花の背後に突き出た尻尾のような器官。その中に蜜を分泌し、昆虫を誘う。

○**茎** 茎と葉をつける、植物の柱。

○**互生** 葉などを"互い違いにつける"といい換えた。

○**根生葉** タンポポの葉のように、根から直接伸びているかのように見える葉。

○**子房** 花の下または背後にあり、タネができる器官。

○**種子** "タネ"といい換えた。

○**小花** キク科の舌状花と筒状花[管状花]をいう。イネ科では小穂につく小花。

○**ずい柱** ラン科では、花の中心の"鼻"のような器官。雌しべの上に雄しべがある。

○**装飾花** ヤマアジサイやガクアジサイの花の外側の目立つ花をいう。雄しべも雌しべもない中性花。

○**総包** キク科の花の下側の小さな葉の集合。1枚1枚の鱗片のような葉を総包片という。

○**対生** 葉などが向かい合ってつくこと。

○**托葉** 葉柄のもとにつく小さな葉のこと。托葉の形が種類を見分ける手がかりとなる。

○**柱頭** 雌しべの先端で、雄しべの花粉を受ける部分。

○**2年草** タネから発芽してから2年目に開花する草。センブリやマツムシソウなど。

○**杯状花序** トウダイグサ科の花は壺のような形で、その中に雄しべと雌しべが入り、壺のへりに花びら状の器官[腺体]がある。壺から外へ伸びる球は雌しべ。本書では杯状花序という難しい言葉を使わなかった。

○**バルブ** 偽球茎[偽鱗茎]のこと。ラン科の項[エビネなど]で使用。

○**仏炎包** ウラシマソウの花のように頭巾形の包をいう。仏像の光背[炎形]に似た"包"。

○**閉鎖花** スミレのように花が咲かずに、蕾のまま自家受粉してタネになること。

○**包(包葉)** 花に近い葉をいう。花びら状に変化することがある。キク科の花の下にあるがくのような葉を総包という。

○**雌しべ** タネをつくる器官。柱頭・花柱・子房で構成。

○**葉柄** 茎と葉身(葉柄の先の広い部分)とをつなぐ棒状の器官。

○**鱗茎** ユリの球根のように、栄養分を貯えた鱗片の集合。下に根、上に茎が伸びる。

○**鱗片** 鱗状の小片。シダなどの茎にある。

○**ロゼット** タンポポのように地際へ放射状に出る葉姿をいう。

五十音索引

○春=本書、夏=夏編、秋・冬=秋・冬編の各巻で、写真と解説を収録してあります。
○細字は別名です。

ア

アオスズラン——6／秋・冬
アオチドリ——6／夏
アオノツガザクラ——7／夏
アオマムシグサ——306／春
アオミズ——7／秋・冬
アオヤギソウ——7／夏
アカザ——8・171／秋・冬
アカショウマ——8・22・41・226・336／夏
——147／秋・冬
アカソ——10／秋・冬
アカツメクサ——6／春
アカネ——12／秋・冬
アカバナ——10／夏
アカバナヒメイワカガミ——295／春
アカバナユウゲショウ——11／夏
アカハナワラビ——13・279／秋・冬
アカマンマ——43／秋・冬
アカミタンポポ——188／春
アカモノ——11／夏
アキカラマツ——12・309／夏
アキギリ——14・121／秋・冬
アキチョウジ——15・181／秋・冬
アギナシ——91／秋・冬
アキノウナギツカミ——16／秋・冬
アキノエノコログサ——17・65／秋・冬
アキノキリンソウ——18・39／秋・冬
アキノタムラソウ——19／秋・冬
アキノノゲシ——19／秋・冬
アケビ——20／秋・冬
アケボノシュスラン——13／夏
——163／秋・冬
アケボノソウ——21／秋・冬
アケボノフウロ——8／春
アサガオ——13／夏
アサギリソウ——22／秋・冬
アササ——14／夏
アサザ——9／春
アサヒラン——155／夏
アサマフウロ——15・193・245／夏
アサマリンドウ——23／秋・冬
アザミの名前がつく植物——16／夏
アシ——24／秋・冬
アジサイ——333／夏
アジサイの名前がつく植物——18／夏
アシズリノジギク——234／秋・冬
アシタバ——25／秋・冬

アシボソ——25／秋・冬
アジュガ——197／春
アズキナ——225／秋・冬
アズマイチゲ——10・101／春
アズマギク——11／春
アズマシロカネソウ——12／春
アゼガヤツリ——101／秋・冬
アゼトウナ——26／秋・冬
アゼムシロ——27／秋・冬
アツモリソウ——14・119・301／春
アノマテカ——284／春
アブラガヤ——28／秋・冬
アブラギク——154／秋・冬
アブラナ——185／春
アマチャヅル——29／秋・冬
アマドコロ——16・237／春
——266／夏
アマナ——18・55・261／春
アマニュウ——19／夏
アミガサユリ——254／春
アメリカイヌホオズキ——30・44／秋・冬
アメリカセンダングサ——31／秋・冬
アメリカネナシカズラ——32／秋・冬
アメリカフウロ——8／春
アメリカヤマゴボウ——326／秋・冬
アヤメ——20・77／春
アラゲハンゴンソウ——65／夏
アリドオシ——32・208／秋・冬
アレチウリ——33／秋・冬
アレチギシギシ——67／秋・冬
アレチノギク——67／秋・冬
アレチマツヨイグサ——20・203／夏
アワガエリ——57／夏
アワコガネギク——118／秋・冬
アワダチソウ——18／秋・冬
アワチドリ——21／夏
アワモリショウマ——9・22／夏
イガオナモミ——71／秋・冬
イカリソウ——22・251／春
イケマ——23／夏
イシミカワ——34／秋・冬
イセナデシコ——24／夏
イソギク——35・244／秋・冬
イタチガヤ——36／秋・冬
イタチササゲ——25／夏
イタドリ——37／秋・冬
イチゲスミレ——106／春
イチゲの名前がつく植物——24／春
イチゴの名前がつく植物——25／春
イチハツ——26／春
イチヨウラン——26／夏
イチリンソウ——27・244／春
イッスンキンカ——38／秋・冬
イトクズソウ——206／春
イトマキソウ——206／春

イトラッキョウ——40・113・324／秋・冬
イヌガラシ——28／春
イヌキクイモ——115／秋・冬
イヌゴマ——27／夏
イヌショウマ——42・147／秋・冬
イヌタデ——43・68／秋・冬
イヌナズナ——29・235／春
イヌホオズキ——30・44／秋・冬
イヌヤマハッカ——45・323／秋・冬
イノコズチ——28／夏
イノモトソウ——46／秋・冬
イブキジャコウソウ——29／夏
イブキトラノオ——30・229／夏
イボクサ——207／夏
　　　——46／秋・冬
イラクサ——47／秋・冬
イロハソウ——268／春
イワアカバナ——31／夏
イワイチョウ——31／夏
イワインチン——48／秋・冬
イワウチワ——29／春
イワオウギ——32／夏
イワオモダカ——48／秋・冬
イワカガミ——30／春
イワガネソウ——49／秋・冬
イワガラミ——33・208／夏
イワギク——287／春
　　　——50・331／秋・冬
イワギク——287／春
イワギボウシ——51／秋・冬
イワギリソウ——31／春
イワキンバイ——310／夏
イワザクラ——32・129／春
イワシャジン——53／秋・冬
イワショウブ——34／夏
イワゼキショウ——249／夏
イワセントウソウ——33・197／春
イワタイゲキ——33／春
イワタバコ——36／夏
イワダレソウ——54／秋・冬
イワダレヒトツバ——55・257／秋・冬
イワチドリ——34／春
イワナンテン——38／夏
イワニガナ——158／春
イワハゼ——11／夏
イワヒバ——55／秋・冬
イワベンケイ——39／夏
イワヤツデ——209／春
イワユキノシタ——35／春
　　　——343／夏
イワレンゲ——56／秋・冬
インチンヨモギ——48／秋・冬
ウキヤガラ——57／秋・冬
ウグイスカグラ——36／春
ウケラ——84／秋・冬

ウサギギク——40／夏
ウシクグ——58／秋・冬
ウシノシッペイ——59／秋・冬
ウシノヒタイ——299／秋・冬
ウシハコベ——36／春
ウスバサイシン——37・184／春
ウスベニアカショウマ——41／夏
ウスベニチチコグサ——40／春
ウスユキソウ——42／夏
ウチョウラン——44／夏
ウツボグサ——46・194／夏
ウド——259・263／春
　　　——47／夏
ウドナ——327／秋・冬
ウナズキギボウシ——48／夏
ウバユリ——49／夏
ウマノアシガタ——38／春
ウマノスズクサ——50／夏
ウメガサソウ——51／夏
ウメバチソウ——60／秋・冬
ウメモドキ——209／秋・冬
ウラシマソウ——39・277／春
ウラジロチチコグサ——40・214／春
ウラハグサ——268／秋・冬
ウリカワ——61／秋・冬
ウワバミソウ——41／春
　　　——7／秋・冬
エイザンスミレ——42・273／春
エーデルワイス——43・254／夏
エゾアジサイ——333／夏
エゾエンゴサク——43・173・330／春
エゾオオバコ——63／春
エゾクロユリ——44／春
エゾシオガマ——347／夏
　　　——137／秋・冬
エゾセンノウ——51・56／夏
エゾタンポポ——45・94・290／春
エゾニュウ——52／夏
エゾノギシギシ——19／夏
エゾノコンギク——233／秋・冬
エゾノシシウド——53／夏
エゾノチチコグサ——46／春
エゾノハナシノブ——46／春
エゾヨロイグサ——53／夏
エゾミソハギ——54・304／夏
エゾリンドウ——55／夏
エチゴキジムシロ——47・104／春
エチゼンダイモンジソウ——47／春
　　　——343／夏
エッチュウミセバヤ——62／秋・冬
エノキグサ——63／秋・冬
エノコログサ——64／秋・冬
エビネ——48／春
　　　——228／夏
エビネの名前がつく植物——50／春

エフデタンポポ──134／夏
エリゲロン──128／春
エンコウソウ──52・347／春
エンシュウハグマ──66・81／秋・冬
エンドウ──91／春
エビセンノウ──51・56／夏
エンメイソウ──254／秋・冬
エンレイソウ──53／春
オウゴンオニユリ──57／夏
オウサカソウ──271／秋・冬
オウレン──102／春
オウレンの名前がつく植物──54／春
オオアマナ──19・55／春
オオアラセイトウ──323／春
オオアレチノギク──67／秋・冬
オオアワガエリ──57／夏
オオアワダチソウ──58／夏
オオイ──274／秋・冬
オオイタドリ──59／夏
オオイタビ──60／夏
オオイヌタデ──68・72／秋・冬
オオイヌノフグリ──56・202／春
オオオサラン──69／秋・冬
オオオナモミ──70／秋・冬
オオカサモチ──61／夏
オオケタデ──72／秋・冬
オオサクラソウ──58／春
オオジシバリ──59／春
オオシロショウジョウバカマ──165／春
オオセンナリ──61／夏
オオダイコンソウ──184／夏
オオタチツボスミレ──205／春
オオタニワタリ──73／秋・冬
オオチャルメルソウ──138／春
オオニシキソウ──142／夏
──74／秋・冬
オオバウマノスズクサ──60／春
──50／夏
オオバキスミレ──61／春
オオバギボウシ──62／夏
オオバコ──62／春
オオバジャノヒゲ──63／夏
オオバショウマ──63／夏
オオハナウド──64／夏
オオハナノエンレイソウ──64／春
オオハナワラビ──75・279／秋・冬
オオハンゲ──65・240／春
オオハンゴンソウ──65／夏
オオヒナノウスツボ──76／秋・冬
オオビランジ──190／夏
オオベンケイソウ──76／秋・冬
オオマツヨイグサ──20・65・203／夏
オオマルバノホロシ──66／夏
オオヤマフスマ──66／夏
オオヨモギ──77／秋・冬

オオレイジンソウ──67／夏
オカオグルマ──66・154／春
オカトラノオ──286／春
　　　　　　──30・68・232・270／夏
オガルカヤ──78・304／秋・冬
オギ──79／秋・冬
オキナグサ──67／春
オキナワチドリ──68／春
オギョウ──262／春
オククルマムグラ──325／春
　　　　　　──69／夏
オクモミジハグマ──80／秋・冬
オクヤマコウモリ──82・133／秋・冬
オグラセンノウ──70／夏
オグルマ──71・87／夏
オケラ──84／秋・冬
オサバグサ──69／春
オサラン──72／夏
　　　──69／秋・冬
オタカラコウ──73／夏
オダマキモドキ──288／春
オトギリソウ──74／夏
オトコエシ──85・90／秋・冬
オトコヨモギ──86・302／秋・冬
オトメギボウシ──75／夏
オドリコソウ──70・278／春
オナガエビネ──76・350／夏
オナガカンアオイ──71／春
オナモミ──70・71／秋・冬
オニアザミ──77／夏
オニシバリ──72／春
オニシモツケ──78／夏
オニタビラコ──73／春
オニドコロ──17／春
　　　　──87／秋・冬
オニノゲシ──248／春
オニノヤガラ──79／夏
オニヒノキシダ──88／秋・冬
オニヤブソテツ──88／秋・冬
オニユリ──80・135／夏
オバナ──177／秋・冬
オヒシバ──89・307／秋・冬
オビトケコンギク──233／秋・冬
オヘビイチゴ──74／春
オミナエシ──85・90／秋・冬
オモイグサ──226／秋・冬
オモダカ──91／秋・冬
オモト──82／夏
オヤブジラミ──75／春
オヤマソバ──83／夏
オヤマボクチ──92・246／秋・冬
オヤマリンドウ──94／秋・冬
オランダミミナグサ──76／春

カ

カイコバイモ──76・141／春

ガガイモ——84／夏
ガガブタ——14／夏
カキツバタ——21・77／春
カキドオシ——78／春
カキノハグサ——79／春
カキラン——85／夏
ガクアジサイ——333／夏
カコソウ——46／夏
カザグルマ——80／春
カサスゲ——341／夏
——215／秋・冬
カシノキラン——86／夏
カシワバハグマ——95／秋・冬
カゼクサ——96／秋・冬
カセンソウ——87／夏
カタカゴ——81／春
カタクリ——81／春
カタシログサ——257／夏
カタバミ——82／春
カタバミの名前がつく植物——83／春
カタヒバ——97／秋・冬
カッコウソウ——84／春
カテンソウ——85／春
カナダオダマキ——86／春
カナムグラ——98／秋・冬
カニクサ——87／春
カニコウモリ——88／夏
——83・133／秋・冬
カノコユリ——89・98／夏
ガビサンリンドウ——88／春
ガマ——90・266／夏
カメバヒキオコシ——99／秋・冬
カモアオイ——292／春
カモメラン——91／夏
カヤ——177／秋・冬
カヤツリグサ——100／秋・冬
カヤラン——89／春
カライトソウ——92／夏
カラスウリ——102／秋・冬
カラスノエンドウ——90／春
カラスノゴマ——104／秋・冬
カラスビシャク——65・92／春
カラタチバナ——104／秋・冬
カラハナソウ——105／秋・冬
カラフトエンビセンノウ——51／夏
カラフトハナシノブ——92／春
カラマツ——93・309／春
カラマツソウ——93・309／夏
カラムシ——105・317／秋・冬
カリガネソウ——106／秋・冬
カリヤス——142／秋・冬
カワミドリ——107／秋・冬
カワラアカザ——131／夏
カワラケツメイ——107／秋・冬
カワラナデシコ——24・94／夏

カワラハハコ——335／夏
カワラマツバ——96／夏
カンアオイの名前がつく植物——93／春
カンギク——108／秋・冬
ガンクビソウ——109／秋・冬
カンサイタンポポ——94／春
カンスゲ——94／春
ガンゼキラン——95／春
カンチコウゾリナ——96／夏
カントウ——290／春
カントウタンポポ——96／春
カントウヨメナ——110・173／秋・冬
ガンピ——96／春
カンラン——111／秋・冬
キイイトラッキョウ——41・112／秋・冬
キイジョウロウホトトギス——114・122
／秋・冬
キエビネ——97／春
キオン——97・258／夏
キカノユリ——98／夏
キカラスウリ——103／秋・冬
キキョウ——99／春
——99・285／夏
キキョウソウ——98／夏
キキョウの名前がつく植物——100／夏
キクイモ——115／秋・冬
キクザキイチゲ——100・342／春
キクザキイチリンソウ——100／春
キクタニギク——118／秋・冬
キクバオウレン——102／春
キク科の見分け方——116／秋・冬
キケマン——126／春
ギシギシ——103・174／春
キジムシロ——104／春
キショウブ——105／春
キスゲ——341／夏
キスミレ——106／春
キセルアザミ——101／夏
キセワタ——102／夏
キチジョウソウ——119／秋・冬
キッコウハグマ——81・120／秋・冬
キツネアザミ——107／春
キツネノカミソリ——103／夏
——253／秋・冬
キツネノボタン——125／春
キツネノマゴ——120／秋・冬
キツリフネ——104／夏
キヌガサソウ——105／夏
キヌタソウ——106／夏
キバナアキギリ——121／秋・冬
キバナイカリソウ——23・107／春
キバナカワラマツバ——106／夏
キバナチゴユリ——108／春
キバナノアマナ——19・108／春
キバナノコマノツメ——106／春

キバナノセッコク──191／春
　　　　　　　　──107／夏
　　　　　　　　──108／夏
キバナノツキヌキホトトギス──122／秋・冬
キバナノホトトギス──123・201／秋・冬
キバナノヤマオダマキ──331／春
キビヒトリシズカ──109・275／春
キヒメユリ──173／夏
キブネギク──160／秋・冬
ギボウシの名前がつく植物──109／夏
キミカゲソウ──180／春
キュウリグサ──110／春
キョウガノコ──110・163／夏
ギョウギシバ──111／夏
ギョウジャニンニク──111／夏
キヨスミギボウシ──112／夏
キランソウ──111／春
キリシマエビネ──112／春
キリンソウ──113／夏
　　　　　　──18／秋・冬
キレンゲショウマ──114／夏
キンエノコロ──65・124／秋・冬
キングルマ──40／夏
キンコウカ──115／夏
キンポウゲ──38／春
キンミズヒキ──126・297／秋・冬
キンラン──112／春
ギンラン──152／春
ギンリョウソウ──113／春
キンレイカ──116／夏
キンロバイ──117／夏
クガイソウ──118／夏
クコ──127／秋・冬
クサアジサイ──119／夏
クサイチゴ──114／春
クサコアカソ──11・128・131・317／秋・冬
クサソテツ──114／春
クサタチバナ──115／夏
クサノオウ──119／夏
クサフジ──120・210／夏
クサボケ──116／春
クサボタン──121／夏
クサマオ──105／秋・冬
クサレダマ──122／夏
クジャクシダ──117／春
クズ──123／夏
クスダマツメクサ──117／春
クマガイソウ──15・118・200／春
クモキリソウ──124／夏
クモラン──124／夏
クラマゴケ──128／秋・冬
クララ──125／夏
クリンソウ──120／春
クリンユキフデ──122・268／春
クルマバソウ──123／春

クルマバツクバネソウ──221／春
　　　　　　　　　──125／夏
　　　　　　　　　──203／秋・冬
クルマバナ──126／夏
クルマムグラ──325／春
　　　　　　──69／夏
クルマユリ──81・127／夏
クロカミラン──21・128／夏
クロユリ──128／夏
クワガタソウ──124／春
クワクサ──129／秋・冬
クンショウソウ──31／秋・冬
グンナイフウロ──129／夏
グンバイナズナ──235／春
ケアリタソウ──9／秋・冬
ケイトウ──279／秋・冬
ケイビラン──130／夏
ケイワタバコ──37／夏
ケキツネノボタン──125／春
ケブカツルカコソウ──131／夏
ケマンソウ──126・280／春
ゲンゲ──127／春
ゲンノショウコ──130／秋・冬
ゲンペイコギク──128／春
コアカザ──131／夏
　　　　──9／秋・冬
コアカソ──11・131／秋・冬
コアツモリソウ──15・129／春
コイワザクラ──129／春
ゴウソ──130／春
コウゾリナ──131／春
コウボウシバ──132／春
コウボウムギ──132／春
コウホネ──132／夏
コウモリソウ──83・132／秋・冬
コウヤボウキ──134／秋・冬
コウヤワラビ──133／春
コウリンカ──133／夏
コウリンタンポポ──134／夏
コオニユリ──81・135／夏
ゴカヨウオウレン──252／春
コガラシギボウシ──135／秋・冬
ゴギョウ──262／春
コキンバイ──136／夏
コクラン──137・340／夏
コケイラン──137／夏
コケミズ──138／夏
コケモモ──139／夏
コケリンドウ──134／春
ゴゴミ──114／春
コゴメガヤツリ──101／秋・冬
コゴメグサの名前がつく植物──140／夏
コシオガマ──347／春
　　　　　──136／秋・冬
コシノカンアオイ──136／春

コシノコバイモ——136/春	ササエビネ——137/夏
コショウジョウバカマ——165/春	ササバギンラン——152/春
コセリバオウレン——137/春	ササユリ——151・267/夏
ゴゼンタチバナ——141/夏	ザゼンソウ——153・309/春
コセンダングサ——138/秋・冬	サツマチドリ——21/夏
コタニワタリ——139/秋・冬	サツマナデシコ——24/夏
コチャルメルソウ——138/春	サツマラッキョウ——41/秋・冬
コツマトリソウ——205/夏	サネカズラ——258/秋・冬
コナスビ——139/春	サラシナショウマ——114・262・336・351/夏
コニシキソウ——142/夏	——42・146/秋・冬
——74/秋・冬	サルトリイバラ——148/秋・冬
コバイケイソウ——143・241/夏	サルメンエビネ——153/春
コバイモの名前がつく植物——140/春	サワウルシ——247/春
コバギボウシ——144/夏	サワオグルマ——154/春
コハクホトトギス——140/秋・冬	サワギキョウ——152・285/夏
コハコベ——255/春	サワギク——154/夏
コバノイチヤクソウ——144/夏	サワシロギク——154/夏
コバノカモメヅル——145/夏	サワヒヨドリ——150・265/秋・冬
コバノセンダングサ——138/秋・冬	サワラン——155/夏
コバノタツナミ——142/春	サンガイグサ——302/春
コハマギク——141/秋・冬	サンカクイ——150/秋・冬
コバンソウ——146/夏	サンカヨウ——155/春
コブナグサ——142/秋・冬	サンギンルバ——92/夏
ゴマ——27/夏	サンシクヨウソウ——22/春
——104・143/秋・冬	サンリンソウ——156/春
コマクサ——144/春	ジイソブ——212/秋・冬
コマツナギ——147/夏	シオデ——155/夏
コマツヨイグサ——203/夏	シオヤキソウ——273/夏
ゴマナ——143/秋・冬	シオン——267/春
コミカンソウ——144/秋・冬	——151・259/秋・冬
コミヤマカタバミ——145/春	ジガバチソウ——156/夏
コメガヤ——145/春	シキンカラマツ——157/夏
コメススキ——147/夏	シコクカッコウソウ——84・157/春
コメツブツメクサ——7/春	シコクスミレ——158/春
コメナモミ——306/秋・冬	ジゴクノカマノフタ——111/春
コモチシダ——144/秋・冬	シコタンハコベ——157/夏
コモチマンネングサ——146/春	シシウド——152/秋・冬
コヤブラン——145・319/秋・冬	シシガシラ——153/秋・冬
コラン——145/秋・冬	ジジババ——163/春
ゴリンバナ——350/春	ジシバリ——59・158/春
コンギク——233/秋・冬	シシヒトツバ——257/秋・冬
コンロンソウ——148・307/春	シソ——62/春
サ	シデシャジン——158/夏
サイシン——37/春	シドミ——116/春
サイハイラン——149/春	シナガワハギ——159/夏
サオトメバナ——283/夏	シナノオトギリ——74/夏
サギゴケ——322/春	シナノナデシコ——95・160/夏
サギバ——322/春	ジネンジョウ——322/秋・冬
サギソウ——148/夏	シノブ——159/春
サギノシリサシ——150/秋・冬	——248/夏
サクユリ——339/夏	シマオオタニワタリ——73・153/秋・冬
サクラソウ——150/春	シマカンギク——108・118・154/秋・冬
サクラタデ——171/秋・冬	シマスズメノヒエ——155/秋・冬
ザクロ——150/夏	シマホタルブクロ——161・291・337/夏
ザクロソウ——150/夏	シモツケ——162/夏

シモツケソウ——78・110・163／夏	スイバ——103・174／春
シモバシラ——156／秋・冬	スイモノグサ——82／春
シャガ——160・281／春	スカシユリ——172／夏
シャク——161／春	スカンポ——174／春
シャクジョウソウ——164／夏	スギナ——175／春
ジャコウソウ——29／夏	スズカケソウ——174／夏
——157／秋・冬	ススキ——177／秋・冬
シャジクソウ——165／夏	スズキスミレ——176／春
シャジンの名前がつく植物——166／夏	スズチドリ——264／夏
——158／秋・冬	スズムシソウ——177／夏
ジャノヒゲ——63・167／夏	スズムシラン——177／春
シュウカイドウ——159／秋・冬	スズメウリ——103・178／秋・冬
ジュウニヒトエ——162・187／春	スズメカルカヤ——78／秋・冬
シュウメイギク——160／秋・冬	スズメノエンドウ——178／春
ジュウヤク——220／夏	スズメノカタビラ——178／春
ジュウリョウ——313／秋・冬	スズメノテッポウ——179／春
ジュズダマ——161／秋・冬	スズメノヤリ——179／春
シュスラン——162／秋・冬	スズメヤリ——352／夏
シュロソウ——168／夏	スズラン——180／春
シュンラン——163／春	ズダヤクシュ——175／夏
ショウキズイセン——164・253／秋・冬	ステゴビル——178／秋・冬
ショウジョウバカマ——164・326／春	スハマソウ——310／春
ショウブ——189／春	スベリヒユ——176／夏
——35・168／夏	スミレ——176・181・320／春
ショウブとセキショウ——169／夏	スミレサイシン——184／春
ショウマの名前がつく植物——165／秋・冬	スミレの名前がつく植物——182／春
ショカツサイ——323／春	スルボ——211／夏
シライトソウ——166・215／春	セイタカアキノキリンソウ——179／秋・冬
シラタマホシクサ——166／秋・冬	セイタカアワダチソウ——58／夏
シラネアオイ——167／夏	——179／秋・冬
シラネセンキュウ——167・321／秋・冬	セイタカタウコギ——31／秋・冬
シラネニンジン——170／夏	セイバンモロコシ——180／秋・冬
シラヒゲソウ——168／秋・冬	セイヨウアブラナ——185・186／春
シラヤマギク——169／秋・冬	セイヨウアマナ——261／春
シラユキゲシ——168／春	セイヨウカラシナ——185・186・266／春
シラン——168／春	セイヨウジュウニヒトエ——162・187／春
シロアカザ——171／秋・冬	セイヨウタンポポ——188／春
シロイヌノヒゲ——170／秋・冬	セイヨウノコギリソウ——238／夏
シロウマアサツキ——9／春	セイヨウヤマガラシ——266／春
シロザ——9・171／秋・冬	セキショウ——189・245／春
シロツメクサ——7・169／春	——249／夏
シロバナエンレイソウ——64・169／春	セキヤノアキチョウジ——15・181／秋・冬
シロバナサクラタデ——68・171／秋・冬	セッコク——190／春
シロバナショウジョウバカマ——165・170／春	セツブンソウ——192／春
シロバナタンポポ——170／春	セリ——177／夏
シロバナニガナ——241／春	セリバオウレン——137／春
シロバナノヘビイチゴ——171／春	セリバヤマブキソウ——194／春
シロバナマンジュシャゲ——172・253／秋・冬	セリ科の植物たち——193／春
ジロボウエンゴサク——43・172／春	——178／夏
シロヨメナ——173／秋・冬	——182／秋・冬
ジンジソウ——174／秋・冬	センジュガンピ——179／夏
シンミズヒキ——297／秋・冬	センダイハギ——195／春
ジンリョウユリ——151／夏	ゼンテイカ——230／夏
スイカズラ——171／夏	セントウソウ——196／春
スイセン——176／秋・冬	センニンソウ——179／夏

センノウの名前がつく植物——180／夏
センブリ——184／秋・冬
センボンヤリ——185／秋・冬
ゼンマイ——198／春
センリョウ——186・294／秋・冬
ソナレマツムシソウ——289／秋・冬
ソナレムグラ——182／夏
ソバ——83／夏
ソバナ——183／夏
ソロリア・パピリオナケア——198／春
ソロリア・プリケアナ——199／春

タ

タイアザミ——187／秋・冬
ダイコン——264／春
——184／夏
ダイコンソウ——184／夏
タイツリオウギ——185／夏
タイツリスゲ——130／春
タイツリソウ——126／春
タイトゴメ——185／夏
ダイモンジソウ——175・188／秋・冬
タイリントキソウ——199・229／春
タイワンクマガイソウ——119・200／春
タイワントキソウ——199／春
タイワンバイカカラマツ——201／春
タイワンホトトギス——190／秋・冬
タカクマホトトギス——123・192／秋・冬
タカサゴカラマツ——201・233／春
タカサゴユリ——186／夏
タカサブロウ——187／夏
タカトウダイ——227／春
——188／夏
タカネグンナイフウロ——129・189／夏
タカネコンギク——241／秋・冬
タカネナデシコ——95・189／夏
タカネビランジ——190・276／夏
タカネフタバラン——261／秋・冬
タカネマツムシソウ——289／秋・冬
タケシマユリ——81・191／夏
タケシマラン——191／夏
タケニグサ——192／夏
タコノアシ——193／秋・冬
タチイヌノフグリ——57・202／春
タチガシワ——203／春
タチコゴメグサ——193／秋・冬
タチツボスミレ——204／春
タチフウロ——193・245／夏
タツタソウ——206／春
タツナミソウ——143・207／春
タテヤマウツボグサ——194／夏
タテヤマリンドウ——195／夏
タデ科の植物——194／秋・冬
タニギキョウ——99／夏
タヌキマメ——195／夏
タネツケバナ——208／春

タビラコ——110／春
タマガヤツリ——101／秋・冬
タマガワホトトギス——196／夏
タマシダ——195／秋・冬
タマズサ——102／秋・冬
タマスダレ——195／秋・冬
タムラソウ——196／夏
タメトモユリ——215／夏
タモトユリ——173／夏
ダルマエビネ——280／夏
ダルマギク——196／秋・冬
ダルマソウ——153／春
タワラムギ——146／夏
ダンギク——197／秋・冬
タンキリマメ——198／秋・冬
ダンダンギキョウ——98／春
タンチョウソウ——209／春
タンポポの名前がつく植物——210／春
チガヤ——212／春
チカラグサ——89／秋・冬
チカラシバ——199／秋・冬
チゴザサ——197／夏
チゴユリ——211／春
チシマアサギリソウ——22／秋・冬
チシマギキョウ——99／春
チシマタンポポ——213／春
チシマフウロ——197・245／夏
チシマラッキョウ——112／秋・冬
チダケサシ——198／夏
チチコグサ——214・262／春
チチブシロカネソウ——13／春
チヂミザサ——200／秋・冬
チドメグサ——199／夏
チドリソウ——214／夏
チドリの名前がつく植物——200／夏
チャボシライトソウ——215／春
チャボホトトギス——201／秋・冬
チャルメルソウの名前がつく植物——216／春
チャンパギク——192／夏
チョウジソウ——218／春
チョロギダマシ——27／夏
チングルマ——201／夏
ツキヌキホトトギス——122／秋・冬
ツキミソウ——202・278／夏
ツクシ——175／春
ツクシカラマツ——204／夏
ツクシイワシャジン——53／秋・冬
ツクシショウジョウバカマ——165・219／春
ツクシマツモト——296／夏
ツクバネ——221／春
——202／秋・冬
ツクバネソウ——220／春
——203／秋・冬
ツチアケビ——204／秋・冬
ツヅラフジ——23／夏

ツバナ——212／春	トキンソウ——218／秋・冬
ツバメオモト——222／春	トクサ——218・260／秋・冬
ツボスミレ——243／春	ドクゼリ——177・220／夏
ツマトリソウ——205／夏	ドクダミ——221／夏
ツメクサ——222／春	トゲソバ——291／秋・冬
ツメレンゲ——205／秋・冬	トコロ——87／秋・冬
ツユクサ——206／夏	トサジョウロウホトトギス——114・219／秋・冬
ツユクサシュスラン——13／夏	トチノキ——222／夏
ツリガネニンジン——206／秋・冬	トチバニンジン——222／夏
ツリフネソウ——207／秋・冬	トネアザミ——187／秋・冬
ツルアジサイ——33・208／夏	トモエシオガマ——223・347／夏
ツルアリドオシ——208／秋・冬	——137／秋・冬
ツルウメモドキ——209／秋・冬	トモエソウ——224／夏
ツルカノコソウ——223／春	トラキチラン——219／秋・冬
ツルジュウニヒトエ——187／春	トラノオシダ——232／春
ツルノバ——210／秋・冬	トラノオの名前がつく植物——225／夏
ツルナ——211／秋・冬	トリアシショウマ——9・226・324／夏
ツルニガナ——59／春	——147／秋・冬
ツルニチニチソウ——209／夏	トリカブトの名前がつく植物——220／秋・冬
ツルニンジン——212／秋・冬	**ナ**
ツルネコノメソウ——335／春	ナガガワノギク——221／秋・冬
ツルハナシノブ——223／春	ナガバカラマツ——233／春
ツルフジバカマ——210／春	ナガバシスミレ——224／春
ツルボ——211／夏	ナガバハグマ——280／秋・冬
ツルマメ——318／秋・冬	ナガボノシロワレモコウ——221／秋・冬
ツルマンネングサ——147／春	ナギナタコウジュ——222／秋・冬
ツルラン——212・350／夏	ナギラン——227／夏
ツルリンドウ——213／秋・冬	ナキリスゲ——222／秋・冬
ツワブキ——214／秋・冬	ナゴラン——227／夏
テイカカズラ——213／夏	ナズナ——234／春
テガタチドリ——214／夏	ナツエビネ——228／夏
テカリダケキリンソウ——113／夏	ナツズイセン——229／夏
テッポウユリ——215／夏	ナツトウダイ——227・236／春
テリハノイバラ——216／夏	ナツボウズ——72／春
テンキグサ——251／夏	ナデシコ——94／夏
テングスミレ——205・224／春	ナニワズ——72／春
テンジクスゲ——215／秋・冬	ナノハナ——185／春
テンニンソウ——216／秋・冬	ナベナ——223・289／秋・冬
ドイツスズラン——180／春	ナベワリ——236／春
トウオオバコ——63／春	ナルコユリ——17・237／春
——217／夏	ナンゴクモジズリ——233／夏
トウカイタンポポ——225／春	ナンテン——224／秋・冬
トウゴクサバノオ——13・225／春	ナンテンハギ——225／秋・冬
トウゴクシソバタツナミ——143／春	ナンバンギセル——226／秋・冬
——218／夏	ナンバンハコベ——228／秋・冬
トウダイグサ——226／春	ナンブトラノオ——229／夏
トウテイラン——217／秋・冬	ニオイエビネ——238／春
トウバナ——228／春	ニオイタチツボスミレ——239／春
トガクシショウマ——219／夏	ニオイハンゲ——240／春
トガクシソウ——219／夏	ニガナ——241／春
トキソウ——199・229／春	ニシキゴロモ——242／春
トキワイカリソウ——23・230／春	ニッコウキスゲ——279／夏
トキワツユクサ——207／夏	——230・236／夏
トキワナズナ——276／春	ニホンサクラソウ——150／春
トキワハゼ——231／春	ニホンスイセン——176／秋・冬

ニョイスミレ──243／春	ハコネトリカブト──321／秋・冬
ニリンソウ──244／春	ハコネギク──241／秋・冬
ニワゼキショウ──245／春	ハコベ──255／春
ヌカキビ──228／秋・冬	ハコベラ──255／春
ヌスビトハギ──229／秋・冬	ハゴロモグサ──246／夏
ヌバタマ──259／夏	バショウ──309／春
ヌマトラノオ──68／夏	ハシリドコロ──256／春
ネコジャラシ──17・64／秋・冬	ハス──247／夏
ネコノシタ──249／秋・冬	ハダカホオズキ──242／秋・冬
ネコノメソウ──335／春	ハタザオ──257・336／春
ネコハギ──230／秋・冬	ハチジョウアキノキリンソウ──39／秋・冬
ネジバナ──233／夏	ハッカクレン──258／春
ネッコグサ──67／春	ハトムギ──161／秋・冬
ネナシカズラ──231／秋・冬	ハナイカダ──243／秋・冬
ネバリノギラン──234・237／夏	ハナイカリ──247／夏
ノアザミ──235／夏	ハナイノギク──35・244／秋・冬
──236／秋・冬	ハナウド──259／春
ノイバラ──246／春	ハナガサソウ──105／夏
ノウルシ──227・247／春	ハナシノブ──248／夏
ノカンゾウ──231・236／夏	ハナショウブ──260／春
ノギラン──237／夏	──240／夏
ノゲシ──248／春	ハナスベリヒユ──176／夏
ノコギリソウ──238／夏	ハナゼキショウ──34・249／夏
ノコンギク──110・173・232／秋・冬	ハナダイコン──323／春
ノジギク──234・331／秋・冬	ハナタデ──245／秋・冬
ノシュンギク──319／春	ハナニラ──261／春
ノシラン──239／夏	ハハコグサ──214・262／春
ノダケ──235／秋・冬	──335／夏
ノハナショウブ──21・260／春	ノバヤマボクチ──93・246／秋・冬
──240／夏	ハマウド──263／春
ノハラアザミ──235／夏	ハマエノコロ──65・247／秋・冬
──236／秋・冬	ハマエンドウ──91・263／春
ノブキ──241／夏	ハマオモト──250／夏
ノブドウ──237／秋・冬	ハマカンギク──154／秋・冬
ノボロギク──249／春	ハマギク──248／秋・冬
ノミノツヅリ──249／春	ハマグルマ──249／秋・冬
ノミノフスマ──250／春	ハマゴウ──250／夏
ハ	ハマスゲ──58／秋・冬
バアソブ──212／秋・冬	ハマダイコン──264・323／春
バイカイカリソウ──23・251／春	ハマナデシコ──95／夏
バイカオウレン──252／春	──250／秋・冬
バイカカラマツ──233・253／春	ハマニンニク──251／夏
バイカカラマツソウ──253／春	ハマハコベ──252／夏
バイケイソウ──143・241／夏	ハマヒルガオ──277／夏
バイジンバリ──158／春	ハマベノギク──250／秋・冬
バイモ──254／春	ハマベンケイソウ──253／夏
ハエドクソウ──242／夏	ハマボウフウ──253／夏
ハキダメギク──238／秋・冬	ハマボッス──265／春
ハクサンシャジン──242・269／夏	ハマユウ──250／夏
──206／秋・冬	ハヤチネウスユキソウ──43・254／夏
ハクサンタイゲキ──243／夏	ハリブキ──255／夏
ハクサンチドリ──243／夏	ハルザキヤマガラシ──266／春
ハクサンフウロ──193・244／夏	ハルジオン──267／春
ハグマの名前がつく植物──239／秋・冬	──151・259／秋・冬
ハグロソウ──240／夏	ハルトラノオ──268／春

ハ──30／夏
ハルノノゲシ──248／春
ハルユキノシタ──269／春
ハ──343／夏
ハ──175／秋・冬
ハルリンドウ──135・270／春
ハンカイソウ──256／夏
ハンゲ──92／春
ハンゲショウ──257／夏
ハンゴンソウ──97・258／夏
ハンショウヅル──270／春
パンダカンアオイ──271／春
ヒイラギソウ──271／春
ヒオウギ──259／夏
ヒオウギアヤメ──21／春
ヒ──260／夏
ビオラ・ソロリア(正式名)──198・199／春
ヒカゲイノコズチ──28／夏
ヒカゲノカズラ──251／秋・冬
ヒガンバナ──252／秋・冬
ヒキオコシ──254／秋・冬
ヒキノカサ──272／春
ヒゴスミレ──176・273／春
ヒゴタイ──255／秋・冬
ヒシ──261／夏
ヒダカハナシノブ──46・92／春
ヒダカミセバヤ──255／秋・冬
ヒツジグサ──261／夏
ヒトツバ──256／秋・冬
ヒトツバショウマ──262／春
ヒトリシズカ──109・274・293／春
ヒナソウ──276／春
ヒナタイノコズチ──28・263／夏
ヒナチドリ──264／夏
ビナンカズラ──258／秋・冬
ヒメイズイ──266／夏
ヒメウズ──276／春
ヒメウシュキソウ──43／夏
ヒメウラシマソウ──277／春
ヒメオドリコソウ──278／春
ヒメカイウ──309／春
ヒメガマ──90・266／夏
ヒメカンゾウ──279／春
ヒ──231／夏
ヒメキンミズヒキ──126・297／秋・冬
ヒメケマンソウ──280／春
ヒメコバンソウ──146／夏
ヒメサユリ──267／夏
ヒメシャガ──281／春
ヒメシャクナゲ──282／春
ヒメシャジン──268-269／夏
ヒメジョオン──267／春
ヒ──151／秋・冬
ヒメスイバ──282／春
ヒメタガソデソウ──66／夏

ヒメツルソバ──260／秋・冬
ヒメドクサ──260／秋・冬
ヒメトケンラン──283／春
ヒメドコロ──322／秋・冬
ヒメトラノオ──286／春
ヒ──270／夏
ヒメの名前がつく植物──265／夏
ヒメハマナデシコ──271／夏
ヒメヒオウギ──284／春
ヒメヒオウギズイセン──272／夏
ヒメフウロ──273／夏
ヒメフタバラン──261／秋・冬
ヒメヘビイチゴ──274／夏
ヒメホテイラン──295／夏
ヒメミヤマウズラ──274／夏
ヒメムカシヨモギ──67・262／秋・冬
ヒメヤブラン──262／秋・冬
ヒメヤマエンゴサク──312／春
ヒメユリ──173・275／夏
ヒメリュウキンカ──285／春
ヒメルリトラノオ──286／春
ヒメワタスゲ──275／夏
ヒヨドリジョウゴ──263／秋・冬
ヒヨドリバナ──264／秋・冬
ビランジ──190・276／夏
ヒルガオ──277／夏
ヒルザキツキミソウ──278／夏
ヒルムシロ──266／秋・冬
ヒレアザミ──287／春
ピレオギク──287／春
ビロードシダ──266／秋・冬
ビロードタツナミ──142／春
ビロードモウズイカ──279／夏
ビロードラン──162／秋・冬
ヒロハタンポポ──225／春
ヒロハノカラン──280／夏
ヒロハユキザサ──339／春
フウセンカズラ──267／秋・冬
フウチソウ──268／秋・冬
フウラン──281／夏
フウリンオダマキ──288／春
フガクスズムシソウ──282／夏
フキ──289・290／春
フ──214／秋・冬
フキタンポポ──290／春
フクオウソウ──269／秋・冬
フクジュソウ──291／春
フジアザミ──270／秋・冬
フシグロ──271／秋・冬
フシグロセンノウ──271／秋・冬
フジナデシコ──250／秋・冬
フジバカマ──348／夏
フ──265・272・293／秋・冬
ブタクサ──274／秋・冬
ブタナ──134／夏

フタバアオイ——292／春
フタバナ——225／秋・冬
フタリシズカ——275・293／春
フッキソウ——294／春
フデクサ——132／春
フデリンドウ——135／春
フトイ——274／秋・冬
フナバラソウ——282／夏
フユイチゴ——275／秋・冬
フユノハナワラビ——13・75・276／秋・冬
ヘクソカズラ——283／夏
ヘツカラン——278／秋・冬
ベツレヘムの星——55／春
ベニシュスラン——163／秋・冬
ベニバナイチヤクソウ——284／夏
ベニバナサワギキョウ——285／夏
ベニバナナンザンスミレ(仮称)——294／春
ベニバナヒメイワカガミ——295／春
ベニバナボロギク——278／秋・冬
ベニバナヤマシャクヤク——296・332／春
ヘビイチゴ——74・297・328／春
ヘラオオバコ——63／春
——287／夏
ペラペラヨメナ——128／春
ペンペングサ——234／春
ホウオウシャジン——269・287／夏
——53／秋・冬
ホウチャクソウ——298／春
ボウラン——288／夏
ホオズキ——305／夏
——242／秋・冬
ポーチュラカ——176／夏
ホクロ——163／春
ボケ——116／春
ホシザキユキノシタ——289／夏
ホソアオゲイトウ——279／秋・冬
ホソバイワベンケイ——39／夏
ホソバカラマツ——233／春
ホソバノアマナ——19／春
ホソバノホロシ——338／夏
ホソバハグマ——280／秋・冬
ホソバヒナウスユキソウ——43／夏
ホタルカズラ——299／春
ホタルブクロ——161・290・337／夏
ボタン——292／春
ボタンヅル——292／夏
ボタンネコノメソウ——335／春
ボタンボウフウ——293／夏
ホテイアオイ——281／秋・冬
ホテイアツモリソウ——15・300／春
ホテイシダ——281／秋・冬
ホテイマンテマ——294／夏
ホテイラン——295／夏
ホトケノザ——302／春
ホトトギス——190・282／秋・冬

ホトトギスの名前がつく植物——284／秋・冬
ホナガコ——327／秋・冬
ボロギク——249／秋・冬
——154／夏
ホンナ——327／秋・冬

マ

マイヅルソウ——304／春
マオ——105／秋・冬
マコモ——286／秋・冬
マスクサ——100／秋・冬
マツカゼソウ——287／秋・冬
マツバウンラン——305／春
マツバラン——287／秋・冬
マツムシソウ——288／秋・冬
マツムラソウ——290／秋・冬
マツモト——296／夏
マツモトセンノウ——296／夏
マツヨイグサ——298／夏
ママコナ——298／夏
ママコノシリヌグイ——291／秋・冬
マムシグサ——306／春
マメグンバイナズナ——235／春
マメヅタ——292／秋・冬
マユハケソウ——274／春
マルスゲ——274／秋・冬
マルバアカソ——128／秋・冬
マルバコンロンソウ——148・307／春
マルバダケブキ——299／夏
マルバトウキ——299／夏
マルバフジバカマ——293／秋・冬
マンジュシャゲ——252／秋・冬
マンネンセイ——82／夏
マンリョウ——186・294／秋・冬
ミカエリソウ——294／秋・冬
ミコシグサ——130／秋・冬
ミシマサイコ——300／夏
ミズ——41／春
ミズオトギリ——301／夏
ミズギク——295／秋・冬
ミズギボウシ——302／夏
ミズキンバイ——302／夏
ミズタマソウ——303／夏
ミズナ——41／春
ミズバショウ——308／春
ミズヒキ——245・296／秋・冬
ミスミソウ——310／春
ミセバヤ——62・298／秋・冬
ミゾカクシ——27／秋・冬
ミゾソバ——299／秋・冬
ミソハギ——54・304／夏
ミゾホオズキ——305／夏
ミチシバ——96／秋・冬
ミチノクエンゴサク——173・312／春
ミツガシワ——306／夏
ミツバオウレン——306／夏

ミツバツチグリ──312／春	ムラサキハナナ──323／春
ミツモトソウ──300／秋・冬	ムラサキモメンヅル──319／夏
ミドリハコベ──255／春	メガルカヤ──78・304／秋・冬
ミナモトソウ──300／秋・冬	メキシコマンネングサ──147／春
ミネウスユキソウ──254／夏	メタカラコウ──73・319／夏
ミノコバイモ──313／春	メドハギ──305／秋・冬
ミミガタテンナンショウ──306／春	メナモミ──71・306／秋・冬
ミミダレグサ──342／夏	メハジキ──320／夏
ミミナグサ──314／春	メヒシバ──89・307／秋・冬
ミヤオソウ──258／夏	メマツヨイグサ──20／夏
ミヤギノハギ──159／夏	メヤブマオ──11・317／秋・冬
──301／秋・冬	メリケンカルカヤ──307／秋・冬
ミャクコングサ──314／春	モウズイカ──321／夏
ミヤコグサ──314／春	モウセンゴケ──322／夏
ミヤコワスレ──315・319／春	モジズリ──233／夏
ミヤコワスレ──319／春	モチグサ──328／秋・冬
ミヤマアキノキリンソウ──39／秋・冬	モミジガサ──308／夏
ミヤマウズラ──307／夏	モミジカラマツ──309・323／夏
──163／秋・冬	モミジハグマ──81／秋・冬
ミヤマエンレイソウ──169／春	モミジバセンダイソウ──309／秋・冬
ミヤマオダマキ──86・316・331／春	モミジヒトツバ──257／秋・冬
ミヤマオトコヨモギ──302／秋・冬	モントブレチア──272／夏
ミヤマカタバミ──145・317／春	**ヤ**
ミヤマカラマツ──308／夏	ヤイトバナ──283／夏
ミヤマケマン──318／春	ヤエムグラ──324／春
ミヤマキンバイ──310／夏	──69／夏
ミヤマクワガタ──311／夏	ヤクシソウ──309／秋・冬
ミヤマコウゾリナ──311／夏	ヤクシマオトギリ──323／夏
ミヤマコゴメグ──312／夏	ヤクシマショウジョウバカマ──326／春
ミヤマコンギク──241／秋・冬	ヤクシマショウマ──324／夏
ミヤマシャジン──269／夏	ヤクシマススキ──310／秋・冬
──303／秋・冬	ヤクモソウ──320／夏
ミヤマセンキュウ──312／夏	ヤグルマソウ──325／夏
ミヤマセントウソウ──197／春	ヤシャジンシャジン──53／秋・冬
ミヤマナデシコ──160／夏	ヤシャビシャク──327／春
ミヤマナルコユリ──17・318／春	ヤツシロソウ──328／春
ミヤマニンジン──313／夏	ヤナギタデ──43／秋・冬
ミヤマハナシノブ──46／春	ヤナギトラノオ──326／夏
ミヤマハンショウヅル──314／夏	ヤナギラン──327／夏
ミヤママコナ──315／夏	ヤハズソウ──311／秋・冬
ミヤマヨメナ──315・319／春	ヤハズノエンドウ──90／春
ミヤマヨメナ──315／春	ヤハズヒゴタイ──312／秋・冬
ミヤマラッキョウ──112／秋・冬	ヤブエンゴサク──330／春
ミョウガ──316／夏	ヤブカラシ──328／夏
ミョウジンスミレ──320／春	ヤブカンゾウ──231・236・329／夏
ムサシアブミ──321／春	ヤブコウジ──313／秋・冬
ムシトリスミレ──317／夏	ヤブジラミ──330／夏
ムシトリナデシコ──318／夏	ヤブソテツ──314／秋・冬
ムシャリンドウ──318／夏	ヤブタバコ──315／秋・冬
ムラサキエノコロ──304／秋・冬	ヤブタビラコ──73／春
ムラサキケマン──322／春	ヤブニンジン──197／春
ムラサキサギゴケ──231・322／春	ヤブヘビイチゴ──297・328／春
ムラサキタンポポ──185／秋・冬	ヤブマオ──316／秋・冬
ムラサキツメクサ──6／春	ヤブマメ──318／秋・冬
ムラサキユウクサ──207／夏	ヤブミョウガ──331／夏

ヤブラン──239／夏
　　　　──319／秋・冬
ヤブレガサ──329／春
　　　　──308／秋・冬
ヤマアジサイ──332／夏
ヤマエンゴサク──43・173・330／春
ヤマオダマキ──331／春
ヤマグワ──129／秋・冬
ヤマジノホトトギス──320／秋・冬
ヤマシャクヤク──296・332／春
ヤマゼリ──321／秋・冬
ヤマタツナミソウ──143／春
　　　　──334／夏
ヤマトリカブト──321／秋・冬
ヤマドリゼンマイ──333／春
ヤマネコノメソウ──334／春
ヤマノイモ──322／秋・冬
ヤマハタザオ──257・336／春
ヤマハッカ──45・323／秋・冬
ヤマハハコ──335／夏
ヤマブキ──194／春
　　　　──336／夏
ヤマブキショウマ──9・336／夏
ヤマブキソウ──194・336／春
ヤマホタルブクロ──161・291・337／夏
ヤマホトトギス──320／秋・冬
ヤマホロシ──338／夏
ヤマユリ──339／夏
ヤマヨモギ──77／秋・冬
ヤマラッキョウ──41・324／秋・冬
ヤマルリソウ──337／春
ヤワタソウ──338・351／春
ユウガギク──325／秋・冬
ユウコクラン──340／夏
ユウスゲ──231・341／夏
ユウレイタケ──113／春
ユキザサ──339／春
ユキノシタ──35・269／春
　　　　──289・342／夏
　　　　──175／秋・冬
ユキモチソウ──340／春
ユキワリイチゲ──101・342／春
ユキワリコザクラ──343／春
ユキワリソウ──310／春
ユリの名前がつく植物──344／夏
ユリワサビ──344／春
ヨウシュヤマゴボウ──326／秋・冬
ヨウラクラン──345／春
ヨゴレネコノメ──335／春
ヨシ──24／秋・冬
ヨシノシズカ──274／春
ヨツバシオガマ──346／夏
　　　　──137／秋・冬
ヨツバヒヨドリ──348／夏
　　　　──265／秋・冬

ヨツバムグラ──325／春
ヨブスマソウ──83・133・327／秋・冬
ヨメノサイ──352／春
ヨモギ──77・86・328／秋・冬
ヨモギの名前がつく植物──329／秋・冬

ラ
ラショウモンカズラ──346／春
ラセイタソウ──330／秋・冬
リシリソウ──349／夏
リシリヒナゲシ──349／夏
リュウキュウエビネ──350／夏
リュウキュウナデシコ──271／夏
リュウキンカ──285・347／春
リュウノウギク──50・232・234・331
　　　　／秋・冬
リュウノヒゲ──167／夏
リョウメンシダ──348／春
リンドウ──135／春
　　　　──55／夏
　　　　──23・94・213・332／秋・冬
リンドウの名前がつく植物──333／秋・冬
ルイヨウショウマ──348／春
ルイヨウボタン──349／春
ルリソウ──337／春
レイジンソウ──67／夏
　　　　──334／秋・冬
レンゲ──127／春
レンゲショウマ──114・351／夏
レンゲソウ──127／春
レンプクソウ──350／春
ロウト──256／春

ワ
ワサビ──344／春
ワスレナグサ──350／春
ワタスゲ──275・352／夏
ワタナベソウ──338・351／春
ワダン──335／秋・冬
ワニグチソウ──352／春
ワラビ──352／春
ワラベナ──352／春
ワレモコウ──221・336／秋・冬

著者紹介

写真・解説
高橋勝雄 たかはしかつお
1938年生まれ。1988年から1999年までNHKテレビ「趣味の園芸」に山野草などのテーマの講師として出演。1991年から4年10カ月間、毎日新聞で連載のユーモア・エッセイ『野の花に親しむ』を担当。パルコ毎日新聞カルチャー教室など5教室講師。野山の花観察会講師。著書に『日本エビネ花譜（全4巻）』（毎日新聞社刊）、『夏の山野草100』『春の山野草100』『秋の山野草100』（ともにNHK出版刊）など著書多数ある。

絵
松見勝弥 まつみかつや
1942年、熊本県生まれ。名古屋市の広告会社に勤務。イラストレーターとしても活躍。高橋勝雄氏の著書14冊余のイラスト担当。栽培家として植物知識を提供。東山植物園の講師。

写真提供／平野隆久・村山 均

装丁・レイアウト／上村博史
編集／江種雅行・武田朋子・高橋礼子
執筆協力／後藤厚子・今村こず枝
校正／樺島玲子
取材協力／簾内惠子・北海道大学北方生物圏フィールド科学センター植物園
　　　　　池田和男・石川もり子・伊藤光郎・伊藤義松・榎本好子・加藤 昇・金子静男・
　　　　　小嶋高雄・坂下祐一・高橋 賢・降籏直人・渡辺文雄・渡辺幸夫・渡辺レイ子

山渓名前図鑑

野草の名前 春

2002年4月 1日　　初版第1刷発行
2006年1月30日　　初版第5刷発行⑤

著　者──高橋勝雄Ⓒ
発行者──川崎吉光
発行所──株式会社山と溪谷社
住　所──〒107-8410東京都港区赤坂1－9－13　三会堂ビル1階
電　話──03-6234-1617（編集部）
　　　　　03-6234-1602（営業部）
　　　　　http://www.yamakei.co.jp/
印刷所──凸版印刷株式会社
製本所──株式会社明光社

定価はカバーに表示してあります。
禁無断転載

ISBN4-635-07014-X

©Katsuo TAKAHASHI
2002 Published by YAMA-KEI Publishers Co., Ltd.
1-9-13, Akasaka,Minato-ku, Tokyo, Japan
Printed in Japan